尼春雨 崔飞乐 编著

CorelDRAW

X6 商业应用案例实战

清华大学出版社

北 京

内 容 简 介

本书以最新版CorelDRAW X6为蓝本，进行了精心的编写。全书共分为12章，主要讲解CorelDRAW在广告、海报、包装、VI设计等方面的应用，内容包括图形造型设计、按钮与文字特效设计、标志设计、商业标签设计、名片及卡证设计、卡通形象和插画设计、宣传页设计、VI应用设计、广告设计、海报设计、包装设计等。通过实例对CorelDRAW的操作技巧进行了详细的讲解。

本书可以作为CorelDRAW设计爱好者自学用书，非常适合有一定CorelDRAW基础的初学者作为提高技能的参考书，同时也可以作为各类院校相关专业的辅导用书。

图书在版编目(CIP)数据

CorelDRAW X6商业应用案例实战 / 尼春雨，崔飞乐编著. —北京：清华大学出版社，2015 (2016.1 重印)
ISBN 978-7-302-38357-4

Ⅰ．①C… Ⅱ．①尼…②崔… Ⅲ．①图形软件 Ⅳ．①TP391.41

中国版本图书馆CIP数据核字(2014)第243368号

责任编辑：黄 芝 薛 阳
封面设计：陈藕英
责任校对：李建庄
责任印制：何 芊

出版发行：清华大学出版社
　　　　　网　　　址：http://www.tup.com.cn, http://www.wqbook.com
　　　　　地　　　址：北京清华大学学研大厦A座　　　　邮　　编：100084
　　　　　社 总 机：010-62770175　　　　　　　　　　邮　　购：010-62786544
　　　　　投稿与读者服务：010-62776969, c-service@tup.tsinghua.edu.cn
　　　　　质 量 反 馈：010-62772015, zhiliang@tup.tsinghua.edu.cn
　　　　　课 件 下 载：http://www.tup.com.cn, 010-62795954
印 装 者：三河市春园印刷有限公司
经　　销：全国新华书店
开　　本：185mm×260mm　　　印张：21.25　　　　字　数：529千字
　　　　　（附光盘1张）
版　　次：2015年7月第1版　　　印次：2016年1月第2次印刷
印　　数：2001～3000
定　　价：89.00元

产品编号：060640-01

前言

　　CorelDRAW Graphics Suite 是一款由世界顶尖软件公司之一——加拿大的 Corel 公司开发的图形设计软件，其非凡的设计能力广泛地应用于标志设计、广告设计、版面设计、插图绘制、排版及分色输出等诸多领域。该软件套装更为专业设计师及绘图爱好者提供简报、彩页、手册、产品包装、标识、网页等专业绘制服务；该软件提供的智慧型绘图工具以及新的动态向导可以充分降低用户的操控难度，使得用户更加容易精确地创建物体的尺寸和位置，减少点击步骤，节省设计时间。

　　2012 年 9 月中旬，Corel 公司发布 CorelDRAW Graphics Suite X6 简体中文版，新的 X6 研发历时近两年，以更强大的功能、更高的运行速度、全新的形象重磅出击！不论您是刚崭露头角的新手设计师还是经验老到的资深设计师，不论创意产业还是工业及工程设计行业，CorelDRAW X6 都是值得您信赖的首选矢量图形设计软件。

　　本书以最新版 CorelDRAW X6 为蓝本，进行了精心的编写。全书共分为12 章，主要讲解 CorelDRAW 在广告、海报、包装、VI 设计等方面的应用。

　　第 1 章：主要通过家用电器与生活用品的绘制，讲解图形的绘制方法与技巧。

　　第 2 章：主要讲解按钮设计的方法与技巧以及特效字的制作。

　　第 3 章：从实例出发，讲解标志的设计思路与制作方法。

　　第 4 章：主要讲解商业标签的设计与制作方法。

　　第 5 章：主要讲解名片及各种卡片的设计与制作方法。

　　第 6 章：主要讲解卡通形象的设计与插画的绘制技巧。

　　第 7 章：通过地产、餐饮、教育等行业，讲解宣传单页的设计技巧与制作方法。

　　第 8 章：讲述 VI 设计在公共符号以及办公用品方面的应用。

　　第 9 章：讲述 VI 设计在服装、手提袋、导视系统等方面的应用。

　　第 10 章：通过报纸广告、杂志广告、网页广告等实例，讲解平面广告设计的制作方法与技巧。

第 11 章：主要讲解海报的设计、制作方法与技巧。

第 12 章：通过餐饮、食品、玩具、化妆品等行业实例，讲解包装设计的制作方法。

本书所有案例均以实用、美观为原则，以完全图解的操作步骤进行详细讲解。同时，本书附有一张 DVD 光盘，盘中包含本书所有实例的素材、源文件以及语音视频教程，可以让读者在短时间内掌握各类作品的制作过程。

本书由力行文化传媒工作室策划，资深设计师崔飞乐、尚峰执笔主编。作者均在广告设计领域有着丰富的实战经验，精通各类设计软件，而且有着优秀的写作能力，曾出版十多册设计类图书。参与本书编写及校对工作的还有王桂梅、蔡大庆、薛侠、崔波、李凤云、王海龙、张丽、马倩倩、刘攀攀、刘松云、尚峰、王雪丽、张志强、张悦、胡文华、曹培培、张石磊、任海峰等，在此表示感谢。

当然，由于时间仓促，书中难免存在错误与不足之处，恳请广大读者指正。如果在阅读本书的过程中遇到任何问题，欢迎随时与我们联系。我们的邮箱是 it_book@126.com 或 flybrand@163.com。

编者

2015 年 5 月

目录

第1章

图形造型设计

01	精美咖啡杯	2
02	足球	4
03	微波炉	5
04	鼠标	8
05	显示器	10
06	主机	12
07	叶子	14
08	水滴	16
09	扇子	17
10	时钟	20
11	南瓜	22

第2章

按钮与文字特效设计

01	计算器按钮	26
02	精美按钮	29
03	立体按钮	33
04	披雪特效字	36
05	粗糙字	40
06	艺术笔文字	42
07	黑白艺术字	45
08	特效字——2013	48
09	铁锈特效字	50

第3章

标志设计

01	房产类1——装饰公司标志设计	56
02	房产类2——王府春天标志设计	58
03	房产类3——田野26公馆标志设计	62
04	餐饮类1——蜂之缘纯酿蜂蜜	65
05	餐饮类2——饭店标志	67
06	餐饮类3——休闲食品标志	70
07	广告公司类1——星愿儿童摄影标志	72
08	广告公司类2——私图博雅广告公司	74
09	教育培训类1——小画家儿童美术教育	78

10　教育培训类 2
　　——音乐大赛标志 ⋯⋯⋯⋯⋯⋯ 81
11　宾馆酒店类 1
　　——华美国际酒店 ⋯⋯⋯⋯⋯ 83
12　宾馆酒店类 2
　　——三度空间酒店 ⋯⋯⋯⋯⋯ 85

03　汽贸公司贵宾卡 ⋯⋯⋯⋯⋯ 129
04　银行卡 ⋯⋯⋯⋯⋯⋯⋯⋯⋯ 132
05　公交 IC 卡 ⋯⋯⋯⋯⋯⋯⋯ 135
06　听课证 ⋯⋯⋯⋯⋯⋯⋯⋯⋯ 139
07　游乐园会员卡 ⋯⋯⋯⋯⋯⋯ 142
08　婚庆名片设计 ⋯⋯⋯⋯⋯⋯ 146
09　房产名片设计 ⋯⋯⋯⋯⋯⋯ 148
10　医疗器械名片设计 ⋯⋯⋯⋯ 151
11　教育名片设计 ⋯⋯⋯⋯⋯⋯ 153

第4章

商业标签设计

01　咖啡馆标签 ⋯⋯⋯⋯⋯⋯⋯ 90
02　纯棉标签 ⋯⋯⋯⋯⋯⋯⋯⋯ 94
03　空白标签 ⋯⋯⋯⋯⋯⋯⋯⋯ 98
04　圆形标签 ⋯⋯⋯⋯⋯⋯⋯ 101
05　立体折叠标签 ⋯⋯⋯⋯⋯ 103
06　价格标签 ⋯⋯⋯⋯⋯⋯⋯ 106
07　超市标签 ⋯⋯⋯⋯⋯⋯⋯ 109
08　红酒标签 ⋯⋯⋯⋯⋯⋯⋯ 111
09　吊牌标签 ⋯⋯⋯⋯⋯⋯⋯ 115

第6章

卡通形象和插画设计

01　热气球插画设计 ⋯⋯⋯⋯⋯ 156
02　手机壁纸设计 ⋯⋯⋯⋯⋯⋯ 162
03　海底世界插画设计 ⋯⋯⋯⋯ 165
04　龙猫插画设计 ⋯⋯⋯⋯⋯⋯ 169
05　饮料吉祥物 ⋯⋯⋯⋯⋯⋯⋯ 173
06　卡通吊牌 ⋯⋯⋯⋯⋯⋯⋯⋯ 178

第5章

名片及卡证设计

01　游泳馆会员卡 ⋯⋯⋯⋯⋯⋯ 120
02　化妆品商场贵宾卡 ⋯⋯⋯⋯ 124

第7章

宣传页设计

01　少儿舞蹈招生 ⋯⋯⋯⋯⋯⋯ 184
02　星月艺术工作室 ⋯⋯⋯⋯⋯ 187

03　秦岭公寓地产 ·············· 189
04　田园别墅 ···················· 191
05　家居超市 ···················· 194
06　紫炉西餐厅 ················· 197
07　红磨坊茶餐厅 ·············· 200
08　红酒单页 ···················· 203
09　飞鸟培训 ···················· 206

03　户外指示牌 ················· 239
04　台历 ·························· 244
05　服装设计 ···················· 249
06　手提袋 ······················ 252

第 8 章

VI 应用设计 I

01　公共符号 ···················· 212
02　信封设计 ···················· 214
03　记事簿 ······················ 218
04　旗帜 ·························· 220
05　档案袋 ······················ 223
06　工作证 ······················ 227
07　文件夹 ······················ 230

第 9 章

VI 应用设计 II

01　广告笔 ······················ 234
02　广告伞 ······················ 237

第 10 章

广告设计

01　楼盘广告 ···················· 256
02　创意广告 ···················· 260
03　美甲广告 ···················· 262
04　地产广告 ···················· 266
05　网页 banner 广告 ·········· 269
06　吊旗广告 ···················· 275

第 11 章

海报设计

01　单位招聘海报 ·············· 279
02　时尚广场海报 ·············· 283
03　鲜花宣传海报 ·············· 286
04　新年活动海报 ·············· 289
05　房地产海报 ················· 294
06　POP 海报 ··················· 299

第12章

包装设计

01　天然美肤面膜 ································· 303

02　花草茶包装封套 ···························· 307
03　辣红油包装 ································· 310
04　荷花养颜茶 ································· 313
05　秋之物语 ···································· 316
06　螺旋藻片包装 ···························· 320
07　光盘与封套设计 ························· 323
08　泰迪熊公仔包装 ························· 326

第 1 章

图形造型设计

图形是由绘、写、刻、印等手段产生的图画记号，是说明性的图画形象。它是有别于词语、文字、语言的视觉形式，可以通过各种手段进行大量复制，是传播信息的视觉形式。本章将带领读者一起来认识和绘制一些基本的图形，体验不同的图形造型给我们带来的乐趣。

实例 **01** | **精美咖啡杯**

最终效果图

💜 **1. 实例特点**

　　该实例主要介绍椭圆形工具和贝塞尔工具的绘图技巧。作品色彩明快，简洁大方。

📍 **2. 注意事项**

　　在编辑图形时要注意线条的流畅和美观，以及调整图层的顺序。

💬 **3. 操作思路**

　　整个实例就是利用椭圆形工具结合贝塞尔工具绘制的图形。先绘制咖啡杯，再绘制杯垫，最后将其组合。

路径: 光盘 :\Charter 01\精美咖啡杯 .cdr

具体步骤如下:

　　（1）执行【文件】|【新建】命令，新建一个 A4 大小的文件。

　👉（2）选择工具箱中的【椭圆形工具】⊙，绘制一个椭圆形，然后按住＋复制一个椭圆形，调整其大小和位置，如图 01-1 所示。

　👉（3）同时选中两个椭圆形，然后在属性栏中单击【修剪】按钮 🔲，得到一个圆环，将其填充成黑色，如图 01-2 所示。

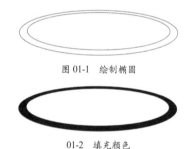

图 01-1　绘制椭圆

01-2　填充颜色

　👉（4）在工具箱中选择【贝塞尔工具】 ✎，根据咖啡杯的形状大概绘制出杯身的形状，如图 01-3 所示。如果在工具箱中看不到【贝塞尔工具】 ✎，可以单击【工具】按钮右下方的黑色三角，弹出其他隐藏的工具，如图 01-4 所示。

　　（注：在使用贝塞尔工具绘制过程中，可以配合使用 F2 键（临时调用一次放大镜）、F3 键（将视图缩小还原至上一次的比例）、F4 键（显示全部对象）和 F10 键（形状工具），这样对提高绘图效率很有帮助。）

图 01-3　绘制杯身形状　　　　图 01-4　选择工具

（5）选择工具栏中的【形状工具】，选中刚才绘制图形的节点，将节点根据需要在属性栏中单击【转换为曲线】，这样就可以对每个节点进行编辑，调整后的效果如图 01-5 所示。

（6）使用上述工具，继续完成其他部分的绘制，如图 01-6 所示。

图 01-5　编辑杯身形状

图 01-6　绘制其他部分

（7）根据需要为杯子填充不同的颜色，咖啡的颜色值为 M：60、Y：60、K：40，杯身选择工具箱中的【渐变填充】，设置为 40% 的灰色和白色的渐变，如图 01-7 所示，完成后的效果如图 01-8 所示。

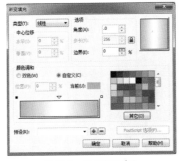

图 01-7　杯身渐变填充

图 01-8　颜色填充效果

（8）同样利用【椭圆形工具】和【贝塞尔工具】绘制出下面的杯垫部分，如图 01-9 所示。

（9）分别选中杯子和杯垫部分，单击属性栏中的【群组】，将其组合在一起，然后选中杯子右击，在【顺序】菜单里选择【在页面前面】，将杯子和杯垫组合在一起，如图 01-10 所示。

图 01-9　绘制杯垫

图 01-10　群组图形

（10）分别使用【椭圆形工具】和【贝塞尔工具】绘制出高光部分和杯子的阴影部分，使其看起来更有立体感。这样一个咖啡杯就完成了，最终效果如图 01-11 所示。

图 01-11　完成效果

实例 02 | 足球

❤ **1. 实例特点**

该实例利用多边形工具和鱼眼工具，讲解了制作足球的技巧，图形具有较强的立体感。

📍 **2. 注意事项**

绘制多边形时要注意调整多边形的边数，还有对象的对齐方式。

💬 **3. 操作思路**

整个实例将分为三个部分进行制作，首先绘制一个正六边形，然后复制多个对象，再利用鱼眼工具完成最终效果图。

路径：光盘 :\Charter 01\ 足球 .cdr

具体步骤如下：

（1）执行【文件】|【新建】命令，新建一个 A4 大小的文件。

➡ （2）选择【多边形工具】◯，在属性栏中将边数调整为 6。按住 Ctrl 键，同时拖动鼠标，绘制出正六边形，如图 02-1 所示。

➡ （3）在工具箱中选择【选择工具】▣，选中正六边形，依次复制出多个正六边形。利用【选择工具】▣ 将复制出来的对象按照一定顺序排列在一起，如图 02-2 所示。

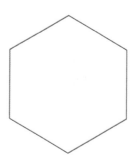

图 02-1　绘制正六边形

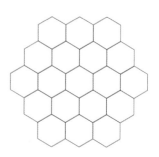

图 02-2　排列图形

➡ （4）用鼠标选中部分六边形，然后在【调色板】中将其填充为黑色，如图 02-3 所示。

➡ （5）选择工具箱中的【椭圆形工具】◯，按住 Ctrl 键，绘制出一个圆形，并适当调整其位置，如图 02-4 所示。

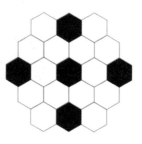

图 02-3　填充颜色

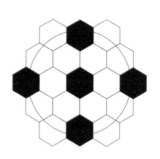

图 02-4　绘制圆形

(6) 选择圆形对象，执行【效果】|【透镜】命令，在透镜效果下拉列表中选择【鱼眼】选项，设置【比率】参数为100%，如图02-5所示。

(7) 单击【应用】按钮，用【选择工具】将圆球移开，最终效果如图02-6所示。

图 02-5 制作鱼眼效果　　图 02-6 完成效果

实例 03 微波炉

1. 实例特点
该实例主要是运用矩形工具和椭圆工具介绍了绘制微波炉的技巧，图形是一个非常经典的微波炉造型。

2. 注意事项
注意整休的比例，以及画面的协调美观。

3. 操作思路
整个实例将分为三个部分进行制作，首先利用矩形工具绘制箱体部分，然后再利用椭圆形工具绘制按钮，最后加上高光以及阴影完成最终效果。

最终效果图

路径：光盘 :\Charter 01\ 微波炉 .cdr

具体步骤如下：

（1）执行【文件】|【新建】命令，新建一个 A4 大小的文件。

（2）在工具栏中选择【矩形工具】，绘制一个矩形，如图 03-1 所示。

（3）选择【形状工具】，将鼠标放在矩形任意一个角上的黑色方块上，拖动鼠标得到一个圆角矩形，如图 03-2 所示。

图 03-1 绘制椭圆　　图 03-2 填充颜色

（4）选择【渐变填充】■，从左到右的色值依次为黑色、40% 灰色、70% 灰色、40% 灰色，如图 03-3 所示。

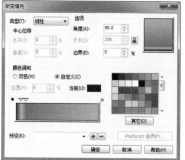

图 03-3　填充渐变色

（5）按住 + 复制一个圆角矩形，然后调整大小及位置，填充角度为 90 度，30% ～ 20% 的灰色渐变如图 03-4 所示。

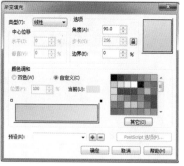

图 03-4　填充渐变色

（6）在工具箱中选择【贝塞尔工具】绘制箱体的高光部分，填充白色，选择【矩形工具】绘制一个圆角矩形，填充黑色，再绘制一个矩形，填充蓝色 C：100、M：100 到浅蓝 C：40 的辐射渐变，如图 03-5 所示。

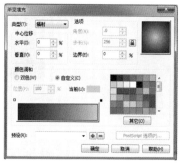

图 03-5　绘制炉门

（7）用【矩形工具】分别绘制其他部分，分割的地方颜色分别为 40% 的灰色和白色，把手和投影分别选择【渐变填充】■，如图 03-6 所示。

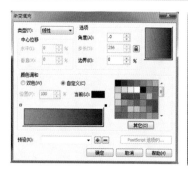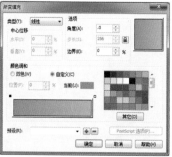

图 03-6　绘制把手

（8）选择【矩形工具】 □绘制按钮底部，然后选择【文本工具】字在显示屏上输入时间，如图 03-7 所示。

图 03-7　绘制按钮部分

（9）选择工具箱中的【椭圆形工具】 ○，按住 Ctrl 键绘制一个正圆，填充白色到 50% 的灰色渐变，按住 + 原位复制一个圆形，按住 Shift 键将其原位缩小，填充 70% ~ 10% 的灰色辐射渐变，如图 03-8 所示。

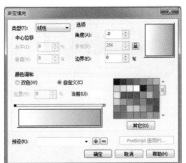

图 03-8　绘制按钮

（10）复制按钮并调整位置，如图 03-9 所示。

（11）选择箱体的黑色部分按住 + 原位复制一个，按住 Shift+PgUp 键将图层置于【到图层前面】，填充白色。选择【贝塞尔工具】 ，绘制要减去的部分，同时选中刚才复制的圆角矩形，在属性栏中单击【修剪】 ，如图 03-10 所示。

图 03-9　绘制按钮

图 03-10　修剪图形

（12）选择工具箱中的【透明度工具】，如图 03-11 所示。在属性栏中设置参数，如图 03-12 所示，最终效果如图 03-13 所示。

图 03-11 选择透明度工具　　　图 03-12 透明度工具参数设置

（13）选择【椭圆形工具】，绘制一个椭圆形，然后选择【阴影工具】，将鼠标放在椭圆形上拉动鼠标，在属性栏中设置【阴影的不透明度】为 50、【阴影羽化】为 30、【透明度操作】选择【正常】，如图 03-14 所示。

图 03-13 透明度编辑　　　　图 03-14 阴影设置

（14）在菜单栏中选择【排列】|【拆分阴影群组】或者按住 Ctrl+K 键，将椭圆形和阴影拆分开来，删除椭圆，选中阴影部分然后按住 Shift+PgDn 键，将图层置于底部。最终效果如图 03-15 所示。

图 03-15 最终效果

实例 04 | 鼠标

1. 实例特点

该实例主要介绍椭圆形工具和贝塞尔工具的绘图技巧，以及渐变工具和调和工具的使用。流线形的设计使得作品更具时尚感。

2. 注意事项

在编辑图形时要注意线条的流畅和美观，以及调整图层的顺序。

3. 操作思路

整个实例分为两部分完成，首先利用贝塞尔工具绘制鼠标的整体部分，再利用椭圆形工具绘制按钮部分。

最终效果图

路径：光盘 :\Charter 01\ 鼠标 .cdr

具体步骤如下：

（1）执行【文件】|【新建】命令，新建一个 A4 大小的文件。

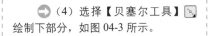（2）选择工具箱中的【贝塞尔工具】并配合形状工具调节，画出外轮廓，填充黑色，如图 04-1 所示。

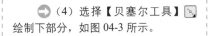（3）同样利用【贝塞尔工具】画出上部分，再选择【渐变填充】，做出渐变效果，如图 04-2 所示。

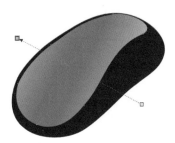

图 04-1　绘制鼠标轮廓　　　　图 04-2　绘制上部分

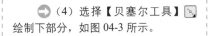（4）选择【贝塞尔工具】绘制下部分，如图 04-3 所示。

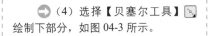（5）选中刚绘制的图形，选择工具箱中的【颜色滴管工具】，单击刚填充渐变颜色的上部分，这时鼠标会自动变成填充工具，然后将鼠标放在选中的图形上单击，去除轮廓线，效果如图 04-4 所示。

图 04-3　绘制下部分　　　　图 04-4　填充颜色

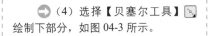（6）选择【椭圆形工具】绘制两个椭圆，底下的填充黑色、上面的填充 80% 的灰色，然后同时选择两个椭圆，在属性栏中的【旋转角度】中输入 270，效果如图 04-5 所示。

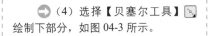（7）选择工具箱中的【调和工具】，从上面的椭圆中心拖到下面的椭圆，效果如图 04-6 所示。

图 04-5　绘制椭圆　　　　图 04-6　调和图形

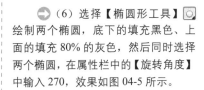（8）利用【椭圆形工具】和【贝塞尔工具】绘制其他部分，如图 04-7 所示。

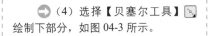（9）将刚绘制的图形调整移动到鼠标上，再调整一下细节部分，完成最终效果，如图 04-8 所示。

图 04-7　绘制图形　　　　图 04-8　最终效果

实例 05 | 显示器

最终效果图

❤ 1. 实例特点

该实例主要利用矩形工具和贝塞尔工具进行绘制，实例造型经典、简单实用。

⊙ 2. 注意事项

在编辑图形时要注意整体的协调性，保持画面的美观性。

💬 3. 操作思路

整个实例分为三部分完成，首先利用矩形工具绘制显示器的屏幕部分，再结合椭圆形工具绘制下面的支持部分，最后绘制按钮等细节部分。

路径：光盘 :\Charter 01\ 显示器 .cdr

具体步骤如下：

（1）执行【文件】|【新建】命令，新建一个 A4 大小的新文件。

⬇ （2）选择工具箱中的【矩形工具】▢，绘制一个矩形，然后选择【形状工具】，将鼠标放在矩形任意一个角上的黑色方块上，拖动鼠标得到一个圆角矩形，填充黑色，如图 05-1 所示。

⬇ （3）按 + 复制一个圆角矩形，缩小并调整位置，选择【渐变填充】▬ 填充 80% 的灰色到黑色的渐变，如图 05-2 所示。

图 05-1　绘制圆角矩形

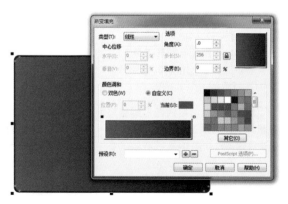

图 05-2　填充颜色

（4）选择【矩形工具】绘制一个矩形，选择【渐变填充】填充黑色到80%的灰色渐变，角度为-90度，如图05-3所示。

（5）按+复制一个矩形，选择【选择工具】选中图形，将鼠标放在四角的任意一角，同时按住Shift键，将矩形等比例原位缩小。选择【渐变填充】填充浅蓝（C：60、M：40）到蓝色（C：100、M：100）的径向渐变，如图05-4所示。

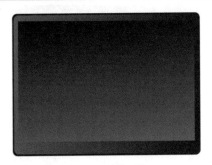

图 05-3 绘制矩形

图 05-4 填充颜色

（6）在屏幕下方绘制一个矩形，选择【渐变填充】填充颜色，如图05-5所示。

（7）选择黑色的边框部分，按+复制一个圆角矩形，修剪调整，填充70%～20%的线性渐变，如图05-6所示。

图 05-5 填充颜色

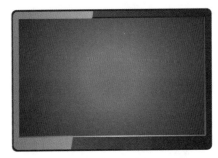

图 05-6 绘制高光

（8）用同样的方法绘制屏幕的反光部分，填充 C：40 到 C：60、M：40 的渐变，如图05-7所示。

（9）选择【矩形工具】绘制一个圆角矩形，填充70%的灰到黑色的渐变，然后按Shift+PgUp键将其置于图层后面，如图05-8所示。

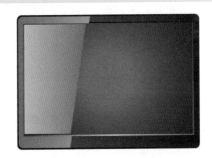

图 05-7 绘制高光

图 05-8 绘制底部

（10）选择【贝塞尔工具】绘制底部，并填充不同的渐变色，效果如图 05-9 所示。

（11）选择前面绘制的圆角矩形，按住 Ctrl 键，将鼠标放在上方中间的黑色方块上，拖动鼠标向下，同时右击鼠标，复制一个圆角矩形，先选中下方的半圆形，再选中刚复制的圆角矩形，在属性栏中单击【相交】按钮，效果如图 05-10 所示。

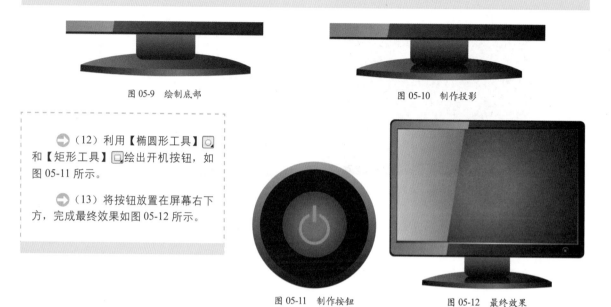

图 05-9　绘制底部　　　　　　　　　　　图 05-10　制作投影

（12）利用【椭圆形工具】和【矩形工具】绘出开机按钮，如图 05-11 所示。

（13）将按钮放置在屏幕右下方，完成最终效果如图 05-12 所示。

图 05-11　制作按钮　　　　　　　　　　　图 05-12　最终效果

实例 06　主机

最终效果图

1. 实例特点

该实例主要介绍了矩形工具和椭圆的应用技巧，作品简洁大方。

2. 注意事项

在编辑图形时要注意图形的对齐以及整体的比例。

3. 操作思路

整个实例分为两部分完成，首先利用矩形工具绘制主机的整体部分，然后再绘制其他细节部分。

路径：光盘 :\Charter 01\ 主机 .cdr

具体步骤如下：

（1）执行【文件】|【新建】命令，新建一个 A4 大小的文件。

（2）利用【矩形工具】绘制出一个圆角矩形，填充黑色，如图 06-1 所示。

（3）按 + 复制该图形，按住 Shift 键缩小图形，填充黑色到 80% 的灰色渐变，角度为 90 度，如图 06-2 所示。

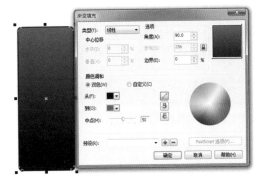

图 06-1　绘制图形　　　　　　　图 06-2　填充颜色

（4）同样复制圆角矩形，修剪掉多余部分，填充黑色到 50% 的灰色渐变，角度为 90 度，如图 06-3 所示。

（5）选择【矩形工具】绘制矩形，填充 70% 的灰色到黑色的线性渐变，角度为 90 度，如图 06-4 所示。

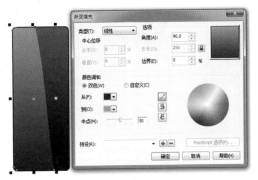

图 06-3　填充颜色　　　　　　　图 06-4　绘制矩形

（6）复制一个矩形，按住 Shift 键将矩形等比例原位缩小，填充 90% 的灰色到黑色的线性渐变，角度为 90 度，如图 06-5 所示。

（7）复制矩形，修剪掉多余部分，填充 90% 的灰色，制作出反射部分，如图 06-6 所示。

图 06-5　绘制矩形　　　　　　　图 06-6　绘制反射部分

（8）选择【矩形工具】绘制一个矩形，填充黑色。按 + 复制该图形，按住 Shift 键将矩形等比例原位缩小，填充黑色到 90% 的灰色线性渐变，角度为 0 度，如图 06-7 所示。

（9）同样绘制出高光，填充 90%~70% 的灰色线性渐变，角度为 0，如图 06-8 所示。

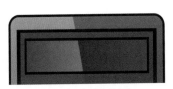

图 06-7　绘制矩形　　　　　　　图 06-8　绘制反射部分

（10）选择【矩形工具】绘制矩形，填充黑色，同时绘制出反射部分，填充黑色到 90% 的灰色线性渐变，如图 06-9 所示。

（11）绘制按钮部分，选择【矩形工具】绘制矩形，填充黑色，按 + 复制该图形，按住 Shift 键将矩形等比例原位缩小，填充蓝色（C：100、M：100）到浅蓝（C：60、M：40）的渐变，如图 06-10 所示。

（12）框选刚绘制的部分，然后按住 Ctrl 键向下移动该部分，到适当位置时右击，复制出图形，同时调整反射部分，效果如图 06-11 所示。

（13）按照上述方法，绘制出其他部分，如图 06-12 所示。

（14）利用【椭圆形工具】和【矩形工具】，填充不同的渐变，绘制出开机键，如图 06-13 所示。

（15）调整图形，完成最终效果如图 06-14 所示。

图 06-9　绘制图形

图 06-10　制作按钮

图 06-11　复制图形

图 06-12　绘制其他部分

图 06-13　绘制开机键

图 06-14　最终效果

实例 07　叶子

1. 实例特点
该实例主要介绍利用矩形工具和粗糙工具绘制叶子的技巧。以绿色为主色调，给人以清新的感觉。

2. 注意事项
在编辑图形时要注意图形的协调性。

3. 操作思路
整个实例就是利用矩形工具绘制出叶子形状，再利用粗糙工具擦出叶子的边缘，最后用贝塞尔工具绘制出叶脉完成最终效果。

最终效果图

路径：光盘 :\Charter 01\ 叶子 .cdr

具体步骤如下：

（1）执行【文件】|【新建】命令，新建一个 A4 大小的文件。

（2）在工具栏中选择【矩形工具】▢，绘制一个矩形，按 Ctrl+Q 键或者右击 ⊕ 将矩形转换为曲线，如图 07-1 所示。

（3）选择【形状工具】，调整节点，如图 07-2 所示。

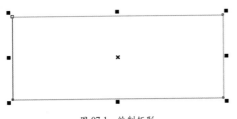

图 07-1　绘制矩形

图 07-2　调整节点

（4）利用属性栏中的【转换为曲线】调整图形，调整后复制图形，如图 07-3 所示。

（5）选择【贝塞尔工具】或【矩形工具】▢创建图形，调整节点，如图 07-4 所示。

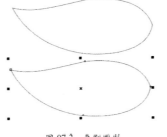

图 07-3　复制图形

图 07-4　创建图形

（6）先选择新创建的图形，再按 Shift 键选择叶子形状，然后单击属性栏中的【修剪】，填充浅绿色（C：40、M：0、Y：50、K：0），如图 07-5 所示。

（7）将叶子形状填充绿色（C：40、M：0、Y：100、K：0），同时选中两个图形，选择属性栏中的【对齐与分布】，设置如图 07-6 所示，单击【应用】按钮。

图 07-5　修剪图形

图 07-6　对齐图形

（8）选择【粗糙笔刷工具】，在图形边缘拖动，拖动时注意属性栏中【笔尖大小】和【笔斜移】的设置，这里设置的数值分别为 3.6 和 50，自己可随意调整试试。效果如图 07-7 所示。

（9）在工具箱中选择【贝塞尔工具】，绘制叶茎，效果如图 07-8 所示。

图 07-7　粗糙图形边缘

图 07-8　制作叶茎

（10）用同样的方法制作叶脉，完成最终效果如图 07-9 所示。

图 07-9　最终效果

 08 ｜ 水滴

最终效果图

 1. 实例特点
　　该实例介绍了交互式透明工具和交互式阴影工具技巧。在上例的基础上制作的水滴，在绿叶上显得晶莹剔透。

　 2. 注意事项
　　绘制透明度和阴影时要注意调节好数据。

　 3. 操作思路
　　整个实例首先绘制一个椭圆形，然后利用透明度工具和阴影工具绘制水滴效果，最后添加高光，完成最终效果。

路径：光盘 :\Charter 01\ 水滴 .cdr

具体步骤如下：

　　（1）执行【文件】|【打开】命令，打开实例 7 制作的叶子文件。

　　（2）选择工具箱中的【椭圆形工具】◎，绘制出一个椭圆形，填充绿色（C：60、M：0、Y：60、K：0），如图 08-1 所示。

　　（3）选择工具箱中的【交互式透明度工具】♀，选择类型线性，效果如图 08-2 所示。

图 08-1　绘制椭圆

图 08-2　制作透明效果

（4）选择【交互式阴影工具】▫制作出阴影部分，如图 08-3 所示。

（5）按 Ctrl+K 键拆分阴影群组，选取水珠和阴影部分，然后单击属性栏中的【修剪】⬚，如图 08-4 所示。

图 08-3　制作阴影

图 08-4　修剪图形

（6）选择【贝塞尔工具】，画一个白色月牙的形状，用来做高光。使用【交互式透明工具】，【类型】选择【线性】，对高光部分进行调整，如图 08-5 所示。

（7）将画好的水滴进行复制、变形、缩放等操作，当水滴布满整个树叶就得到了最终如图 08-6 所示的效果。

图 08-5　绘制高光

图 08-6　最终效果

实例 09 ｜ 扇子

最终效果图

❤ **1. 实例特点**

该实例主要介绍了旋转复制的应用技巧。以书画作品作为扇面的画面，有传统的古典美。

📍 **2. 注意事项**

在旋转图形时要注意调节旋转中心。

💬 **3. 操作思路**

整个实例将分为三个部分进行制作，首先绘制扇形轮廓，然后制作扇子的褶皱效果，最后绘制扇子支架，完成最终效果。

路径：光盘 :\Charter 01\ 扇子 .cdr

具体步骤如下：

（1）执行【文件】|【新建】命令，新建一个 A4 大小的文件。

（2）选择工具箱中的【椭圆形工具】，画一小一大两个同心圆，修剪成一个圆环，再画一个如图 09-1 所示的图形。

（3）修剪得到扇面的雏形，准备一张国画，或者书法作品，执行【文件】|【导入】命令，将图片置入页面中，如图 09-2 所示。

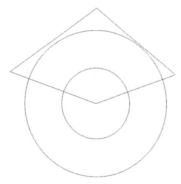

图 09-1　绘制扇形

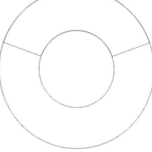

图 09-2　导入图片

（4）选择图片，执行【效果】|【图框精确裁剪】|【放置在容器中】，这时鼠标呈黑色箭头状，选择扇子形状，将图片置入扇形中，右击选择【编辑内容】调节图片大小及位置，完成后右击【结束编辑】，如图 09-3 所示。

（5）画一个等腰三角形，三角形的顶点要恰好在圆环的中心点，底边与扇边重合，如图 09-4 所示。

图 09-3　将图片置于图形中　　　图 09-4　绘制三角形

（6）将三角形填充白色，然后旋转复制，角度和个数自己控制，在旋转时将旋转中心置于圆心上，如图 09-5 所示。把复制的物件群组，再用扇面去相交，得到如图 09-6 所示的效果。

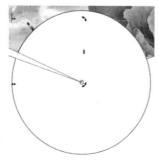

图 09-5　移动旋转中心

图 09-6　修剪复制图形

(7) 选择【透明度工具】，在属性栏的【编辑透明度】中选择【标准】，透明度设置为40，如图 09-7 所示。

(8) 画一个圆角矩形，选择【底纹填充】，参数如图 09-8 所示。

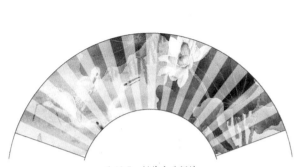

图 09-7 制作扇子褶皱

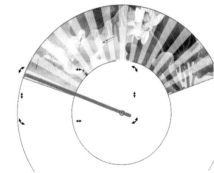

图 09-8 底纹填充参数

(9) 复制圆角矩形，填充褐色（C：0、M：20、Y：20、K：60），利用【调和工具】将两个圆角图形结合，如图 09-9 所示。

(10) 旋转复制支架，要注意中心点的位置（圆环的中心点），如图 09-10 所示。

图 09-9 制作支架

图 09-10 调节旋转中心

(11) 支架旋转角度根据折扇的角度，复制完后，把边上的两片支架稍作修饰，如图 09-11 所示。

(12) 在支架交叉位置绘制一个按钮，删除圆环，添加一个背景，突出立体感，最终效果如图 09-12 所示。

图 09-11 复制支架

图 09-12 最终效果

实例 **10** | 时钟

最终效果图

❤ **1. 实例特点**

　　该实例主要介绍椭圆形工具和复制图形的应用技巧。作品配色美观，造型简洁大方。

📍 **2. 注意事项**

　　在旋转复制图形时注意调整图形的旋转中心。

💬 **3. 操作思路**

　　整个实例就是利用椭圆形工具绘制出表盘，再利用矩形工具绘制并绘制复制出时间分割，最后绘制出指针，完成最终效果。

路径：光盘 :\Charter 01\ 时钟 .cdr

具体步骤如下：

　　（1）执行【文件】|【新建】命令，新建一个 A4 大小的文件。

　　➡ （2）选择工具箱中的【椭圆形工具】 ◎，按住 Ctrl 键绘制一个圆形，填充白色到 25% 的灰色线性渐变，轮线填充 50% 灰色，如图 10-1 所示。

　　➡ （3）原位复制圆形，缩小填充白色到 45% 的灰色线性渐变，去除轮廓线，如图 10-2 所示。

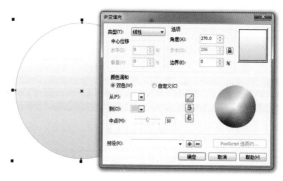

图 10-1　填充颜色

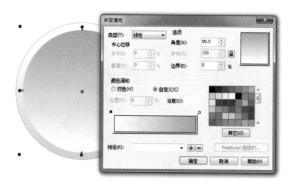

图 10-2　填充颜色

（4）原位复制圆形，缩小填充 90% 到黑色的线性渐变，如图 10-3 所示。

（5）绘制如图 10-4 所示的图形做反光，填充 85% 到黑色的线性渐变。

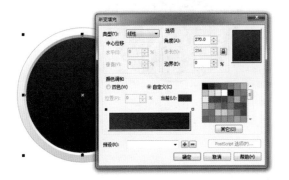

图 10-3 填充颜色   图 10-4 填充反光

（6）选择【矩形工具】绘制一个矩形，填充白色，水平对齐到圆形中心，如图 10-5 所示。

（7）旋转复制图形，将旋转中心移动到圆形中心位置，旋转角度为 30 度，如图 10-6 所示。

图 10-5 绘制矩形   图 10-6 复制图形

（8）用同样的方法制作小分割，旋转角度为 6 度，如图 10-7 所示。

（9）选择【文本工具】字，输入时间数字，如图 10-8 所示。

图 10-7 绘制时间分割   图 10-8 输入时间

（10）利用【矩形工具】和【椭圆形工具】绘制指针，如图 10-9 所示。

（11）选择【椭圆形工具】，在指针中心绘制一个圆形，填充渐变，如图 10-10 所示。

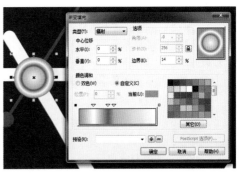

图 10-9 绘制指针   图 10-10 填充渐变

（12）完成最终效果，如图 10-11 所示。

图 10-11　最终效果

实例 11　南瓜

最终效果图

❤ **1. 实例特点**
　　该实例主要介绍了贝塞尔工具的应用。作品颜色运用合理、造型逼真。

📍 **2. 注意事项**
　　在绘制图形时要注意图形的协调美观。

💬 **3. 操作思路**
　　整个实例就是利用贝塞尔工具一步步绘制出外轮廓，以及后面的茎秆和细节部分的过程。

路径：光盘 \Charter 01\ 南瓜 .cdr

具体步骤如下：

（1）执行【文件】【新建】命令，新建一个 A4 大小的文件。

（2）在工具箱中选择【贝塞尔工具】🖊，绘制出南瓜的形状，填充黄色（M：20、Y：100）到橘黄（M：60、Y：80）的线性渐变，角度为 270 度，如图 11-1 所示。

（3）用同样的方法绘制出凹槽部分，填充橘黄色（M：60、Y：100），如图 11-2 所示。

图 11-1　绘制外形

图 11-2　绘制凹槽

（4）绘制出茎秆部分，填充草绿（C：56、Y：100）到绿色（C：73、M：15、Y：100）的线性渐变，角度为 280.5°，如图 11-3 所示。

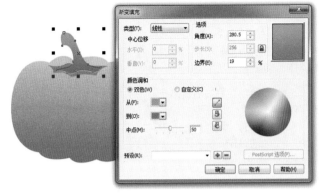

图 11-3　填充颜色

（5）选择【贝塞尔工具】，绘制一瓣南瓜，填充黄色（M：20、Y：100）到橘黄（M：60、Y：80）的线性渐变，如图 11-4 所示。

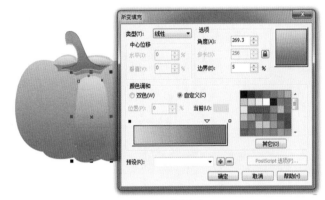

图 11-4　填充颜色

（6）用同样的方法绘制南瓜的其他部分，效果如图 11-5 所示。

（7）利用【贝塞尔工具】画出南瓜瓣之间的凹槽部分，填充颜色（C：12、M：54、Y：100），如图 11-6 所示。

图 11-5　绘制南瓜瓣

图 11-6　绘制凹槽

（8）绘制出阴影部分，填充颜色（M：80、Y：100），如图 11-7 所示。

（9）同样绘制出高光，填充米色，中间颜色相对亮些，如图 11-8 所示。

图 11-7　绘制阴影

图 11-8　绘制高光

（10）绘制茎秆的切开部分，填充（C：22、M：5、Y：65），再绘制高光部分，填充（C：13、Y：54），如图11-9所示。

（11）绘制茎秆的阴影部分，填充（C：84、M：10、Y：100），再绘制高光部分，填充（C：40、Y：100），如图11-10所示。

图11-9　绘制茎秆横切面

图11-10　绘制茎秆明暗关系

第 2 章

按钮与文字特效设计

按钮的作用是引导用户点击，并执行相应的命令。一个漂亮的按钮应至少符合体例、形态、质感三个要求，本章将通过三个案例来阐述按钮的设计与制作技巧。文字特效一般应用于广告标题文字的处理、网页广告标题等，本章将通过 6 个案例来讲解常见特效字的制作方法。

实例 01 ｜ 计算器按钮

最终效果图

💜 1. 实例特点

该实例颜色以橙色为主，辅助搭配灰度颜色，结构简单，适用于计算器、数字按钮制作等商业应用中。

📍 2. 注意事项

应灵活掌握【渐变填充】工具的使用方法，如渐变角度、中心位移、边界等属性设置。

💬 3. 操作思路

使用【矩形工具】□制作圆角矩形；使用【渐变填充】和【阴影工具】□为矩形增加立体感；使用【文本工具】字处理文字内容。

路径：光盘 :\Charter 02\ 计算器按钮 .cdr

具体步骤如下：

（1）执行【文件】|【新建】命令，新建一个空白文件。

➡ （2）使用【矩形工具】□绘制矩形框，在属性栏中选择尺寸为 20mm 和 12mm，如图 01-1 所示。

➡ （3）调整后的矩形如图 01-2 所示。

图 01-1　设置矩形尺寸

图 01-2　绘制矩形

➡ （4）在矩形工具属性栏中选择【圆角】，设置圆角半径为 2.5mm，具体设置如图 01-3 所示。

➡ （5）应用后得到圆角效果，如图 01-4 所示。

图 01-3　圆角半径设置

图 01-4　圆角效果

（6）按 F11 键，打开【渐变填充】对话框，设置【辐射】渐变，颜色调和从 M：60；Y：100 到白色。具体设置如图 01-5 所示。

（7）应用渐变填充后，右击调色板⊠，去除黑色轮廓边，效果如图 01-6 所示。

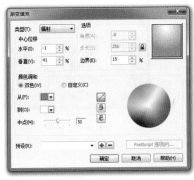
图 01-5　渐变设置

图 01-6　辐射填充

（8）按 + 键，复制二个副本图形。按小键盘上的方向键，向下移动，填充任意颜色，如图 01-7 所示。

（9）按住 Shift 键，使用【选择工具】加选第一个副本图形，在属性栏中选择【修剪】，得到一个新的图形，如图 01-8 所示。

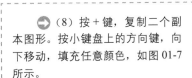
图 01-7　复制图形

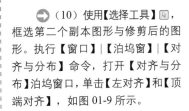
图 01-8　修剪后

（10）使用【选择工具】，框选第二个副本图形与修剪后的图形。执行【窗口】|【泊坞窗】|【对齐与分布】命令，打开【对齐与分布】泊坞窗口，单击【左对齐】和【顶端对齐】，如图 01-9 所示。

（11）对齐后的效果如图 01-10 所示。

图 01-9　对齐与分布

图 01-10　对齐后

（12）按 + 键，复制修剪后的图形，在属性栏上单击【垂直镜像】，然后底对齐，如图 01-11 所示。

（13）使用【选择工具】单击选择背景渐变图形，使用【轮廓工具】添加轮廓边。属性栏设置如图 01-12 所示。

图 01-11　复制图形底对齐

图 01-12　轮廓工具设置

（14）应用轮廓边后的效果如图 01-13 所示。

（15）复制背景渐变图形，使用【贝塞尔工具】绘制不规则图形，如图 01-14 所示。

图 01-13　应用轮廓边

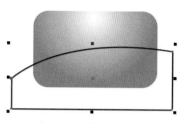
图 01-14　绘制不规则图形

（16）按住 Shift 键，加选渐变图形，在属性栏中选择【修剪】，得到一个新的修剪后的图形如图 01-15 所示。

（17）按 F11 键，重新设置渐变颜色，如图 01-16 所示。

图 01-15　修剪后

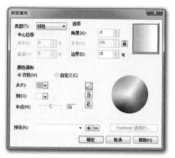
图 01-16　渐变设置

（18）应用灰度渐变填充后，选择【透明度工具】，在属性栏中设置透明度类型为【标准】、开始透明度为 50。应用后的效果如图 01-17 所示。

（19）将重新应用渐变填充的图形，叠加在之前的图形上面，如图 01-18 所示。

图 01-17　灰度渐变

图 01-18　叠加图形

（20）选择【阴影工具】，在背景渐变图形上拖动，添加阴影效果。属性栏设置如图 01-19 所示。

（21）添加阴影后的效果如图 01-20 所示。

图 01-19　阴影工具属性栏设置

图 01-20　添加阴影效果

（22）使用【文本工具】输入文字，按＋复制，填充颜色（Y：40），按方向键，向上偏移，偏移数值可以在属性栏中设置，完成一个按钮的制作。效果如图 01-21 所示。

（23）按＋键，复制副本，使用【文本工具】更改数字和输入文字。配合方向键和微移来完成其他按钮的制作，如图 01-22 所示。

图 01-21　完成按钮制作　　图 01-22　制作其他按钮

（24）继续复制图形，制作符号按钮。渐变填充设置如图 01-23 所示。应用后的效果如图 01-24 所示。

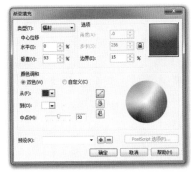

图 01-23　灰度渐变设置

图 01-24　灰度辐射渐变填充

（25）最后，添加辐射渐变背景。最终效果如图 01-25 所示。

图 01-25　最终效果

实例 02　精美按钮

1. 实例特点

该实例颜色应用丰富，造型以圆形为主，适用于个性按钮、网页按钮等商业应用中。

2. 注意事项

通过【透明度工具】属性栏中的角度和边界选项，可以制作不同的高光效果。

3. 操作思路

使用【椭圆形工具】和【透明度工具】来制作圆形和添加高光效果；执行【文本】【插入符号字符】命令，在打开的【插入字符】对话框中，可以找到各类图形素材；使用【阴影工具】，添加辉光阴影效果。

最终效果图

路径：光盘 :\Charter 02\ 精美按钮 .cdr

具体步骤如下：

（1）执行【文件】|【新建】命令或者按 Ctrl+N 键，新建一个空白文件。

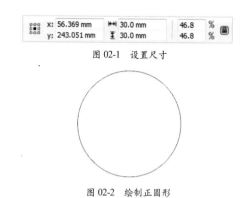
图 02-1　设置尺寸

（2）按住 Ctrl 键，使用【椭圆形工具】⬭绘制正圆形，在属性栏中设置尺寸为 30mm×30mm，如图 02-1 所示。

（3）绘制的正圆形如图 02-2 所示。

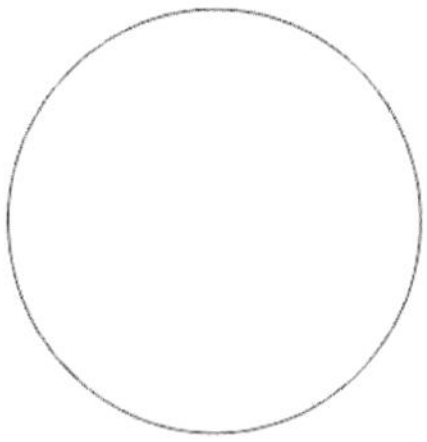

图 02-2　绘制正圆形

（4）选择【阴影工具】◻，在图形上自中心向右下拖动，添加阴影辉光效果。属性栏设置如图 02-3 所示。

图 02-3　阴影工具属性栏

（5）添加阴影效果后，右击调色板，去除黑色轮廓边，如图 02-4 所示。

图 02-4　添加阴影

（6）按住 Ctrl 键，使用【椭圆形工具】⬭绘制正圆形，在属性栏中设置尺寸为 28mm×28mm，按 C 键、E 键，居中图形，如图 02-5 所示。

（7）按 F11 键，打开【渐变填充】对话框，设置辐射渐变，颜色调和从 K：20 到白色。具体设置如图 02-6 所示。

图 02-5　绘制圆形

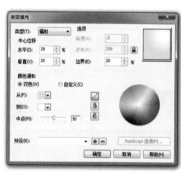
图 02-6　【渐变填充】设置

（8）应用渐变填充后，去除轮廓色⊠，如图 02-7 所示。

（9）使用【椭圆形工具】⬭绘制正圆形，尺寸为 26mm×26mm。按 Shift+F11 键，填充颜色（C：100），然后按 C 键、E 键，居中图形，如图 02-8 所示。

图 02-7　灰度渐变填充

图 02-8　颜色填充

（10）使用【椭圆形工具】◯绘制二个大小为 24mm×24mm 的圆形，并叠加在一起，如图 02-9 所示。

（11）使用"修剪"⬚命令，得到一个新的图形，如图 02-10 所示。

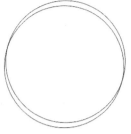

图 02-9　叠加排列　　　图 02-10　修剪后

（12）使用【椭圆形工具】◯绘制大小为 24mm×24mm 的圆形，居中后填充灰度渐变效果，如图 02-11 所示。

（13）使用【透明度工具】在图形上面拖动，创建透明度效果，如图 02-12 所示。

图 02-11　灰度渐变填充　　　图 02-12　添加透明度

（14）执行【排列】|【对齐和分布】|【左对齐】、顶端对齐】命令，将修剪得到的图形与添加透明度的图形居中，然后使用【透明度工具】在图形上面拖动，添加透明度效果，如图 02-13 所示。

（15）执行【文本】|【插入符号字符】命令，打开【插入字符】对话框，在字体选项中找到 Wingdings，然后从下面图库中找到一个电话的图形，拖动到工作区中，如图 02-14 所示。

图 02-13　对齐图形　　　图 02-14　【插入字符】对话框

（16）按 Ctrl+K 键，打散图形，删除圆形。使用【选择工具】框选电话图形，按 Ctrl+L 键，合并图形，如图 02-15 所示。

（17）右击调色板⊠，去除轮廓线，并填充白色。按住 Shift 键，使用【选择工具】加选蓝色圆形，按 C 键和 E 键，使电话图形居中，完成电话按钮的绘制，如图 02-16 所示。

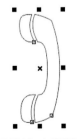

图 02-15　合并图形　　　图 02-16　电话按钮

（18）使用【矩形工具】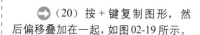绘制二个矩形，填充颜色（K：20），并且叠加在一起，如图 02-17 所示。

（19）按 Ctrl+L 键，合并图形，然后右击调色板⊠，去除轮廓线，如图 02-18 所示。

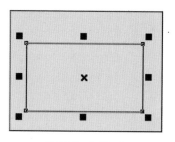

图 02-17　绘制矩形　　　　图 02-18　合并图形并去除轮廓色

（20）按 + 键复制图形，然后偏移叠加在一起，如图 02-19 所示。

（21）使用【选择工具】选择下方圆形，按住 Shift 键，加选上方图形，在属性栏中使用【修剪】命令。按 Ctrl+K 键，打散上方图形，删除交叉的部分图形，如图 02-20 所示。

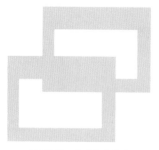
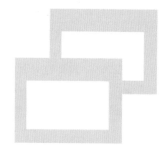

图 02-19　灰度渐变填充　　　图 02-20　修剪图形

（22）在属性栏中选择【合并】，将两个图形合并为一个整体。复制之前的电话按钮，将蓝色改为红色（M：100；Y：100）。将修剪后的图形填充白色，居中图形。完成红色缩放按钮的制作，如图 02-21 所示。

（23）复制图形。使用【贝塞尔工具】绘制喇叭的图形，改变填充色（M：60；Y：100），制作出喇叭按钮，效果如图 02-22 所示。

图 02-21　缩放按钮　　　　图 02-22　喇叭按钮

（24）运用同样的方法，辅助【插入字符】对话框里面的图形，制作出其他图形按钮。最终效果如图 02-23 所示。

图 02-23　按钮最终效果

03 | **立体按钮**

❤ **1. 实例特点**

　　该实例颜色较为简洁，以矩形结构为主，适用于按钮、立体按钮、网页按钮、投影按钮等商业应用中。

📍 **2. 注意事项**

　　通过改变椭圆形的填色，可以相应地改变立体投影的颜色。

💬 **3. 操作思路**

　　通过设置【圆角半径】来制作不同的圆角效果；图形可以绘制，也可以使用【插入字符】对话框中的图形库；通过 F11 键，为图形添加渐变效果；使用【调和工具】🖳来制作立体投影效果。

最终效果图

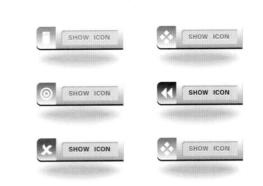

路径：光盘 :\Charter 02\ 立体按钮 .cdr

具体步骤如下：

　　（1）执行【文件】|【新建】命令，新建一个空白文件。

➡ （2）使用【矩形工具】▢绘制矩形，在属性栏中设置尺寸为 20mm×5mm，如图 03-1 所示。

➡ （3）绘制的矩形如图 03-2 所示。

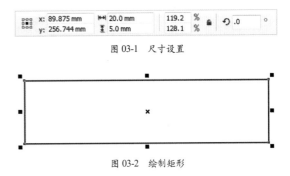

图 03-1　尺寸设置

图 03-2　绘制矩形

　　（4）在属性栏中设置矩形的左侧圆角半径为 1mm，如图 03-3 所示。

➡ （5）应用圆角半径后的矩形效果如图 03-4 所示。

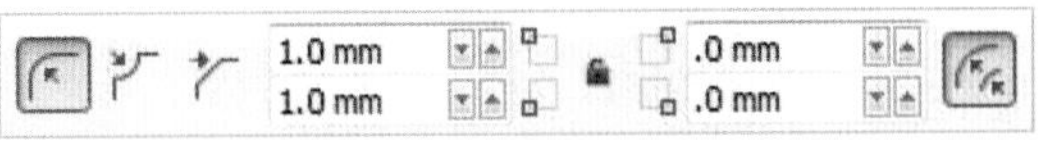

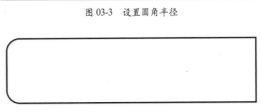

图 03-3　设置圆角半径

图 03-4　矩形效果

（6）按 F11 键，设置线性渐变填充，颜色调和从 K：40 到白色、渐变角度为 90°，其他设置如图 03-5 所示。

（7）应用渐变填充后的效果如图 03-6 所示。

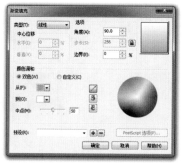

图 03-5　按钮最终效果　　　　　图 03-6　灰度渐变填充

（8）复制图形，使用【矩形工具】绘制一个矩形框，如图 03-7 所示。

（9）按住 Shift 键，加选复制的图形，在属性栏上选择【修剪】，修剪后得到一个新的图形，如图 03-8 所示。

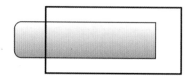

图 03-7　绘制矩形框 　　　　　图 03-8　修剪后得到的图形

（10）按 F11 键，设置渐变填充，颜色调和从 C：100 到白色，渐变角度为 -90°。具体设置如图 03-9 所示。

（11）应用渐变填充后，右击调色板，去除两个图形的轮廓线。使用【选择工具】配合 Shift 键，选择图 03-6，执行【排列】|【对齐和分布】|【左对齐】、【水平居中对齐】。应用后的效果如图 03-10 所示。

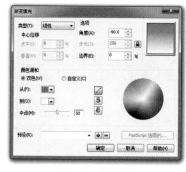

图 03-9　渐变设置　　　　　图 03-10　对齐

（12）选择图 03-6，按两次 + 键，复制两个副本，然后叠加在一起，如图 03-11 所示。

（13）按住 Shift 键，加选后面的图形，在属性栏上选择【修剪】，修剪后得到一个新的图形，如图 03-12 所示。

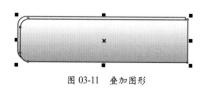

图 03-11　叠加图形

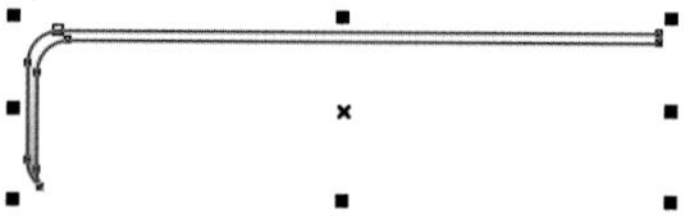

图 03-12　修剪后

（14）选择【阴影工具】□，在图形上自中心向右下拖动，添加阴影效果。属性栏具体设置如图 03-13 所示。应用后的效果如图 03-14 所示。

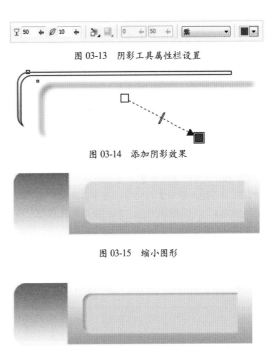

图 03-13　阴影工具属性栏设置

图 03-14　添加阴影效果

（15）按 Ctrl+K 键，打散图形，删除矩形框，保留阴影。复制图 03-6，去除轮廓线☒，填充灰色（K：20），缩小后放在图 03-10 上面，如图 03-15 所示。

（16）使用【选择工具】□选择阴影图形，执行【效果】|【图框精确剪裁】|【置于图文框内部】命令，将阴影置入到图形里面。在置入的图形上右击选择"编辑 PowerClip"可对置入的阴影编辑。置入并编辑后的效果如图 03-16 所示。

图 03-15　缩小图形

图 03-16　置入阴影

（17）按 CapsLock 键，激活大写输入。使用【文本工具】字输入字母，填充颜色（C：100）。按 + 键，创建副本，填充白色，按 Ctrl+PgDn 键，置于下一层，按方向键向下微移，如图 03-17 所示。

（18）使用【矩形工具】□绘制矩形，如图 03-18 所示。

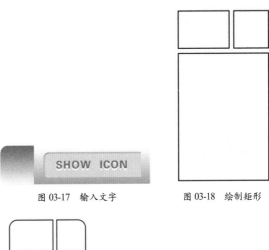

图 03-17　输入文字　　　　图 03-18　绘制矩形

（19）在属性栏中设置矩形的圆角半径，如图 03-19 所示。

（20）去除轮廓☒，填充白色，缩小后放在图 03-17 左侧位置，效果如图 03-20 所示。

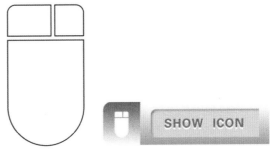

图 03-19　设置圆角半径　　　图 03-20　填充白色

（21）使用【选择工具】□选择灰度渐变背景，按 + 键，复制一个，填充黑色。按 Ctrl+PgDn 键，置于底层，按方向键向下微移，如图 03-21 所示。

（22）使用【椭圆形工具】○绘制二个椭圆形，中间的椭圆形填充灰色（K：30），并去除轮廓色☒，如图 03-22 所示。

图 03-21　制作阴影　　　　图 03-22　绘制椭圆形

（23）选择【调和工具】自中心椭圆向外侧椭圆拖动，直接调和。在属性栏中设置调和数量为20。调和后的效果如图03-23所示。

（24）去除轮廓边，放在图03-21下方，效果如图03-24所示。

图 03-23　调和图形

图 03-24　立体投影效果

（25）执行【文本】|【插入符号字符】命令，打开【插入字符】对话框，在字体列表中选择 Wingdings，选择菱形图形，然后拖动到工作区中，如图03-25所示。

（26）复制图形03-24，改变渐变颜色，将菱形填充白色，缩小后替换原来的图形，如图03-26所示。

图 03-25　插入图形

图 03-26　菱形立体按钮

（27）用同样的方法制作出其他立体按钮图形，最终效果如图03-27所示。

图 03-27　最终效果图

实例 04　披雪特效字

1. 实例特点
该实例颜色以深蓝色为主，辅助搭配天蓝色，颜色简单而不单一，适用于披雪字、特效字、艺术字设计、文字特效等商业应用中。

2. 注意事项
绘制不规则路径时，应使用【形状工具】耐心调节，使路径圆滑平整。

3. 操作思路
使用【贝塞尔工具】辅助【形状工具】来调节和制作不规则路径；使用【轮廓工具】为文字添加轮廓边；使用【置于图文框内部】命令，将矩形条置入到文字中；使用【透明度工具】来制作倒影效果。

最终效果图

路径：光盘 :\Charter 02\ 披雪字 .cdr

具体步骤如下：

（1）执行【文件】|【新建】命令，新建一个空白文件。

（2）使用【文本工具】□输入文字，在属性栏中选择一种较粗的字体，如图 04-1 所示。

（3）字体效果如图 04-2 所示。

图 04-1　插入图形　　　　图 04-2　菱形立体按钮

（4）按F11键，打开【渐变填充】对话框，设置线性渐变填充，颜色调和从C：50到C：100；M：100，其他设置如图 04-3 所示。

（5）应用渐变填充后的效果如图 04-4 所示。

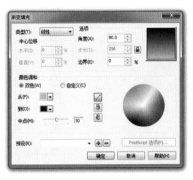

图 04-3　渐变设置　　　　图 04-4　渐变填充

（6）按 + 键，复制文字。使用【贝塞尔工具】□绘制不规则路径，如图 04-5 所示。

（7）按住 Shift 键，加选文字，在属性栏中单击"修剪"□，得到一个新的图形，如图 04-6 所示。

图 04-5　渐变设置　　　　图 04-6　渐变填充

（8）删除路径。执行【窗口】|【泊坞窗】|【对齐与分布】命令，打开【对齐与分布】泊坞窗口。使用【选择工具】□选择修剪后的图形和之前的渐变文字，选择【水平居中对齐】和【顶端对齐】，如图 04-7 和图 04-8 所示。

图 04-7　对齐与分布　　　　图 04-8　对齐后

(9) 选择【透明度工具】🔲，在属性栏中选择【标准】，开始透明度设为50。具体设置如图04-9所示。

(10) 应用透明度后的效果如图04-10所示。

图04-9 透明度设置

图04-10 添加透明度效果

(11) 使用【矩形工具】🔲绘制矩形条，填充颜色(C：100)，并去除轮廓线🔲，如图04-11所示。

(12) 执行【编辑】|【步长和重复】命令，打开【步长和重复】对话框，设置水平偏移距离和偏移份数，如图04-12所示。

(13) 应用后的效果如图04-13所示。

(14) 使用【选择工具】🔲框选图形，在图形上单击，出现选择锚点后，将鼠标放在上部居中位置，向右拖动，使矩形条整体倾斜，如图04-14所示。

图04-11 绘制矩形条　　　图04-12 步长和重复

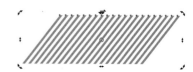

图04-13 复制矩形　　　图04-14 使矩形条倾斜

(15) 执行【效果】|【图框精确剪裁】|【置于图文框内部】命令，当鼠标箭头成为➡，在文字上面单击，将倾斜的矩形条置入到文字中，如图04-15所示。

(16) 使用【矩形工具】🔲绘制矩形背景，填充颜色（C：100；M：100），如图04-16所示。

图04-15 将矩形置于文字中　　　图04-16 绘制背景

(17) 使用【轮廓工具】🔲为文字添加白色的轮廓边。属性设置如图04-17所示。

(18) 添加白色轮廓边后的效果如图04-18所示。

图04-17 轮廓工具属性栏

图04-18 添加轮廓边

（19）使用【阴影工具】□为文字添加阴影效果。属性栏设置如图 04-19 所示，应用后的效果如图 04-20 所示。

图 04-19　阴影工具属性栏

图 04-20　添加阴影效果

（20）使用【贝塞尔工具】□在文字的上方位置绘制不规则路径，使用【形状工具】□进行辅助调节。最后填充颜色（K：70），去除轮廓线，如图 04-21 所示。

（21）按 + 键，复制路径，填充白色，按方向键向上移动，如图 04-22 所示。

图 04-21　绘制不规则路径　　　　图 04-22　复制路径

（22）使用【调和工具】□在白色和灰度图形直接拖动，创建调和效果。在属性栏中的设置如图 04-23 所示。调和后的效果如图 04-24 所示。

图 04-23　调和工具属性设置

图 04-24　调和后

（23）复制文字，使用【垂直镜像】□和【水平镜像】□，使文字镜像，效果如图 04-25 所示。

（24）执行【位图】｜【转换为位图】命令，将文字转换为图像。使用【透明工具】□自上而下进行拖动，创建透明度，如图 04-26 所示。

图 04-25　镜像文字　　　　　图 04-26　创建透明度

（25）将制作的透明度效果，放在文字下方，制作出倒影效果，如图 04-27 所示。

图 04-27　披雪字最终效果

实例 05 | 粗糙字

最终效果图

❤ **1. 实例特点**

该实例采用红色来表现粗糙的毛边效果，适用于特效文字、粗糙字、刺猬字、特效字等商业应用中。

📍 **2. 注意事项**

通过改变【变形工具】❏属性栏中的【拉链振幅】和【拉链频率】，可以控制糙边的效果。

💬 **3. 操作思路**

使用【变形工具】❏中的拉链变形来制作糙边效果；使用【文本工具】字输入文字；使用【渐变填充】制作渐变效果。

路径：光盘 :\Charter 02\ 粗糙字 .cdr

具体步骤如下：

（1）执行【文件】|【新建】命令，新建一个空白文件。

➡ （2）使用【文本工具】字输入文字，在属性栏中选择一种字体，如图 05-1 和图 05-2 所示。

图 05-1　选择文字

粗糙字

图 05-2　输入文字

➡ （3）按 + 键复制文字。按 F12 键，打开【轮廓笔】对话框，设置轮廓宽度为 3mm，轮廓颜色为黑色，如图 05-3 所示。

➡ （4）应用轮廓笔后的效果如图 05-4 所示。

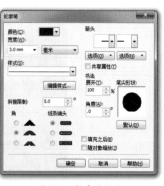

图 05-3　轮廓笔设置

图 05-4　应用轮廓笔

（5）执行【排列】|【将轮廓转换为对象】命令，将轮廓转换为可填充颜色的路径，然后与文字分离。执行【视图】|【线框】命令，可以看到一个闭合的路径，如图 05-5 所示。

（6）选择【变形工具】，在属性栏中选择【拉链变形】，并设置【拉链振幅】和【拉链频率】，如图 05-6 所示。

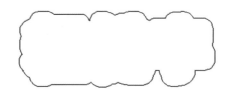

图 05-5　线框模式

图 05-6　变形工具属性设置

（7）应用后的效果如图 05-7 所示。

（8）按 F11 键，设置线性渐变填充，颜色调和从 M：100；Y：100 到 M：100；Y：100；K：50。其他设置如图 05-8 所示。

图 05-7　制作糙边效果

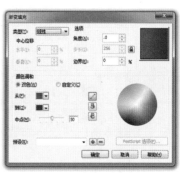

图 05-8　渐变填充设置

（9）应用渐变填充后的效果如图 05-9 所示。

（10）执行【窗口】|【泊坞窗】|【对齐与分布】，打开【对齐与分布泊坞】窗口。按住 Shift 键，使用【选择工具】选择糙边图形和文字，然后单击【水平居中对齐】和【垂直居中对齐】，如图 05-10 所示。

图 05-9　渐变填充

图 05-10　居中对齐

（11）将糙边图形与文字对齐后的效果如图 05-11 所示。

（12）使用【选择工具】选择文字，按 F11 键，设置线性渐变填充效果，颜色调和从 Y：40 到白色。具体设置如图 05-12 所示。

图 05-11　绘制椭圆形

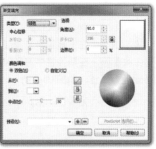

图 05-12　渐变设置

（13）完成粗糙字的制作。最终效果如图 05-13 所示。

图 05-13　最终效果

实例 06 | 艺术笔文字

最终效果图

❤ **1. 实例特点**

该实例基于【艺术笔工具】属性栏来完成，色彩丰富，适用于艺术字、书法字、特效字等商业应用。

📍 **2. 注意事项**

不同的路径，应使用不同的【艺术笔工具】属性。

💬 **3. 操作思路**

使用【艺术笔工具】属性栏中的【预设】、【笔刷】和【喷涂】属性来制作不同的艺术字效果。通过改变【笔触宽度】的值大小，可以控制笔触图形的大小及笔触的粗细。

路径：光盘:\Charter 02\ 艺术笔文字 .cdr

具体步骤如下：

（1）执行【文件】|【新建】命令，新建一个空白文件。

➡ （2）使用【文本工具】输入文字，在属性栏中选择一种较细的字体，如图06-1和图06-2所示。

图 06-1 选择字体类型　　　　　　图 06-2 输入文字

➡ （3）按 Ctrl+Q 键，将文字转换为曲线。在工具箱中选择【艺术笔工具】，在属性栏中选择第一种【预设】属性，如图06-3所示。

➡ （4）在属性栏中的笔触列表中选择一种笔触，如图06-4所示。

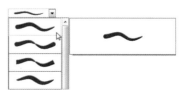

图 06-3 预设属性　　　　　　图 06-4 选择笔触

➡ （5）文字会随着笔触而改变。效果如图06-5所示。

➡ （6）通过属性栏可以控制笔触的手绘平滑度和笔触的粗细，如图06-6所示。

图 06-5 应用笔触效果　　　　　　图 06-6 手绘平滑与笔触宽度

（7）使用【预设】属性，可以针对某个笔划应用笔触效果，获得类似书法的效果，如图 06-7 所示。

（8）按 Ctrl+K 键，或者执行【排列】|【拆分艺术笔群组】命令，打散并分离图形，如图 06-8 所示。

图 06-7　应用笔触

图 06-8　使图形与笔触分离

（9）按 Shift+F11 键，打开【均匀填充】对话框，可以给笔触图形直接修改填色（M：100），如图 06-9 所示。

（10）通过选择应用不同的笔触，可以获得更多字体效果，如图 06-10 所示。

图 06-9　改变颜色

艺术笔文字
艺术笔文字
艺术笔文字

图 06-10　应用更多笔触效果

（11）使用【选择工具】框选笔触文字。执行【排列】|【拆分选定 6 对象】命令，也可以按 Ctrl+K 键，将笔触与原始打散，如图 06-11 所示。

（12）打散后，每个笔触都包含原始文字，用鼠标拖动即可分离，如图 06-12 所示。

艺术笔文字
艺术笔文字
艺术笔文字

图 06-11　拆分对象

艺术笔文字
艺术笔文字

图 06-12　打散第一种笔触并分离

（13）保持图 06-11 原始文字与笔触的重合状态。使用【选择工具】框选对象，在属性栏中选择【合并】，将原始文字与笔触合并为一个整体图形，如图 06-13 所示。执行【视图】|【线框】模式，可以看到一个图形框架，使用【形状工具】删除一些多余的节点，如图 06-14 所示。

艺术笔文字
艺术笔文字
艺术笔文字

图 06-13　合并对象

艺术笔文字
艺术笔文字
艺术笔文字

图 06-14　线框模式视图

（14）在工作区右方的调色板中，选择一种颜色，可直接进行填充。完成【预设】属性艺术笔文字的制作，如图 06-15 所示。

（15）在【艺术笔工具】属性栏中选择【笔刷】属性，如图 06-16 所示。

艺术笔文字
艺术笔文字
艺术笔文字

图 06-15　填充颜色

图 06-16　笔刷属性

（16）在【类别】选项下面可以找到很多不同的笔触，总共包含 8 种类别，如图 06-17 所示。

（17）在【类别】选项中选择一种类别后，相应的笔触列表会显示相关的笔刷笔触。图 06-18 显示了【滚动】类别的笔触列表。

图 06-17　笔刷类别

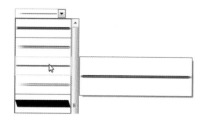

图 06-18　【滚动】笔刷

（18）使用【文本工具】 输入文字，按 Ctrl+Q 键转换为曲线。在笔触列表中选择一种笔刷样式，应用到字体上面，如图 06-19 所示。

（19）应用其他类别的笔触效果，如图 06-20 所示。

艺术笔文字

艺术笔文字

艺术笔文字　艺术笔文字

图 06-19　应用笔刷 　　　　图 06-20　其他笔触效果

（20）在【艺术笔工具】 属性栏中选择【喷涂】属性，如图 06-21 所示。

（21）【喷涂】属性适用于路径应用，不适合文字等复杂图形。有很多的喷涂图形供用户选择，如图 06-22 所示。

图 06-21　喷涂属性

图 06-22　喷涂类型

（22）选择一种喷涂类型，相应的喷涂列表会显示相关的图形，如图 06-23 所示。

（23）使用【贝塞尔工具】 随意绘制一条路径，如图 06-24 所示。

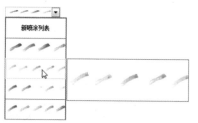

图 06-23　喷涂列表图形

图 06-24　绘制路径

（24）在喷涂列表中选择一种样式，图形则会贴附在绘制的路径上，如图 06-25 所示。

（25）使用【形状工具】 可以对路径进行调节，调节的同时，图形也会随之改变，如图 06-26 所示。

图 06-25　使图形沿路径喷涂

图 06-26　调节路径

（26）使用【选择工具】选择路径和图形，按 Ctrl+K 键打散图形，可以将路径和图形分离。图 06-27 显示了其他路径应用喷涂图形后的效果。完成所有艺术笔文字的制作。

图 06-27　自定义路径应用喷涂图形

实例 07 | 黑白艺术字

1. 实例特点

该实例颜色以灰度为主，结构简单，适用于英文艺术字、特效字、描边字制作等商业应用中。

2. 注意事项

注意区别【轮廓工具】与【轮廓笔工具】的不同作用。

3. 操作思路

通过改变【轮廓笔工具】中的轮廓宽度，使文字加粗。使用【轮廓工具】为字体添加白色轮廓边效果。选择【矩形工具】创建矩形，使用渐变填充来设置灰度渐变。

最终效果图

路径：光盘 :\Charter 02\ 黑白艺术字 .cdr

具体步骤如下：

（1）执行【文件】|【新建】命令，新建一个空白文件。

（2）使用【文本工具】输入文字，在字体列表中选择一种英文字体，如图 07-1 和图 07-2 所示。

图 07-1　选择字体

图 07-2　输入文字

（3）复制文字，按 Shift+F11 键，打开【均匀填充】对话框，设置填充颜色（K：90），如图 07-3 和图 07-4 所示。

图 07-3　【均匀填充】对话框

图 07-4　填充灰度

（4）按 F12 键，打开【轮廓笔】对话框，设置轮廓宽度为 9.5mm、轮廓颜色为（Y：90），如图 07-5 和图 07-6 所示。

图 07-5 轮廓笔设置　　　　　　　图 07-6 应用轮廓笔

（5）执行【窗口】|【泊坞窗】|【对齐与分布】命令，打开【对齐与分布】泊坞窗口，如图 07-7 所示。使用【选择工具】选择之前的文字和应用轮廓笔后的文字，在【对齐与分布】泊坞窗中选择【水平居中对齐】和【垂直居中对齐】，然后给居中的文字填充白色，如图 07-8 所示。

图 07-7 对齐与分布　　　　　　　图 07-8 居中对齐

（6）使用【矩形工具】绘制矩形框。按 F11 键，设置辐射渐变效果，颜色调和从 K：90 到白色。具体设置如图 07-9 所示。

（7）应用渐变填充效果后，去除轮廓线，将之前做的文字效果放在矩形上，如图 07-10 所示。

图 07-9 渐变填充设置　　　　　　图 07-10 渐变背景

（8）使用【选择工具】选择白色文字，按 + 键复制副本，填充黑色。按 Ctrl+PgDn 键，向下移动一层。按方向键做出偏移后的阴影效果，如图 07-11 所示。

（9）使用【选择工具】选择后面的灰度轮廓文字，使用【轮廓工具】为文字添加白色轮廓效果。属性栏的设置如图 07-12 所示。

图 07-11 白色字体加阴影

图 07-12 轮廓工具属性栏

（10）添加白色轮廓边后的效果如图 07-13 所示。

（11）复制图 07-6，按 F12 键，改变轮廓颜色和轮廓宽度。然后居中对齐，置于最后一层。完成第一种黑白艺术字的制作，如图 07-14 所示。

图 07-13　添加白色轮廓边

图 07-14　制作黑色轮廓边

（12）复制图形。删除一些不需要的效果，保留需要的字体效果，如图 07-15 所示。

（13）使用【选择工具】选择白色字体，按 F11 键，设置渐变填充。具体设置如图 07-16 所示。

图 07-15　初始状态

图 07-16　渐变设置

（14）应用渐变填充后的效果如图 07-17 所示。

（15）使用【阴影工具】在添加渐变的文字上面拖动，制作阴影辉光效果。属性栏设置如图 07-18 所示。

图 07-17　添加渐变效果

图 07-18　阴影工具属性栏

（16）文字应用阴影效果后如图 07-19 所示。

（17）使用【选择工具】选择灰度轮廓图形，按 + 键，复制副本。按 F12 键，改变轮廓颜色（K : 100）。按方向键向下微移，创建黑色阴影。最终效果如图 07-20 所示。

图 07-19　添加阴影

图 07-20　制作黑色投影效果

（18）最终效果如图 07-21 所示。

图 07-21　最终效果

实例 08 | 特效字——2013

1. 实例特点

该实例采用渐变过渡色与深灰度搭配，结构简洁，适用于数字特效、数字图形设计等商业应用中。

2. 注意事项

通过设置【调和工具】属性栏中的【调和对象】数值，可以控制调和对象沿路径的排列数量。

3. 操作思路

使用【渐变填充】制作背景效果；使用【椭圆形工具】绘制圆形，然后使用【调和工具】进行调和，在属性栏中选择【新路径】命令，将调和对象依数字进行排列。使用【沿全路径调和】可将调和对象均匀分布在数字上面，通过增加【调和对象】的数值来控制圆形的密集度。

最终效果图

路径：光盘 :\Charter 02\ 特效字 2013.cdr

具体步骤如下：

（1）执行【文件】|【新建】命令或者按 Ctrl+N 键，新建一个空白文件。

（2）使用【文本工具】输入文字，在属性栏中选择一种较圆润的字体，如图 08-1 和图 08-2 所示。

图 08-1　选择文字 　　　　　图 08-2　输入文字

（3）按住 Ctrl 键，使用【椭圆形工具】绘制两个正圆形，填充任意颜色，如图 08-3 所示。

图 08-3　绘制圆形

（4）使用【调和工具】自左侧圆形向右侧圆形拖动，创建调和效果，如图 08-4 所示。

图 08-4　创建调和效果

（5）在调和工具属性栏中选择【新路径】，如图 08-5 所示。

（6）当鼠标箭头成为时，在数字上单击。单击后的初始效果如图 08-6 所示。

图 08-5　新路径

图 08-6　新路径初始效果

（7）在调和工具属性栏中设置调和对象为 150，并选择【沿全路径调和】，如图 08-7 所示。

（8）沿全路径调和后的效果如图 08-8 所示。

图 08-7　沿全路径调和

图 08-8　全路径调和效果

（9）使用【矩形工具】绘制矩形框。按 F11 键，设置渐变填充，颜色调和从 M：100；Y：100 到 Y：60。其他设置如图 08-9 所示。

（10）右击调色板上⊠，去除矩形的轮廓线。应用渐变填充后的效果如图 08-10 所示。

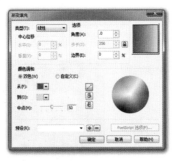

图 08-9　渐变设置

图 08-10　渐变效果

（11）将调和后的数字图形放在渐变图形上面，如图 08-11 所示。

（12）执行【视图】|【简单线框】模式，可以看到沿路径调和前制作的两个椭圆形，即起始图形和终止图形，如图 08-12 所示。

图 08-11　将数字放在背景上　　　　　图 08-12　简单线框模式

（13）使用【选择工具】选择起始圆点，按 F11 键，设置渐变填充。颜色调和从 Y：90 到白色。其他设置如图 08-13 所示。

（14）使用【选择工具】选择终止圆点，按 F11 键，设置渐变填充。颜色调和从 K：40 到白色。其他设置如图 08-14 所示。

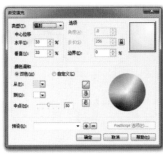

图 08-13　起始圆点渐变设置　　　　　图 08-14　终止圆点渐变设置

（15）回到【视图】|【增强】模式，应用渐变填充之后的效果如图 08-15 所示。

（16）使用【选择工具】选择数字图形，按 Ctrl+K 键，打散图形。选择数字图形，按 Ctrl+PgDn 键，将图形置于下一层，如图 08-16 所示。

图 08-15　应用渐变填充

图 08-16　打散矩形

（17）按 Delete 键，删除初始的黑色文字。完成效果如图 08-17 所示。

（18）复制整体图形。使用【选择工具】选择背景，填充灰度（K：80），数字图形填充黑色（K：100），如图 08-18 所示。

图 08-17　完成效果一　　　　　图 08-18　改变填充颜色

（19）使用【选择工具】选择数字图形，按 + 键复制副本。按方向键向上移动，制作偏移效果，然后填充黄色（Y：100），如图 08-19 所示。

（20）使用【透明度工具】分别在 4 个黄色数字图形上面拖动，制作出透明度效果。完成效果如图 08-20 所示。

图 08-19　复制副本填充黄色　　　图 08-20　完成效果二

实例 09 | 铁锈特效字

最终效果图

1. 实例特点

该实例主要表现铁锈的感觉，主要采用贴图与黑色来进行表现，适用于文字特效、铁锈字、生锈字、艺术字等商业应用中。

2. 注意事项

【步长和重复】的应用应注意间距的控制。

3. 操作思路

使用【手绘工具】、【形状工具】、【选择工具】来绘制原始图形；使用【步长和重复】来创建更多的图形副本；使用材质素材营造质感效果；使用【调和工具】制作景深调和效果。

路径：光盘 :\Charter 02\ 铁锈字 .cdr

具体步骤如下：

（1）执行【文件】|【新建】命令或者按 Ctrl+N 键，新建一个空白文件。

（2）按住 Ctrl 键，使用【手绘工具】绘制一条直线，如图 09-1 所示。

（3）使用【形状工具】，在直线中心位置右击，在弹出的菜单中选择【到曲线】，如图 09-2 所示。

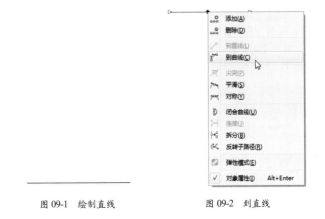

图 09-1 绘制直线 图 09-2 到直线

（4）使用【形状工具】自中心位置向上方拖动，如图 09-3 所示。

（5）回到默认状态，将鼠标箭头放在顶部中心位置，如图 09-4 所示。

图 09-3 向上拖动 图 09-4 鼠标箭头位置

（6）按住 Ctrl 键，向下拖动图形，单击右键松左键，完成镜像复制，如图 09-5 所示。

（7）使用【选择工具】框选对象，在属性栏中选择【合并】或者按 Ctrl+L 键，将图形合并为一个可填充图形。使用【形状工具】拖动左侧的一个节点会自动和另一个节点吸附。未闭合路径前的局部效果如图 09-6 所示。

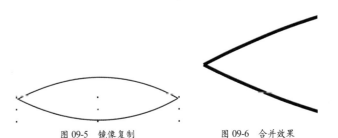

图 09-5 镜像复制 图 09-6 合并效果

（8）闭合路径后的效果如图 09-7 所示。

（9）使用同样的方法，闭合右侧的路径，如图 09-8 所示。

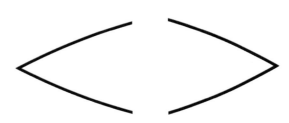

图 09-7 闭合路径 图 09-8 闭合右侧路径

（10）闭合后的路径效果如图 09-9 所示。

（11）按 F11 键，设置线性渐变填充，颜色调和从 K：60 到白色，其他设置如图 09-10 所示。

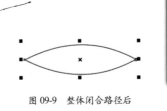

图 09-9 整体闭合路径后 图 09-10 渐变设置

➡ （12）应用渐变填充后，右击调色板上⊠，去除轮廓线，如图 09-11 所示。

➡ （13）复制图形，然后按 Ctrl+PgDn 键，置于底层，按方向键偏移。可以使用【视图】|【线框】模式预览，如图 09-12 所示。

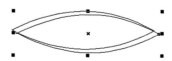

图 09-11　应用渐变填充　　　图 09-12　线框模式预览

➡ （14）使用【选择工具】⬚选择下面的图形，然后按住 Shift 键，再选择上面的图形。在属性栏中选择【修剪】⬚。得到一个新的图形，回到【视图】|【增强】模式下，如图 09-13 所示。

➡ （15）按住 Shift 键，使用【选择工具】⬚加选下面的图形。打开【窗口】|【泊坞窗】|【对齐与分布】泊坞窗口，单击【左对齐】、【顶端对齐】，如图 09-14 所示。

图 09-13　修剪后　　　图 09-14　【对齐与分布】泊坞窗口

➡ （16）对齐后给修剪的图形填充白色，使用【透明工具】⬚在图形上面拖动，添加透明度效果，如图 09-15 所示。

➡ （17）使用【阴影工具】⬚为图形添加阴影效果。属性栏设置如图 09-16 所示。

图 09-15　制作透明度

图 09-16　阴影工具属性栏

➡ （18）添加阴影后的效果如图 09-17 所示。

➡ （19）使用【选择工具】⬚选择阴影，按 Ctrl+K 键打散，使阴影与图形分离。执行【位图】|【转换为位图】，将阴影转换为灰度图形，如图 09-18 所示。

图 09-17　添加阴影后效果　　　图 09-18　转换为位图

➡ （20）使用【选择工具】⬚框选对象，按 Ctrl+G 键群组对象。在属性栏中设置旋转角度为 45°，如图 09-19 所示。

➡ （21）执行【编辑】|【步长和重复】，打开【步长和重复】泊坞窗口，具体设置如图 09-20 所示。

图 09-19　旋转对象　　　图 09-20　步长和重复

（22）应用步长和重复后的效果如图 09-21 所示。

（23）使用【选择工具】框选对象，按+键复制对象。按方向键向右侧移动，如图 09-22 所示。

图 09-21 垂直复制　　　　图 09-22 水平复制

（24）在属性栏中单击【水平镜像】，并按【向下】方向键和【向左】方向键进行调节，如图 09-23 所示。

（25）在【步长和重复】对话框中设置水平偏移，如图 09-24 所示。

图 09-23 镜像并调节　　　　图 09-24 水平复制

（26）复制后的效果如图 09-25 所示。

（27）使用【文本工具】输入文字，在属性栏中选择一种较粗的字体，如图 09-26 所示。

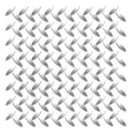

图 09-25 水平复制　　　　图 09-26 选择字体

（28）字体效果如图 09-27 所示。

（29）复制文字，缩小后填充灰色，放置在正下方，如图 09-28 所示。

图 09-27 输入文字　　　　图 09-28 复制文字

（30）使用【调和工具】自下方向上方拖动，创建调和效果。属性栏设置如图 09-29 所示。

（31）创建调和后的效果如图 09-30 所示。

图 09-29 调和工具属性栏　　　　图 09-30 调和后的效果

（32）执行【视图】|【简单线框】模式，可以看到原始的调和图形，如图 09-31 所示。

（33）使用【选择工具】选择下方的图形，按 F11 键设置线性渐变填充，颜色调和从灰度（K：70）到白色。具体设置如图 09-32 所示。

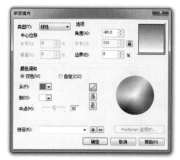

图 09-31　简单线框视图

图 09-32　渐变填充设置

（34）应用渐变填充后，回到【视图】|【增强】模式后的效果如图 09-33 所示。

（35）使用【选择工具】选择顶侧图形，按 + 键复制副本。填充任意颜色，如图 09-34 所示。

图 09-33　添加渐变　　　　图 09-34　复制顶侧图形

（36）按 Ctrl+Q 键，将复制的图形转换为曲线。按 Ctrl+I 键，导入素材图像。执行【效果】|【图框精确剪裁】|【置于图文框内部】，将素材置于图形中。在置入的图形框上右击，选择【编辑 PowerClip】可以对置入的图像进行编辑。最终效果如图 09-35 所示。

（37）用同样的方法，置入图 09-25 到顶侧的图形中，最终调整后的效果如图 09-36 所示。

图 09-35　置入材质图像　　　图 09-36　置入效果图形

（38）复制图 09-27。填充黑色，使用【透明度工具】在图形上拖动，创建透明效果。完成的最终效果如图 09-37 所示。

图 09-37　最终效果图

第 3 章
标志设计

标志设计不仅是实用物的设计，也是一种图形艺术的设计。它与其他图形艺术表现手段既有相同之处，又有自己的艺术规律。必须体现前述的特点，才能更好地发挥其功能。由于对其简练、概括、完美的要求十分苛刻，即要完美到几乎找不到更好的替代方案，其难度比其他任何图形艺术设计都要大得多。

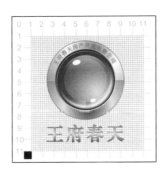

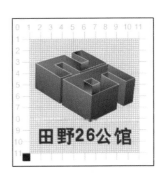

实例 01 | 房产类 1——装饰公司标志设计

1. 实例特点

此案例简洁大方，又有一定的时尚气息，可应用于装饰公司、服装、杂志、休闲餐厅等商业应用中。

2. 注意事项

在对图形进行旋转并复制的时候，配合调整旋转中心点的位置，可创建出丰富的图形。

3. 操作思路

整个实例将分为两部分进行制作，首先利用【图纸工具】▦绘制出网格参考线，然后在参考线的基础上使用【多边形工具】◌绘制标志的模板，并使用【矩形工具】▢创建标志图形，最后添加文字信息完成实例的制作。

最终效果图

路径：光盘 :\Chapter 03\ 装饰公司标志设计 .cdr

具体步骤如下：

1. 创建背景

（1）创建一个宽度为 180mm，高度为 180mm，分辨率为 300 像素 / 英寸的文档。

➡ （2）选择工具箱中的【图纸工具】▦，参照图 01-1，在属性栏中设置列数和行数，然后在视图中绘制网格，设置网格线的颜色为灰色（C：0，M：0，Y：0，K：40），宽度为 0.2mm。

➡ （3）选择工具箱中的【2 点线工具】✐，参照图 01-2，在视图中绘制直线段。

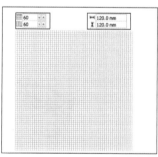

图 01-1　绘制网格

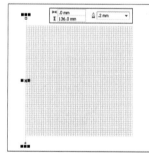

图 01-2　绘制直线段

➡ （4）向右移动直线段的位置，右击复制直线段，效果如图 01-3 所示。

➡ （5）使用快捷键 Ctrl+D 复制出一排直线段，效果如图 01-4 所示。

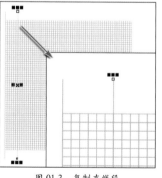

图 01-3　复制直线段

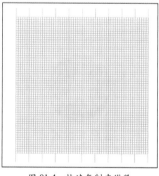

图 01-4　快速复制直线段

(6) 选中所有直线段，使用快捷键 Ctrl+G 将其进行编组，使用小键盘上的"+"复制直线段，并将其旋转 90°，效果如图 01-5 所示。

(7) 使用【文本工具】输入数字"0-10"，参照图 01-6，使用【形状工具】调整字体间距。

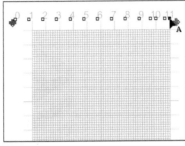 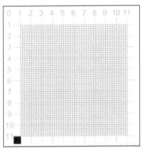

图 01-5　复制并旋转直线段　　图 01-6　创建数字

(8) 使用【形状工具】分别选中数字 10 和 11 的点向右移动数字，效果如图 01-7 所示。

(9) 继续使用【文本工具】创建纵向的文字，并使用【矩形工具】绘制小的矩形装饰，效果如图 01-8 所示。

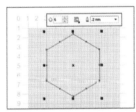 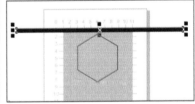

图 01-7　调整个别字体间距　　图 01-8　创建文字

2. 标志的制作

(1) 选择工具箱中的【多边形工具】，在其选项栏中设置边数，然后在视图中绘制六边形，效果如图 01-9 所示。

(2) 使用【矩形工具】绘制黑色矩形，并取消轮廓色的填充，效果如图 01-10 所示。

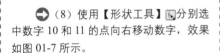

图 01-9　绘制六边形　　图 01-10　绘制矩形

(3) 参照图 01-11，旋转并向下复制矩形，选中所有矩形单击属性栏中的【合并】按钮，将图形连接在一起。

(4) 选中六边形和步骤（3）创建的图形，单击属性栏中的【相交】按钮，创建新的图形，效果如图 01-12 所示。

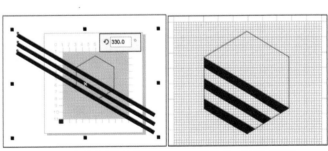

图 01-11　复制并旋转图形　　图 01-12　创建相交形状

(5) 参照图 01-13，使用【矩形工具】绘制矩形，选中矩形和步骤（4）创建的图形，单击属性栏中的【修剪】按钮创建新图形，使用快捷键 Ctrl+K 拆分合并的图形，选中最下方的图形。

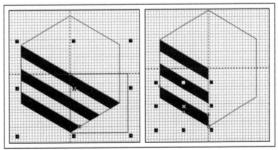

图 01-13　修剪并拆分图形

（6）使用快捷键 F11 打开【渐变填充】对话框，参照图 01-14，在对话框中设置渐变颜色，然后单击【确定】按钮，创建渐变填充效果。

（7）选中实色和渐变色填充图形，参照图 01-15，单击调整中心点的位置至六边形中心点，配合键盘上的 Ctrl 键旋转图形，并右击复制图形。

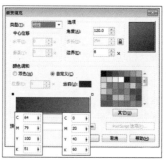

图 01-14　【渐变填充】对话框

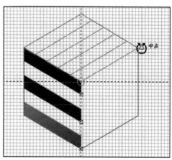

图 01-15　调整中心点的位置

（8）使用步骤（7）介绍的方法，继续复制图形，效果如图 01-16 所示。

（9）最后使用【文本工具】字添加标志文字，完成本实例的制作，效果如图 01-17 所示。

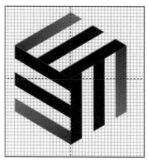

图 01-16　复制并旋转图形

图 01-17　完成效果

实例 02　房产类 2——王府春天标志设计

1. 实例特点

画面真实具有空间感和质感，视觉冲击力强。该实例中的标志效果，可用于房产、商业会所等标志应用上。

2. 注意事项

在为图形添加高光的时候，将图形转换为图像然后使用【高斯式模糊】命令模糊图像，可使创建出的高光更加逼真。

3. 操作思路

首先绘制正圆标志图形并为其填充银色渐变效果，复制多个正圆通过调整渐变角度，增强图形的空间感，继续绘制正圆形，填充绿色渐变创建宝石图形，通过添加高光使宝石看上去更加逼真，然后创建路径文字，制作出镶嵌在标志周围的效果，最后添加标志渐变文字，完成实例的制作。

最终效果图

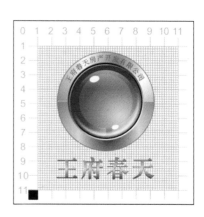

路径：光盘 :\Chapter 03\ 王府春天 .cdr

具体步骤如下：

（1）创建一个宽度为 180mm，高度为 180mm，分辨率为 300 像素 / 英寸的文档。

（2）使用工具箱中的【图纸工具】创建网格，并将其锁定，效果如图 02-1 所示。

（3）参照图 02-2，选择工具箱中的【椭圆形工具】，配合键盘上的 Ctrl 键绘制正圆形。

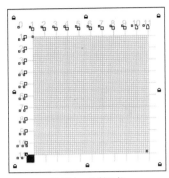
图 02-1　绘制网格

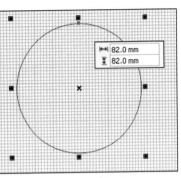
图 02-2　绘制正圆

（4）使用快捷键 F11 打开【渐变填充】对话框，参照图 02-3，在对话框中设置渐变色，然后单击【确定】按钮，创建渐变填充效果。

（5）调整轮廓颜色为灰色（C：0，M：0，Y：0，K：70），参照图 02-4，在属性栏中调整轮廓宽度。

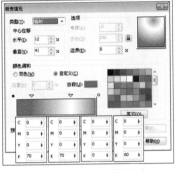
图 02-3　【渐变填充】对话框

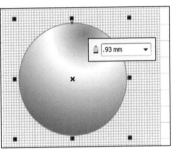
图 02-4　编辑轮廓线

（6）使用小键盘上的 + 复制正圆形，使用【矩形工具】绘制矩形，修剪正圆为半圆图形，效果如图 02-5 所示。

（7）取消上一步创建图形的轮廓色，使用快捷键 F11 打开【渐变填充】对话框，参照图 02-6 调整渐变色，然后单击【确定】，应用渐变填充效果。

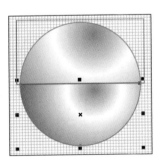
图 02-5　修剪正圆形

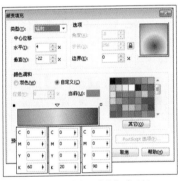
图 02-6　【渐变填充】对话框

（8）使用【矩形工具】绘制矩形并填充灰色（C：0，M：0，Y：0，K：20），效果如图 02-7 所示。

（9）继续使用【椭圆形工具】绘制正圆，使用快捷键 F11 打开【渐变填充】对话框，参照图 02-8，在对话框中调整渐变颜色，然后单击【确定】，创建渐变填充效果。

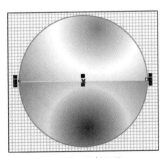
图 02-7　绘制矩形

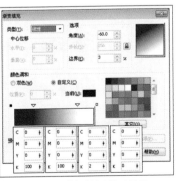
图 02-8　【渐变填充】对话框

（10）缩小步骤（9）创建的正圆形，效果如图 02-9 所示。

（11）使用快捷键 F11 打开【渐变填充】对话框，参照图 02-10，在对话框中调整渐变颜色，然后单击【确定】，应用渐变填充效果。

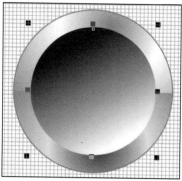

图 02-9　缩小正圆

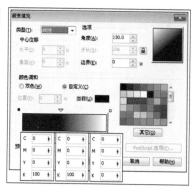

图 02-10　【渐变填充】对话框

（12）继续使用【椭圆形工具】绘制正圆形，效果如图 02-11 所示。

（13）使用快捷键 F11 打开【渐变填充】对话框，参照图 02-12，在对话框中调整渐变颜色，然后单击【确定】，应用渐变填充效果。

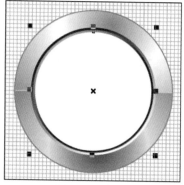

图 02-11　绘制正圆

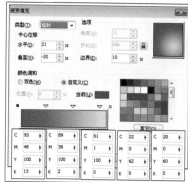

图 02-12　【渐变填充】对话框

（14）继续使用【椭圆形工具】绘制正圆，然后复制步骤（13）创建的正圆形，选中绘制的正圆和复制的正圆，然后单击属性栏中的【修剪】按钮修剪图形，效果如图 02-13 所示。

（15）调整步骤（14）创建的图形颜色为白色，执行【位图】|【转换为位图】命令，将其转换为图像，然后执行【位图】|【模糊】|【高斯式模糊】命令，参照图 02-14，在弹出的【高斯式模糊】对话框中设置参数，然后单击【确定】，应用模糊效果。

图 02-13　修剪图形

图 02-14　模糊图像

（16）参照图 02-15，使用【钢笔工具】绘制图形，选择工具箱中的【透明度工具】，然后在属性栏中调整参数，创建透明图形。

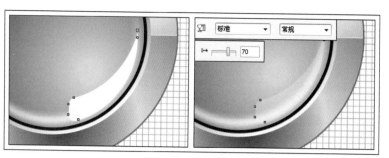

图 02-15　创建标准透明

（17）参照图 02-16，使用【钢笔工具】绘制图形，选择工具箱中的【透明度工具】，在图形上进行绘制，创建线性透明效果。

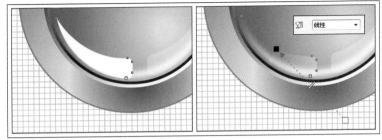

图 02-16 创建线性透明

（18）继续使用【椭圆形工具】绘制白色正圆，并参照图 02-17，使用【透明度工具】调整图形为透明效果。

（19）继续使用【椭圆形工具】绘制白色正圆，并参照图 02-18，使用【透明度工具】调整图形为透明效果。

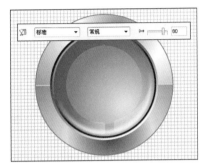
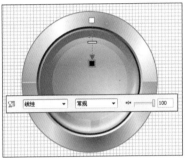

图 02-17 创建线性透明   图 02-18 创建线性透明

（20）继续使用【椭圆形工具】绘制白色椭圆，创建高光，效果如图 02-19 所示。

（21）参照图 02-20 所示，使用【椭圆形工具】绘制正圆形，使用工具箱中的【文本工具】创建文字信息，使用【选择工具】移动文字中的红点，可调整文字的位置。

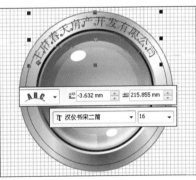

图 02-19 创建高光   图 02-20 创建路径文字

（22）复制步骤（21）创建的文字，取消路径颜色，调整字体颜色为灰色（C：0，M：0，Y：0，K：60），效果如图 02-21 所示。

（23）最后使用【文本工具】创建标志文字，效果如图 02-22 所示。

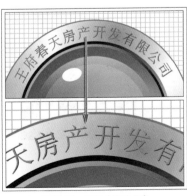
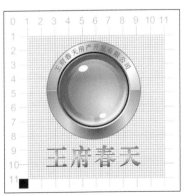

图 02-21 复制并移动文字   图 02-22 完成效果图

03 | 房产类 3——田野 26 公馆标志设计

1. 实例特点

画面时尚、前卫，通过渐变填充的添加，使画面富有空间感。

2. 注意事项

在使用【立体化工具】创建立体图形的时候，注意调整好图形的旋转角度和明暗关系。

3. 操作思路

首先使用【矩形工具】创建数字 26，然后使用【立体化工具】将数字 26 转换为立体图形，通过复制并调整数字的位置，使标志看上去更有质感，通过创建不规则图形并填充颜色，创建镂空的立体图形，最后添加文字信息，完成实例的操作。

最终效果图

路径：光盘 :\Chapter 03\ 田野 26 公馆 .cdr

具体步骤如下：

（1）创建一个宽度为 180mm，高度为 180mm，分辨率为 300 像素 / 英寸的文档。

➡ （2）使用工具箱中的【图纸工具】创建网格，并将其锁定，效果如图 03-1 所示。

➡ （3）参照图 03-2，使用【矩形工具】绘制矩形。

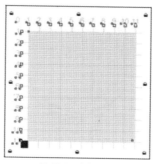

图 03-1 绘制网格

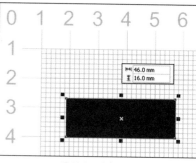

图 03-2 绘制矩形

➡ （4）通过复制和旋转矩形，组成 2 和 6 两个数字，效果如图 03-3 所示。

➡ （5）选中所有矩形，单击属性栏中的【合并】按钮，使图形组合在一起，效果如图 03-4 所示。

图 03-3 复制并旋转矩形

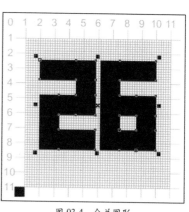

图 03-4 合并图形

（6）选中步骤（5）创建的图形，设置填充色为白色并取消廓色的填充，使用工具箱中的【立体化工具】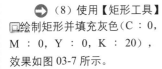在图形上进行绘制，创建立体图形，效果如图 03-5 所示。

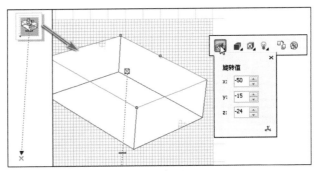

图 03-5 创建立体图形

（7）单击属性栏中的【立体化颜色】按钮，参照图 03-6，调整图形立体颜色。

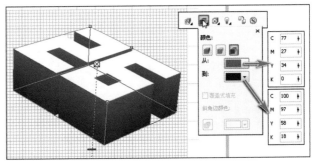

图 03-6 调整立体颜色

（8）使用【矩形工具】绘制矩形并填充灰色（C：0，M：0，Y：0，K：20），效果如图 03-7 所示。

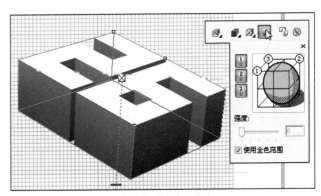

图 03-7 调整光照效果

（9）右击复制立体图形，单击属性栏中的【清除立体化】按钮，清除立体效果，选中该图形和立体图形，使用快捷键 E+C+T 使图形对齐，效果如图 03-8 所示。

（10）选中步骤（9）复制的图形，使用快捷键 F11 打开【渐变填充】对话框，参照图 03-9，在对话框中设置渐变颜色，然后单击【确定】，创建渐变填充效果。

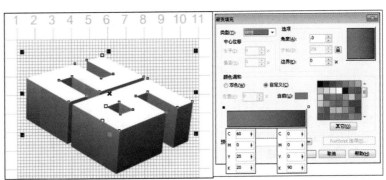

图 03-8 复制并调整文字的位置　　　　图 03-9 【渐变填充】对话框

➡（11）执行完步骤（10）的操作后，效果如图 03-10 所示。

➡（12）参照图 03-11，使用【钢笔工具】绘制图形，并为其填充渐变。

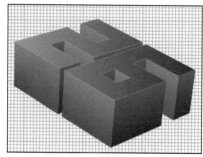

图 03-10　渐变填充效果

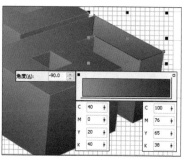

图 03-11　绘制图形

➡（13）取消步骤（12）创建图形的轮廓色，继续使用【钢笔工具】绘制图形，并为其填充与上一步相同的渐变，效果如图 03-12 所示。

➡（14）取消步骤（13）创建图形的轮廓色，继续使用【钢笔工具】绘制图形，并参照图 03-13，为其填充渐变。

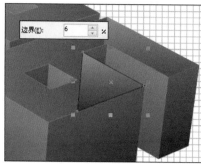

图 03-12　复制渐变填充

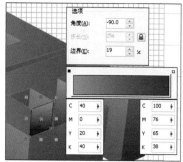

图 03-13　绘制图形

➡（15）取消步骤（14）创建图形的轮廓色，继续使用【钢笔工具】绘制图形，并为其填充与步骤（14）相同的渐变，参照图 03-14，调整渐变角度。

➡（16）取消步骤（15）创建图形的轮廓色，参照图 03-15，继续使用【钢笔工具】绘制图形，并为其填充渐变。

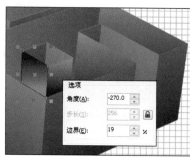

图 03-14　调整渐变角度

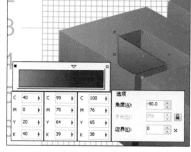

图 03-15　绘制图形

➡（17）取消步骤（16）创建图形的轮廓色，参照图 03-16，继续使用【钢笔工具】绘制图形，并为其填充渐变。

➡（18）取消步骤（17）创建图形的轮廓色，参照图 03-17，继续使用【钢笔工具】绘制图形，并为其填充渐变。

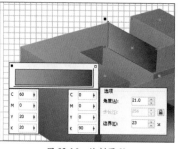

图 03-16　绘制图形

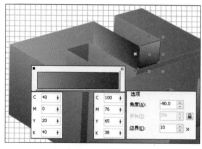

图 03-17　绘制图形

（19）取消步骤（18）创建图形的轮廓色，参照图03-18,继续使用【钢笔工具】绘制图形，并为其填充渐变。

（20）复制"26"渐变图形，取消填充色并调整轮廓色为白色，使用【文本工具】创建标志文字信息，完成本实例的制作，效果如图 03-19 所示。

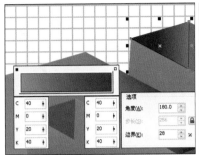

图 03-18　绘制图形

图 03-19　完成效果图

餐饮类 1——蜂之缘纯酿蜂蜜

1. 实例特点

画面可爱具有亲和力。该实例中的效果，可用于网站、幼儿园、儿童食品等平面应用上。

2. 注意事项

通过图形的合并和相交可创建出丰富多彩的图形。

3. 操作思路

首先绘制三角形和圆形，并创建合并在一起的图形，作为蜜蜂的身体，然后缩小并旋转身体图形，创建出蜜蜂的翅膀，并创建翅膀与身体相交图形，增强层次感，最后绘制蜜蜂的头部和身体上的花纹并添加文字信息，完成实例的制作。

最终效果图

KING HONEY
Pure natural honey wine

路径：光盘 :\Chapter 03\ 蜂之缘纯酿蜂蜜 .cdr

具体步骤如下：

（1）创建一个宽度为 180mm，高度为 180mm，分辨率为 300 像素 / 英寸的文档。

（2）使用工具箱中的【图纸工具】创建网格，并将其锁定，效果如图 04-1 所示。

（3）参照图 04-2，使用【多边形工具】绘制三角形，并使用【椭圆形工具】绘制正圆。

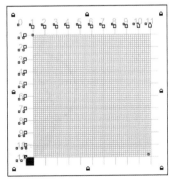

图 04-1　绘制网格

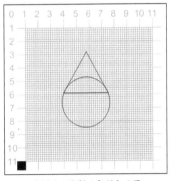

图 04-2　绘制三角形和正圆

➡(4)选中三角形和正圆然后单击属性栏中的【合并】🔲按钮合并图形，并使用【形状工具】🔽删除多余的锚点，调整图形的填充色为土黄色（C：0，M：37，Y：100，K：0），效果如图 04-3 所示。

➡(5)复制并缩小步骤（3）创建的图形，取消填充色，调整中心点的位置至最上方，效果如图 04-4 所示。

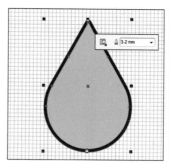
图 04-3　合并图形

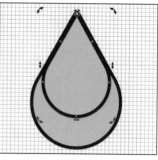
图 04-4　复制图形并调中心点的位置

➡(6)参照图 04-5，配合键盘上的 Ctrl 键旋转图形，继续朝反方向旋转图形，并右击复制图形，创建蜜蜂的翅膀。

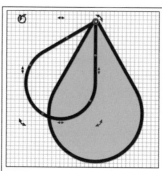
图 04-5　旋转并复制图形

➡(7)分别选中翅膀和黄色填充图形，单击属性栏中的【相交】🔲按钮，创建相交图形，并设置填充色为黄色（C：0，M：0，Y：100，K：0），参照图 04-6，调整图形立体颜色。

➡(8)参照图 04-7，使用【椭圆形工具】◯绘制黄色正圆作为蜜蜂头部，然后在腹部绘制椭圆，复制椭圆并向上移动椭圆的位置。

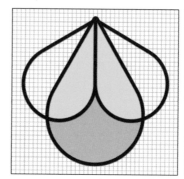
图 04-6　创建相交图形

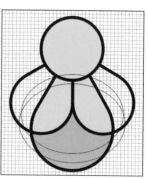
图 04-7　绘制圆形

➡(9)首先选中上方的椭圆图形，然后选中下方的椭圆图形，单击属性栏中的【修剪】按钮，创建新的图形并填充颜色为黑色，效果如图 04-8 所示。

➡(10)使用与步骤（9）相同的方法，继续创建蜜蜂腹部的花纹，效果如图 04-9 所示。

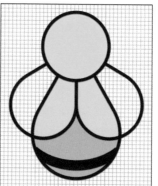
图 04-8　创建修剪图形

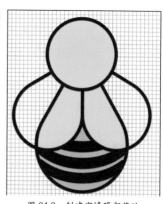
图 04-9　创建蜜蜂腹部花纹

➜（11）参照图 04-10，使用【文本工具】添加标志文字信息。

➜（12）继续使用【文本工具】添加标志文字信息，完成本实例的制作，效果如图 04-11 所示。

图 04-10 创建文字

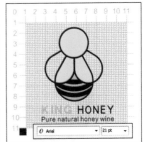

图 04-11 完成效果图

实例 05 餐饮类 2——饭店标志

♥ 1. 实例特点
画面以中国传统纹样作为装饰图形，整体看上去具有中国传统饮食文化的特点。该实例中的效果，可用于中式餐厅、茶馆等标志应用上。

📍 2. 注意事项
通过创建封套对图形进行变形。

💬 3. 操作思路
首先使用【钢笔工具】绘制卷曲的纸张和碗图形，通过添加封套将绘制好的中国传统花边图形进行变形，放置在纸张最下方，然后通过图形的合并和修剪制作出祥云图形，最后添加文字素材，完成实例的制作。

最终效果图

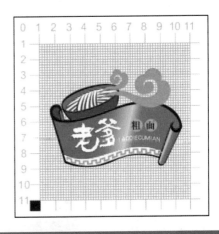

路径：光盘 :\Chapter 03\ 饭店标志 .cdr

具体步骤如下：

（1）创建一个宽度为 180mm，高度为 180mm，分辨率为 300 像素 / 英寸的文档。

➜（2）使用工具箱中的【图纸工具】创建网格，并将其锁定，效果如图 05-1 所示。

➜（3）参照图 05-2，使用【钢笔工具】绘制图形，并填充颜色为黑色，取消轮廓线的颜色。

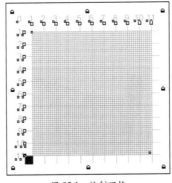

图 05-1 绘制网格

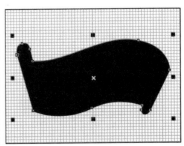

图 05-2 绘制图形

（4）参照图 05-3，使用【钢笔工具】绘制图形，并使用快捷键 F11 为图形填充线性渐变。

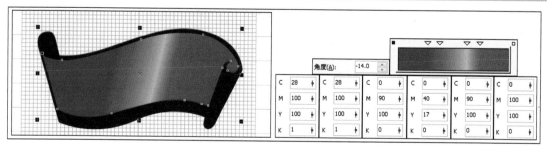

图 05-3　创建渐变填充图形

（5）参照图 05-4，继续使用【钢笔工具】绘制图形，并使用快捷键 F11 为图形填充线性渐变。

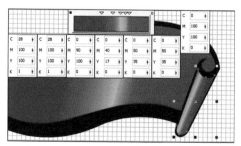

图 05-4　继续绘制图形

（6）参照图 05-5，继续使用【钢笔工具】绘制深红色、红色和白色实色填充图形。

（7）参照图 05-6，继续使用【钢笔工具】绘制装饰图形，并填充颜色为橘黄色（C：0，M：60，Y：100，K：0）。

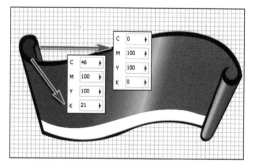

图 05-5　绘制实色填充图形

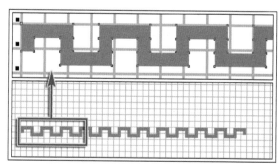

图 05-6　绘制装饰图形

（8）使用工具箱中的【封套工具】，创建封套，调整图形的形状，效果如图 05-7 所示。

（9）使用【钢笔工具】绘制图形，选中图形并选中步骤（8）创建的图形，单击工具箱中的【修剪】按钮，修剪图形，效果如图 05-8 所示。

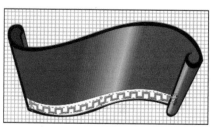

图 05-7　创建封套

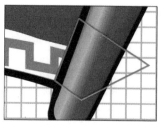

图 05-8　修剪图形

（10）参照图 05-9，继续使用【钢笔工具】绘制碗。

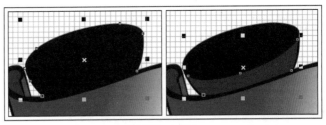

图 05-9 绘制碗

（11）使用【椭圆形工具】绘制碗的内部，继续绘制椭圆并利用椭圆的相交创建碗中的食物图形，设置填充颜色为白色，描边颜色为黑色，效果如图 05-10 所示。

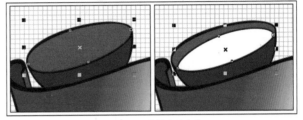

图 05-10 绘制碗的内部

（12）参照图 05-11，使用【钢笔工具】绘制面条图形。

（13）参照图 05-12，使用【椭圆形工具】绘制椭圆，并使用【钢笔工具】绘制椭圆下的形状。

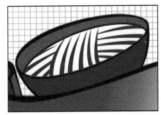
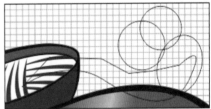

图 05-11 绘制面条　　图 05-12 绘制椭圆

（14）选中步骤（13）创建的图形，单击属性栏中的【合并】按钮，将图形合并在一起，设置矩形填充色为橘黄色（C：0，M：60，Y：100，K：0），继续使用【钢笔工具】绘制图形，选中绘制好的图形和橘黄色图形，单击属性栏中的【修剪】按钮，修剪图形，效果如图 05-13 所示。

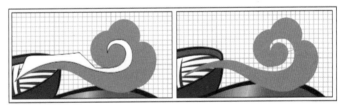

图 05-13 绘制云彩图形

（15）复制并缩小云彩图形，导入本章素材"文字.psd"文件，单击属性栏中的【快速临摹】按钮，临摹位图，将其放置适当的位置，导入本章素材"文字.psd"文件，单击属性栏中的【快速临摹】按钮，临摹位图，将其放置适当的位置，效果如图 05-14 所示。

（16）参照图 05-15，使用【椭圆形工具】绘制正圆形，使用【文本工具】添加文字信息，完成本实例的制作。

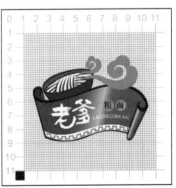

图 05-14 临摹位图　　图 05-15 完成效果图

69

06 餐饮类 3——休闲食品标志

最终效果图

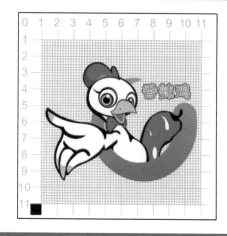

💗 **1. 实例特点**
　画面灵动富有生机，公鸡的形象和字体将所要表达的信息很明确地传达给消费者。

📍 **2. 注意事项**
　在使用【钢笔工具】🖊绘制公鸡图形的时候要准确把握好图形的形态轮廓。

💬 **3. 操作思路**
　首先绘制出公鸡的大体轮廓，然后绘制眼睛、嘴巴、鸡冠、手臂和蝴蝶结，最后使用【艺术笔工具】🖊创建手绘笔触效果，并添加文字信息，完成实例的制作。

路径：光盘 :\Chapter 03\ 香辣鸡标志设计 .cdr

具体步骤如下：

　（1） 创建一个宽度为 180mm，高度为 180mm，分辨率为 300 像素 / 英寸的文档。

➡（2） 使用工具箱中的【图纸工具】🖊创建网格，并将其锁定，效果如图 06-1 所示。

➡（3） 参照图 06-2，使用【钢笔工具】🖊绘制公鸡轮廓图形，并填充颜色为黑色，取消轮廓线的颜色。

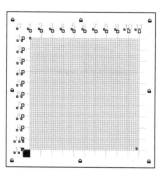

图 06-1　绘制网格

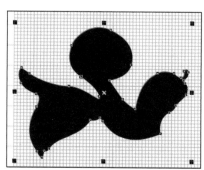

图 06-2　绘制图形

➡（4）参照图 06-3，使用【钢笔工具】🖊绘制公鸡的身体，并填充颜色为白色，取消轮廓线的颜色。

➡（5）参照图 06-4，继续使用【钢笔工具】🖊绘制辣椒图形。

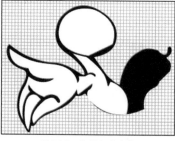

图 06-3　绘制公鸡身体

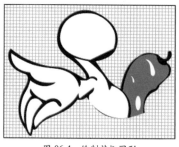

图 06-4　绘制辣椒图形

（6）参照图 06-5，继续使用【椭圆形工具】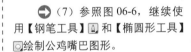绘制椭圆图形，复制并调整图形颜色，为眼珠创建深蓝（C：100，M：20，Y：0，K：0）到浅蓝（C：40，M：0，Y：0，K：0）径向渐变效果，并使用【钢笔工具】绘制睫毛和眼皮图形。

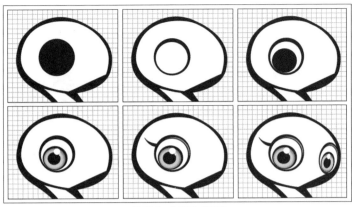

图 06-5　绘制眼睛图形

（7）参照图 06-6，继续使用【钢笔工具】和【椭圆形工具】绘制公鸡嘴巴图形。

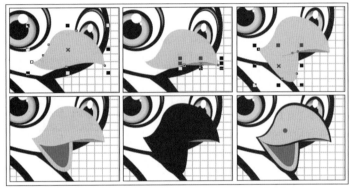

图 06-6　绘制公鸡嘴巴

（8）参照图 06-7，使用【钢笔工具】绘制鸡冠轮廓，复制并缩小图形填充颜色为红色（C：0，M：100，Y：100，K：0），继续复制图形填充颜色为暗红色（C：37，M：100，Y：100，K：5），使用椭圆形状修剪该图形，继续使用【椭圆形工具】绘制椭圆与该图形相交，并填充颜色为黄色（C：0，M：60，Y：100，K：0），创建鸡冠图形。

（9）使用【钢笔工具】在公鸡手部进行绘制，并创建该图形与手部图形相交，填充颜色为黄色（C：0，M：29，Y：100，K：0），效果如图 06-8 所示。

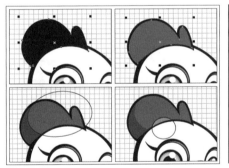 

图 06-7　绘制鸡冠　　　　　　图 06-8　创建相交图形

（10）参照图 06-9，继续使用【钢笔工具】和【椭圆形工具】绘制蝴蝶结图形。

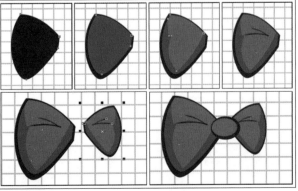

图 06-9　绘制蝴蝶结

(11) 参照图 06-10，使用【椭圆形工具】○绘制正圆形，然后使用【形状工具】调整正圆形状，单击属性栏中的【弧】按钮创建弧线段，选择工具箱中的【艺术笔工具】，在其属性栏中设置艺术笔笔触，为弧线添加艺术笔触效果。

图 06-10 创建艺术画笔图形

(12) 使用快捷键 Ctrl+Q 将步骤（11）绘制的图形转换为曲线，使用快捷键 F11 打开【渐变填充】对话框，参照图 06-11，在对话框中设置渐变颜色，然后单击【确定】按钮，创建渐变填充效果。

(13) 参照图 06-12，使用【文本工具】创建文字信息，并为其创建 0.8mm 白色轮廓，复制文字调整轮廓色为黑色，轮廓宽度为 1.7mm，完成本实例的制作。

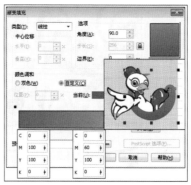

图 06-11 【渐变填充】对话框

图 06-12 完成效果图

实例 07 广告公司类 1——星愿儿童摄影标志

最终效果图

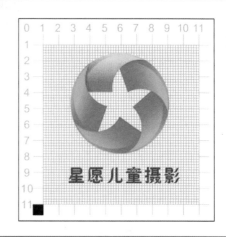

1. 实例特点
画面应以清新、简洁为主，旋转的三角形影射相机的镜头，更好地向消费者传递出摄影这一概念，该效果可用于摄影摄像等与视觉有关的商业应用上。

2. 注意事项
对带有渐变填充图形进行旋转并复制的时候最好先填充好颜色，这样渐变角度在旋转的过程中会随着图形旋转角度的变化而变化。

3. 操作思路
首先通过图形的修剪和相交制作出标志的部分图形，并填充渐变颜色，然后通过复制并旋转图形创建出标志图形，最好为创建好的标志创建局部阴影，添加标志文字完成实例的制作。

路径：光盘 :\Chapter 03\ 香辣鸡标志设计 .cdr

具体步骤如下：

（1）创建一个宽度为180mm，高度为180mm，分辨率为300像素/英寸的文档。

➡（2）使用工具箱中的【图纸工具】🔲创建网格，并将其锁定，效果如图07-1所示。

➡（3）参照图07-2，使用【椭圆形工具】⭕绘制正圆，使用【矩形工具】🔲绘制矩形。

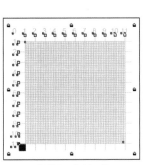

图07-1 绘制网格

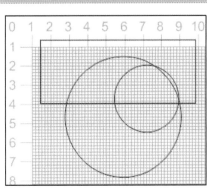

图07-2 绘制正圆

➡（4）复制大圆图形，选中步骤（3）创建图形中的小圆和大圆图形，单击属性栏中的【修剪】按钮，创建新图形，然后选中矩形和修剪后的图形，单击属性栏中的【相交】按钮，创建新图形，效果如图07-3所示。

➡（5）选中相交得到的图形，使用快捷键F11打开【渐变填充】对话框，参照图07-4，在对话框中设置渐变颜色，然后单击【确定】按钮，创建渐变填效果，并取消轮廓色。

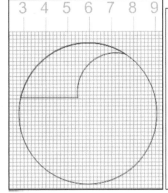

图07-3 创建新图形

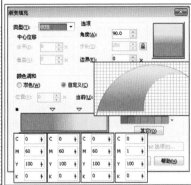

图07-4 【渐变填充】对话框

➡（6）复制步骤（5）创建的图形，参照图07-5，调整图形的渐变颜色。

➡（7）参照图07-6，调整中心点的位置至大圆中心位置，然后旋转图形。

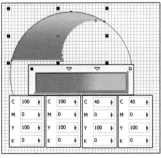

图07-5 调整渐变色

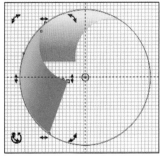

图07-6 旋转图形

➡（8）使用前面介绍的方法，继续复制并旋转图形，效果如图07-7所示。

➡（9）首先选中左上方的橙色渐变图形，然后选中右上方的绿色渐变图形，单击属性栏中的【修剪】按钮，修剪图形，效果如图07-8所示。

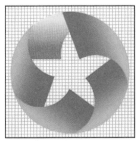

图07-7 继续复制并旋转图形

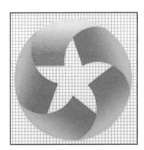

图07-8 修剪图形

（10）参照图 07-9，复制橙色渐变图形，然后使用【椭圆形工具】〇绘制正圆，选中正圆和橙色渐变图形，单击属性栏中的【修剪】按钮匝，修剪图形。

（11）参照图 07-10，调整步骤（10）创建图形的渐变位置。

图 07-9　修剪橙色渐变图形

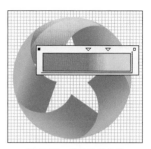

图 07-10　调整渐变位置

（12）参照图 07-11，复制橙色渐变图形，然后使用【椭圆形工具】〇绘制正圆，选中正圆和橙色渐变图形，单击属性栏中的【修剪】按钮匝，修剪图形。

（13）为步骤（12）创建的图形填充橘红色（C：0，M：67，Y：100，K：0），效果如图 07-12 所示。

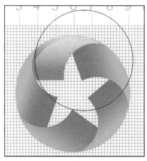

图 07-11　修剪橙色渐变图形

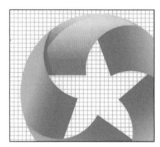

图 07-12　填充实色

（14）复制前面创建的阴影效果，将其放置在绿色图形上，并调整阴影的渐变颜色，效果如图 07-13 所示。

（15）使用【文本工具】字添加文字信息，完成本实例的制作，效果如图 07-14 所示。

图 07-13　创建阴影效果

图 07-14　完成效果图

实例 08　广告公司类 2——私图博雅广告公司

1. 实例特点

画面真实，晶莹剔透。该实例中的质感效果，可用于网站、电子商务、工艺礼品等标志应用上。

2. 注意事项

通过对立体图形的切割创建有层次感的剖面，打破传统的设计理念，使作品更具视觉冲击力。

3. 操作思路

首先创建渐变填充的圆形标志，然后通过对圆形的切割创建立体感装饰图形，最好添加文字信息，完成实例的操作。

最终效果图

路径：光盘 :\Chapter 03\ 私图博雅广告公司 .cdr

具体步骤如下：

（1）创建一个宽度为 250mm，高度为 150mm，分辨率为 300 像素 / 英寸的文档。

（2）使用【椭圆形工具】○绘制正圆，并参照图 08-1，为其添加辐射渐变填充效果。

（3）复制步骤（2）创建的正圆形，参照图 08-2，调整渐变中心点的位置，并向右下方移动图像。

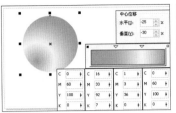 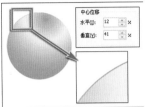

图 08-1 调整渐变颜色　　　图 08-2 调整渐变中心点的位置

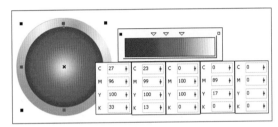

图 08-3 调整渐变颜色

（4）复制步骤（3）创建的正圆形，并参照图 08-3，调整渐变的颜色。

（5）继续复制正圆并取消填充色，为方便看清路径，设置轮廓色为黑色，然后使用【文本工具】字在路径上创建数字，并设置字体颜色为金色（C：14，M：29，Y：85，K：6），效果如图 08-4 所示。

（6）复制步骤（5）创建的文字，调整字体颜色为白色，向右下方微移文字，取消路径的颜色，效果如图 08-5 所示。

 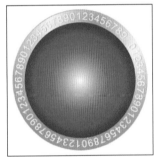

图 08-4 创建路径文字　　　图 08-5 复制文字

（7）参照图 08-6，使用小键盘上的"+"复制红色渐变图形，然后移动图形并右击复制图形，为了方便观察取消颜色填充效果，选中正圆轮廓和红色图形，单击属性栏中的【修剪】按钮□，创建新图形，并填充颜色为热粉色（C：0，M：80，Y：40，K：0）。

（8）复制步骤（7）创建的图形，调整颜色为白色，然后执行【位图】|【转换为位图】命令，将图形转换为图像，然后执行【位图】|【模糊】|【高斯式模糊】命令，参照图 08-7，在弹出的【高斯式模糊】对话框中设置模糊参数，然后单击【确定】按钮，应用模糊效果。

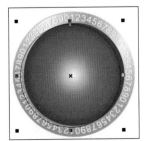 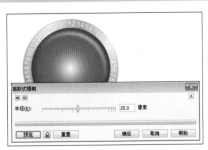

图 08-6 修剪图形　　　图 08-7 创建高斯模糊效果

（9）参照图 08-8，分别使用【椭圆形工具】◯和【矩形工具】▢绘制正圆和矩形，并分别用矩形修剪正圆形。

（10）使用快捷键 Ctrl+K 拆分图形，参照图 08-9，图形填充辐射渐变填充。

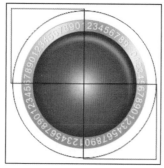

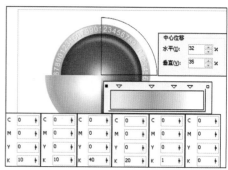

图 08-8　绘制并修剪图形　　　　图 08-9　创建渐变填充

（11）复制步骤（10）创建的渐变填充图形，参照图 08-10，使用【椭圆形工具】◯绘制正圆，选中正圆和渐变图形，单击属性栏中的【修剪】按钮◫，修剪图形并填充颜色为白色。

（12）参照图 08-11，使用【透明度工具】◪调整步骤（11）创建图形的透明度。

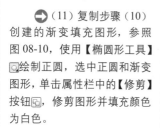

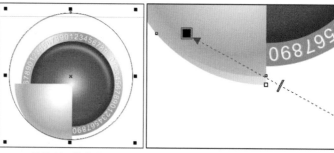

图 08-10　修剪图形　　　　图 08-11　调整图形透明度

（13）使用前面介绍的方法，为另一半图形添加渐变填充效果，如图 08-12 所示。

（14）复制并缩小右上方的灰色渐变图形，参照图 08-13，调整渐变色，并调整图层顺序。

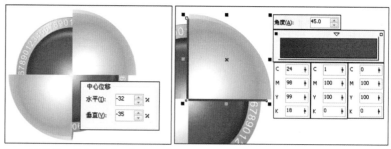

图 08-12　调整渐变中心位置　　　　图 08-13　调整渐变颜色

（15）使用前面介绍的方法，创建红色的 1/4 图形，并填充颜色为土黄色（C：13，M：38，Y：93，K：5），效果如图 08-14 所示，选择工具箱中的【透明度工具】◪，参照图 08-15，调整图形透明度。

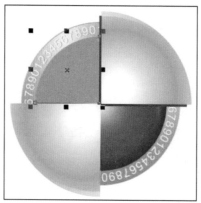

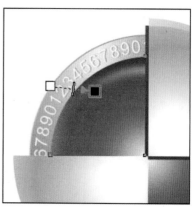

图 08-14　创建圆形 1/4 图形　　　　图 08-15　调整图形透明度

(16) 参照图08-16，使用【椭圆形工具】◯绘制椭圆，分别填充白色和灰色（C：0，M：0，Y：0，K：60）。

图 08-16　绘制椭圆

(17) 复制步骤（16）创建的图形，分别放置在圆形的其他三个方向，如图08-17所示。

(18) 参照图08-18，继续使用【椭圆形工具】◯绘制椭圆。

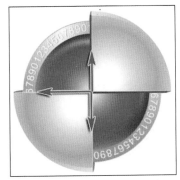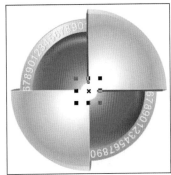

图 08-17　复制并调整图形的方向　　　图 08-18　绘制椭圆

(19) 执行【位图】|【转换为位图】命令将图形转换为图像，然后制定【位图】|【模糊】|【高斯式模糊】命令，参照图08-19，在弹出的【高斯式模糊】对话框中进行设置，然后单击【确定】按钮，应用模糊效果，复制并调整模糊后的图像。

(20) 使用快捷键 Ctrl+G 将前面创建的所有图层群组，垂直翻转图形，并执行【位图】|【转换为位图】命令将图形转换为图像，使用【透明度工具】调整图像的透明度，创建投影效果，如图08-20所示。

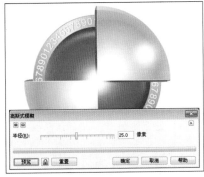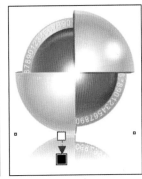

图 08-19　创建高斯式模糊图像　　　图 08-20　创建投影效果

(21) 参照图08-21，使用【文本工具】创建文字信息，并使用【透明度工具】创建文字的投影效果。

(22) 最后使用【矩形工具】绘制灰色（C：0，M：0，Y：0，K：10）矩形，并使用【透明度工具】调整图形透明度，装饰画面，效果如图08-22所示。

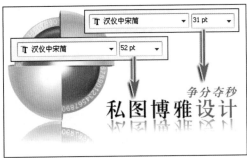

图 08-21　添加文字　　　　　　　　图 08-22　完成效果图

实例 09 | 教育培训类 1——小画家儿童美术教育

1. 实例特点

画面真实富有质感。该实例中的效果，可用于卡通设计室、幼儿园等标志应用上。

2. 注意事项

通过底纹填充效果可创建木纹等材质，通过调整图形的透明度，可使创建出的材质更加逼真、富有立体感。

3. 操作思路

首先绘制画板并创建木纹填充效果，然后通过复制并调整木纹的透明度，创建出阴影和高光，增强图形的立体感，最后添加文字信息，完成实例的制作。

最终效果图

路径：光盘 :\Chapter 03\ 小画家儿童美术教育 .cdr

具体步骤如下：

（1）创建一个宽度为 180mm，高度为 180mm，分辨率为 300 像素 / 英寸的文档。

➡（2）使用工具箱中的【图纸工具】创建网格，并将其锁定，效果如图 09-1 所示。

➡（3）参照图 09-2，使用【矩形工具】绘制矩形，并填充颜色为褐色。

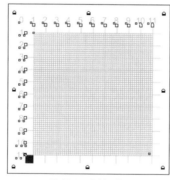

图 09-1　绘制网格

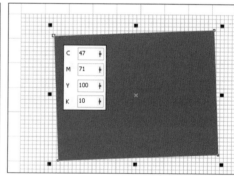

图 09-2　绘制矩形

（4）复制并缩小步骤（3）绘制的矩形，单击工具箱中的【填充工具】在弹出的菜单中选择【底纹填充】选项，参照图 09-3，在弹出的【底纹填充】对话框中设置颜色，然后单击【确定】按钮，创建底纹填充效果，如图 09-4 所示。

图 09-3　【底纹填充】对话框

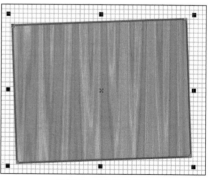

图 09-4　底纹填充效果

（5）继续复制并缩小褐色矩形，使用快捷键 Ctrl+Q 将图形转换为曲线，然后使用工具箱中的【形状工具】调整矩形的形状，效果如图 09-5 所示。

（6）继续复制并缩小上一步创建的矩形，调整颜色为灰色（C：0，M：0，Y：0，K：50），效果如图 09-6 所示。

图 09-5 复制并调整矩形形状

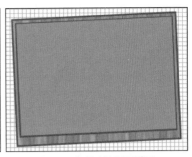
图 09-6 复制并调整矩形颜色

（7）继续复制并缩小步骤（6）创建的矩形，参照图 09-7，为矩形填充渐变填充效果。

（8）使用【2点线工具】绘制沙黄色（C：4，M：24，Y：54，K：0）直线段，并在其属性栏中设置线段的宽度，效果如图 09-8 所示。

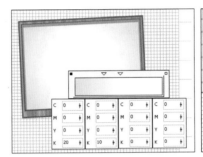
图 09-7 创建渐变填充效果

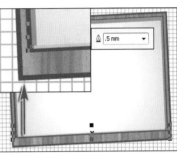
图 09-8 绘制直线段

（9）参照图 09-9，使用【矩形工具】绘制黑色矩形色块。

（10）使用【矩形工具】绘制矩形，选中前面创建的底纹填充图形，使用右键拖动鼠标至该矩形，松开鼠标，在弹出的菜单中选择【复制填充】命令，复制底纹填充效果，如图 09-10 所示。

图 09-9 绘制黑色图形

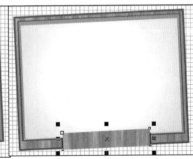
图 09-10 复制底纹填充效果

（11）复制步骤（10）创建的矩形，双击下方属性栏中的【底纹】图标，参照图 09-11，在弹出的【底纹填充】对话框中重新调整底纹的颜色。

（12）参照图 09-12，使用工具箱中的【透明度工具】调整上一步矩形的透明效果。

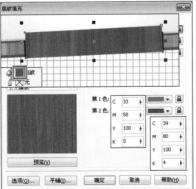
图 09-11 调整底纹颜色

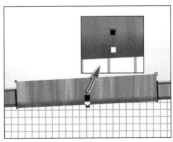
图 09-12 调整透明效果

➡（13）复制并缩小步骤（12）创建的矩形，调整填充色为实色，并使用【透明度工具】调整透明效果，如图 09-13 所示。

➡（14）参照图 09-14，使用【2 点线工具】绘制宽度为 0.5mm 的直线段，作为高光。

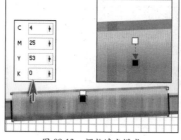
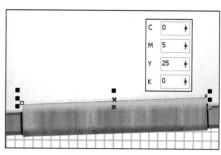

图 09-13　调整填充模式　　　　　图 09-14　绘制直线段

➡（15）使用前面介绍的方法，创建出画板的腿部，效果如图 09-15 所示。

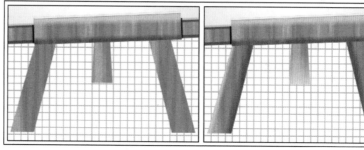

图 09-15　绘制画板腿

➡（16）参照图 09-16，使用【矩形工具】绘制矩形，并创建矩形与画板腿相交图形，填充颜色为黑色，作为阴影。

➡（17）参照图 09-17，使用【椭圆形工具】绘制灰色（C：0，M：0，Y：0，K：40）椭圆。

图 09-16　创建阴影　　　　　图 09-17　创建阴影

➡（18）选中步骤（17）创建的椭圆图形，执行【位图】|【转换为位图】命令，将图形转换为图像，然后执行【位图】|【模糊】|【高斯式模糊】命令，参照图 09-18，在弹出的【高斯式模糊】对话框中设置模糊程度，然后单击【确定】按钮，应用模糊效果。

➡（19）最后使用【文本工具】添加文字信息，完成本实例的制作，效果如图 09-19 所示。

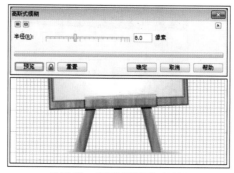

图 09-18　【高斯式模糊】对话框　　　图 09-19　完成效果图

实例 10 教育培训类 2——音乐大赛标志

1. 实例特点

画面时尚富有动感。该实例中的效果，可用于服装、日用百货、教育机构等标志应用上。

2. 注意事项

当标志中出现多个复杂图形的时候，注意调整图形的先后主次顺序。

3. 操作思路

首先利用正圆的相交图形创建背景图形，其次使用【调和工具】创建放射性装饰图形，然后绘制羽毛图形创建文字图形，最后添加人物剪影和水滴装饰图形，完成实例的制作。

最终效果图

路径：光盘 :\Chapter 03\ 音乐大赛标志 .cdr

具体步骤如下：

（1）创建一个宽度为 180mm，高度为 180mm，分辨率为 300 像素 / 英寸的文档。

（2）使用工具箱中的【图纸工具】创建网格，并将其锁定，效果如图 10-1 所示。

（3）参照图 10-2，使用【椭圆形工具】配合键盘上的 Ctrl 键绘制正圆。

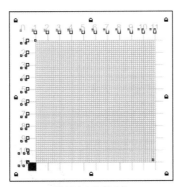
图 10-1 绘制网格

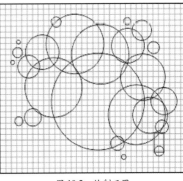
图 10-2 绘制正圆

（4）选中正圆形，然后单击属性栏中的【相交】按钮创建相交图形，并填充颜色为灰色（C：0，M：0，Y：0，K：40），取消轮廓色的填充，效果如图 10-3 所示。

（5）复制步骤（4）创建的图形，调整填充色为绿松石（C：57，M：0，Y：33，K：0），然后向左上方位移图形，效果如图 10-4 所示。

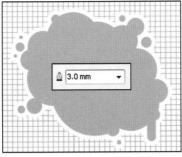
图 10-3 创建相交图形

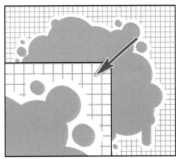
图 10-4 复制并移动图形

（6）参照图 10-5，使用【椭圆形工具】◯绘制正圆图形，使用工具箱中的【调和工具】┗连接两个圆点，并在属性栏中设置调和对象的间距。

（7）调整步骤（6）创建图形的中心点至大圆的中心位置，然后配合键盘上的 Ctrl 键旋转图形，并右击复制图形，效果如图 10-6 所示。

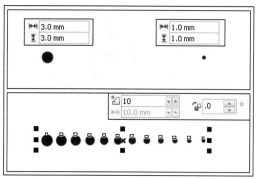

图 10-5　创建调和图形

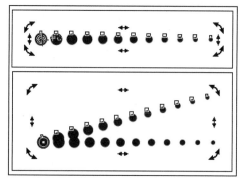

图 10-6　复制图形

（8）使用快捷键 Ctrl+D 快速复制并旋转步骤（7）创建的图形，参照图 10-7，分别调整颜色为白色和浅绿色，缩小图形将其放置在视图中适当的位置。

（9）使用【椭圆形工具】◯绘制蓝色（C：36，M：0，Y：7，K：0）、白色和浅绿色（C：11，M：3，Y：7，K：0）正圆，效果如图 10-8 所示。

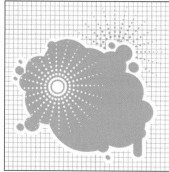

图 10-7　快速复制并旋转图形

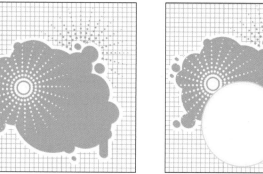

图 10-8　绘制正圆

（10）参照图 10-9，使用【钢笔工具】◯绘制羽毛图形，并填充颜色为黑色，取消轮廓色的填充。

（11）继续使用【钢笔工具】◯绘制羽毛图形，并参照图 10-10，为其填充渐变色。

图 10-9　绘制羽毛图形

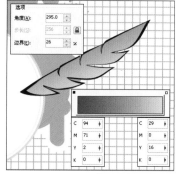

图 10-10　创建渐变填充

（12）继续使用【钢笔工具】◯绘制羽毛上的高光，效果如图 10-11 所示。

（13）复制并调整羽毛的大小，创建两个翅膀，效果如图 10-12 所示。

图 10-11　绘制羽毛上的高光

图 10-12　创建翅膀效果

➡ （14）参照图 10-13，使用【文本工具】添加文字信息，并为其添加 2.5mm 洋红色（C：0，M：100，Y：0，K：0）的描边效果，复制并旋转文字，调整描边颜色为绿松石（C：57，M：0，Y：33，K：0）。

图 10-13　添加文字

图 10-14　绘制雨滴图形

➡ （15）选择工具箱中的【基本形状工具】，然后在其选项栏中选中形状，在视图中进行绘制，效果如图 10-14 所示。

➡ （16）使用【矩形工具】绘制细长的矩形，并设置与水滴形状相同的颜色，效果如图 10-15 所示。

➡ （17）导入本章素材"音乐人物 .cdr"文件，将其拖至视图中适当的位置，完成本实例的操作，效果如图 10-16 所示。

图 10-15　绘制矩形

图 10-16　完成效果图

实例 11　宾馆酒店类 1——华美国际酒店

1. 实例特点
画面应以清新、简洁为主，通过复制和旋转图形，使之看上去如花朵一般，且识别性强，使人印象深刻。

2. 注意事项
在绘制标志的时候会出现很多图层，注意及时创建图层组，方便图层的管理。

3. 操作思路
首先通过正圆的相交创建所需图形并填充渐变色，通过复制并旋转图形创建出一层花朵图形，然后复制并创建多层花朵，创建绽放的花朵图形，最后添加文字信息，完成实例的制作。

最终效果图

路径：光盘 :\Chapter 03\ 华美国际酒店 .cdr

具体步骤如下：

（1）创建一个宽度为 180mm，高度为 180mm，分辨率为 300 像素 / 英寸的文档。

➡（2）使用工具箱中的【图纸工具】圖创建网格，并将其锁定，效果如图 11-1 所示。

➡（3）参照图 11-2，使用【椭圆形工具】◎配合键盘上的 Ctrl 键绘制正圆。

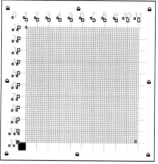
图 11-1 绘制网格

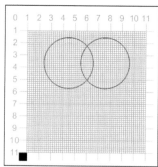
图 11-2 绘制正圆

➡（4）选中正圆形然后单击属性栏中的【相交】按钮圖创建相交图形，效果如图 11-3 所示。

➡（5）选中步骤（4）创建的图形，使用快捷键 F11 打开【渐变填充】对话框，参照图 11-4，在对话框中设置渐变颜色，然后单击【确定】按钮创建渐变充效果，并取消轮廓色。

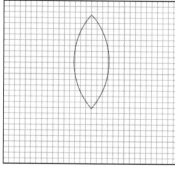
图 11-3 创建相交图形

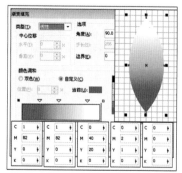
图 11-4 【渐变填充】对话框

➡（6）参照图 11-5，调整中心点的位置并配合键盘上的 Ctrl 键旋转图形，然后使用快捷键 Ctrl+D 复制并再次变换图形，创建第 1 层花瓣。

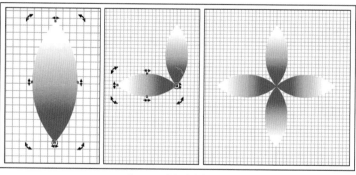
图 11-5 旋转并复制图形

➡（7）使用小键盘上的 "+" 复制最上方的图形，参照图 11-6，调整渐变颜色。

➡（8）使用前面介绍的方法继续复制并旋转图形，将图形群组，使用快捷键 Ctrl+PgDn 调整图形至第 1 层花瓣的后方，创建第 2 层花瓣，效果如图 11-7 所示。

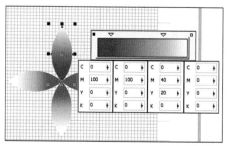
图 11-6 复制图形并调整填充色

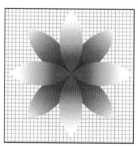
图 11-7 调整图形显示顺序

(9) 继续复制并放大图形，参照图 11-8，调整渐变颜色。

(10) 使用前面介绍的方法继续复制并旋转图形，将图形群组，使用快捷键 Ctrl+PgDn 调整图形至第 2 层花瓣的后方，创建第 3 层花瓣，效果如图 11-9 所示。

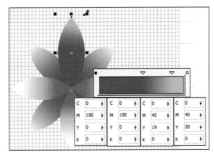

图 11-8　复制并放大图形

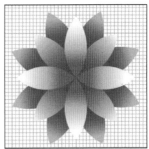

图 11-9　调整图形显示顺序

(11) 继续复制并放大图形，参照图 11-10，调整渐变颜色。

(12) 使用前面介绍的方法继续复制并旋转图形，将图形群组，使用快捷键 Ctrl+PgDn 调整图形至第 3 层花瓣的后方，创建第 4 层花瓣，然后使用【文本工具】添加标志文字信息，完成本实例的制作，效果如图 11-11 所示。

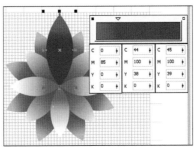

图 11-10　复制并放大图形

图 11-11　完成效果图

实例 12　宾馆酒店类 2——三度空间酒店

1. 实例特点

画面真实，晶莹剔透。该实例中的质感效果，可用于网站、电子商务、工艺礼品等标志应用上。

2. 注意事项

在创建辐射渐变填充的时候注意调整中心点的位置，以强调空间质感效果。

3. 操作思路

首先绘制矩形并创建透视参考线，然后根据参考线的走向创建立体的矩形，并为矩形添加渐变颜色，复制多个立体矩形并调整其大小和位置，创建出镶嵌在一起的空间立体标志，最后添加文字信息，完成实例的制作。

最终效果图

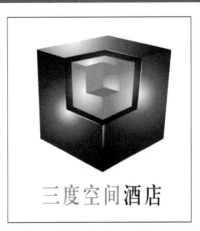

路径：光盘 :\Chapter 03\ 三度空间酒店 .cdr

具体步骤如下：

（1）创建一个宽度为 180mm，高度为 180mm，分辨率为 300 像素 / 英寸的文档。

➡ （2）使用【矩形工具】▢配合键盘上的 Ctrl 键绘制正方形，并使用快捷键 Ctrl+Q 将图形转换为曲线，调整矩形形状，效果如图 12-1 所示。

➡ （3）使用快捷键 Alt+Z 开启【贴齐对象】命令，参照图 12-2，在视图中添加辅助线，选中并单击辅助线调整旋转中心的位置，单击拖动视图中右方的旋转图标到矩形中的一个顶点。

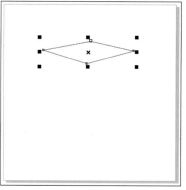
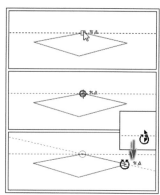

图 12-1　矩形效果　　　　图 12-2　添加辅助线

➡ （4）继续为其他边添加参考线，效果如图 12-3 所示，使参考线相交于两点。

➡ （5）调整参考线的旋转中心点至步骤（4）创建的相交点，旋转参考线的角度，并右击复制参考线，效果如图 12-4 所示。

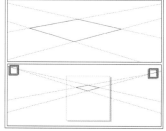
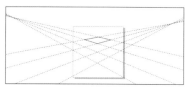

图 12-3　继续创建参考线　　　图 12-4　复制并旋转辅助线

➡ （6）复制前面创建的矩形，执行【视图】|【贴齐】|【贴齐辅助线】命令，然后使用【形状工具】调整矩形形状，创建立方体，效果如图 12-5 所示。

➡ （7）选中立方体左面，然后使用快捷键 F11 打开【渐变填充】对话框，参照图 12-6 的效果，为矩形填充辐射渐变。

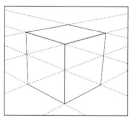

图 12-5　创建立方体　　　图 12-6　创建渐变填充

➡ （8）右键拖动步骤（7）创建的渐变填充至立方体右面，松开鼠标，在弹出的菜单中选中【复制填充】命令，复制渐变填充，并参照图 12-7，调整渐变中心位置。

➡ （9）使用前面介绍的方法为立方体顶部图形填充渐变，效果如图 12-8 所示。

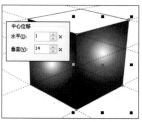
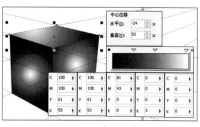

图 12-7　调整渐变中心　　　图 12-8　创建渐变填充

（10）使用快捷键 Ctrl+G 将步骤（9）创建的图形群组，参照图 12-9，缩小并调整图形的位置。

（11）选择工具箱中的【形状工具】，配合键盘上的 Ctrl 键选中组中的图形，参照图 12-10，调整图形形状，并调整渐变中心点的位置。

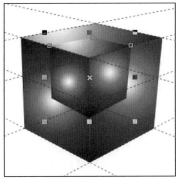

图 12-9　复制并缩小图形

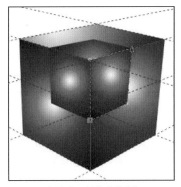

图 12-10　调整图形形状

（12）继续复制并缩小立体图形，参照图 12-11，调整图形的形状。

（13）参照图 12-12 的效果，调整立体图形左面的渐变色。

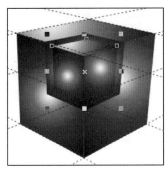

图 12-11　复制并缩小图形

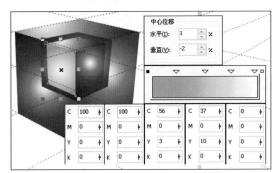

图 12-12　调整渐变色

（14）复制步骤（13）创建的渐变至立方体右面，参照图 12-13，调整渐变中心的位置。

（15）继续复制渐变至立方体顶部，并参照图 12-14，调整渐变中心位置。

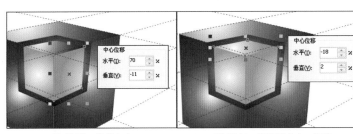

图 12-13　复制渐变　　　　　图 12-14　调整渐变中心位置

（16）参照图 12-15，复制并垂直翻转步骤（15）创建的图形，然后使用【形状工具】调整形状，使其下方图形相匹配，参照图 12-16，调整立体图形各个面的颜色。

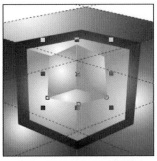

图 12-15　复制并垂直翻转图形

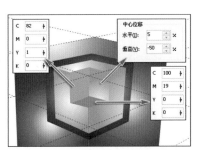

图 12-16　调整立体图形的颜色

(17) 参照图 12-17, 使用【椭圆形工具】◎复制椭圆, 并填充颜色为白色, 取消轮廓色, 执行【位图】|【转换为位图】命令, 将图形转换为图像, 然后执行【位图】|【模糊】|【高斯式模糊】命令, 参照图 12-18, 在弹出的【高斯式模糊】对话框中设置模糊程度, 然后单击【确定】按钮, 应用模糊效果。

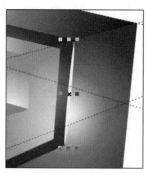

图 12-17　绘制椭圆

图 12-18　完成效果

(18) 参照图 12-19, 复制并调整步骤 (17) 创建的模糊图像, 创建高光效果。

(19) 执行【视图】|【辅助线】命令, 隐藏辅助线, 然后使用【文本工具】字创建文字信息, 完成本实例的制作, 效果如图 12-20 所示。

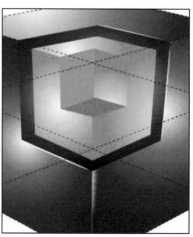

图 12-19　复制图像

图 12-20　完成效果图

第 **4** 章
商业标签设计

随着开架式销售的兴起和人们生活方式的改变，标签设计的风格越来越多元化，并以吊、卡、悬挂、缝贴等形式出现在服装、化妆品、食品、酒类等各行各业的商品包装上。小小的标签集商品介绍与宣传品牌于一体，既主动参与市场竞争，又满足消费审美需求，这种精致的标签，就像是附于商品上面的直观广告，拉近了商家与消费者之间的距离。本章将从饮品、超市、酒类等行业入手，带领读者一起来认识和绘制标签图形。

实例 01 | 咖啡馆标签

最终效果图

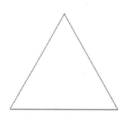

路径：光盘 :\Charter 04\ 咖啡馆标签 .cdr

💖 **1. 实例特点**

该实例采用咖啡色与渐变色调的搭配，来体现咖啡馆的特色，造型采用波浪花边，适用于咖啡吧、咖啡店、饮品吧标签设计等商业应用中。

📍 **2. 注意事项**

使用【形状工具】调节多边形，应注意圆滑度。注意并掌握【使文本适合路径】命令。

💬 **3. 操作思路**

使用【多边形工具】绘制多边形，使用【形状工具】调节，使边缘圆润平滑。使用【椭圆形工具】绘制圆形。使用【使文本适合路径】命令制作弧形文字。

具体步骤如下：

（1）执行【文件】|【新建】命令，新建一个空白文件。

➡ （2）在工具箱中选择【多边形工具】，在工作区中拖动绘制多边形。绘制后的初始图形如图 01-1 所示。

➡ （3）在属性栏中设置多边形的"边数"，数值设置"13"，如图 01-2 所示。

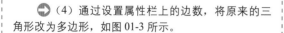

图 01-1 初始图形

图 01-2 多边形属性设置

➡ （4）通过设置属性栏上的边数，将原来的三角形改为多边形，如图 01-3 所示。

➡ （5）选择【形状工具】在每个直线面的中间节点上双击，删除掉节点，如图 01-4 所示。

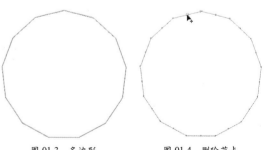

图 01-3 多边形   图 01-4 删除节点

→ （6）使用【形状工具】 在边线上面右击，选择【到曲线】，如图 01-5 所示。

→ （7）使用【形状工具】 调节一边的曲线，其他的边也会随之改变。调节后的效果如图 01-6 所示。

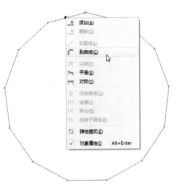
图 01-5　到曲线

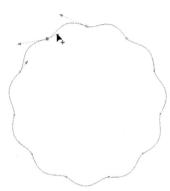
图 01-6　调节后

→ （8）按 F11 键，设置线性渐变填充，两种调和颜色分别为 M：60；Y：100 和 Y：60。其他设置如图 01-7 所示。

→ （9）应用渐变填充后，右击调色板中的⊠，去除黑色轮廓边，如图 01-8 所示。

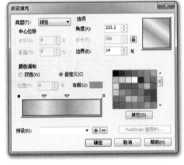
图 01-7　渐变设置

图 01-8　渐变填充

→ （10）选择【阴影工具】 ，为图形添加阴影效果。属性栏的设置如图 01-9 所示。

→ （11）添加阴影效果后，如图 01-10 所示。

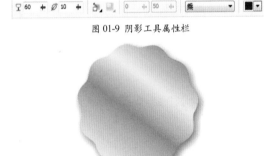
图 01-9　阴影工具属性栏

图 01-10　阴影效果

→ （12）使用【选择工具】 在阴影上面单击，选择阴影图形。按 Ctrl+K 键，或者执行【排列】|【拆分阴影群组】，将阴影与图形分离，如图 01-11 所示。

→ （13）选择阴影图形，执行【位图】|【转换为位图】命令，将阴影转换为灰度图像。设置如图 01-12 所示。

图 01-11　拆分群组

图 01-12　转换为位图

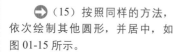 （14）按住 Ctrl 键，使用【椭圆形工具】绘制正圆形。去除轮廓后，按 Shift+F11 键，填充颜色，如图 01-13。按 C 键和 E 键，居中图形，如图 01-14 所示。

图 01-13　均匀填充

图 01-14　填充颜色并居中图形

图 01-15　绘制图形

图 01-16　圆形效果

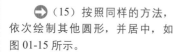 （15）按照同样的方法，依次绘制其他圆形，并居中，如图 01-15 所示。

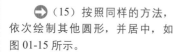 （16）按 F12 键，设置外侧圆形的轮廓颜色（C：15;M：30;Y：85）。第二个圆形的渐变填充效果的制作请参考步骤 8、9。最终效果如图 01-16 所示。

图 01-17　输入文字并填充颜色

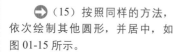 （17）按下键盘左侧 CapsLock 键，点亮大写输入。使用【文本工具】输入字母信息，并填充颜色（C：15；M：30；Y：85），如图 01-17 所示。

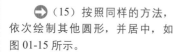 （18）执行【文本】|【使文本适合路径】，将字母沿圆形弧线排列。应用后如果看不见文字，按 Shift+PgUp 键，将文字置于顶层，如图 01-18 所示。

图 01-18　文本适合路径

图 01-19　属性设置

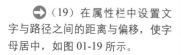 （19）在属性栏中设置文字与路径之间的距离与偏移，使字母居中，如图 01-19 所示。

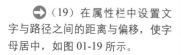 （20）应用后的效果如图 01-20 所示。

图 01-20　使字母与圆形居中

（21）使用【文本工具】⬚输入文本，执行【文本】|【使文本适合路径】，使文字沿底部圆形的路径排列。初始应用效果如图01-21所示。

（22）在属性栏中先选择【垂直镜像文本】，然后再选择【水平镜像文本】，如图01-22所示。

图 01-21　文本适合路径

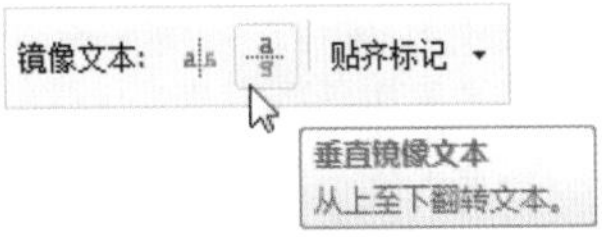

图 01-22　镜像文本

（23）镜像文本后的效果如图01-23所示。

（24）使用【选择工具】⬚拖动文本，在属性栏中设置文字与路径之间的距离与偏移，居中文本。调整后的效果如图01-24所示。

图 01-23　镜像文本后

图 01-24　使文本居中

（25）按 Ctrl+I 键，导入咖啡豆矢量素材，填充颜色（C：15；M：30；Y：85），放在左右两边，如图01-25所示。

（26）使用【椭圆形工具】◯绘制椭圆形，然后使用【矩形工具】▭在顶侧绘制矩形，如图01-26所示。

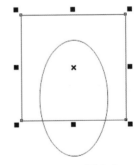

图 01-25　咖啡豆

图 01-26　制作杯子

（27）按住Shift键，使用【选择工具】⬚加选椭圆形，使用属性栏中的【修剪】功能，制作出杯身。填充颜色（M：100；Y：100；K：65），并去除轮廓线，如图01-27所示。

（28）使用【椭圆形工具】◯制作杯子的握手部分。使用【矩形工具】▭，通过设置圆角半径，制作出盘子效果，如图01-28所示。

图 01-27　杯身

图 01-28　握手和底盘

➡ （29）使用【文本工具】字输入文本，如图 01-29 所示。

➡ （30）按 Ctrl+Q 键，转换为曲线，然后按 Ctrl+K 键，打散图形。对文字图形进行重新组合，并填充颜色（M：100；Y：100；K：65）。效果如图 01-30 所示。

图 01-29　输入文字　　　　　　图 01-30　重新组合

➡ （31）最终制作的完成效果如图 01-31 所示。

图 01-31　最终效果

实例 02 ｜ 纯棉标签

❤ 1. 实例特点

该实例颜色以蓝色系为主，结构稍复杂，适用于质量标签、棉纺标签等商业应用中。

📍 2. 注意事项

注意区别轮廓工具与 F12 轮廓笔工具。前者是为图形添加轮廓路径，后者是为图形添加描边效果。

🎮 3. 操作思路

使用【矩形工具】与【椭圆形工具】绘制图形，使用【合并】，将其焊接为一个整体图形。使用【轮廓工具】制作偏移路径。使用 F12 轮廓笔工具制作描边效果。使用【渐变填充】制作渐变效果。使用【阴影工具】添加阴影效果。使用【文本工具】字输入文本信息。

最终效果图

路径：光盘 :\Charter 04\ 纯棉标签 .cdr

具体步骤如下：

（1）执行【文件】|【新建】命令或者按 Ctrl+N 键，新建一个空白文件。

➡（2）使用【矩形工具】▢绘制两个矩形框，并叠加在一起，如图 02-1 所示。

➡（3）使用【椭圆形工具】◯在矩形上绘制二个圆形，如图 02-2 所示。

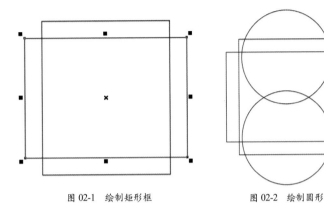

图 02-1 绘制矩形框　　　　图 02-2 绘制圆形

➡（4）使用【选择工具】▷框选所有对象，在属性栏中选择【合并】⬚。合并后的效果如图 02-3 所示。

➡（5）在属性栏中设置尺寸 40mm×55mm，如图 02-4 所示。

图 02-3 合并焊接图形　　　　图 02-4 设置尺寸

➡（6）选择【轮廓工具】▦，为图形添加内部轮廓，轮廓图步长 1，轮廓图偏移 1mm。具体设置如图 02-5 所示。

➡（7）图形添加内部轮廓后，效果如图 02-6 所示。

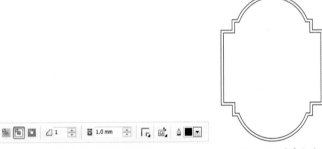

图 02-5 内部轮廓设置　　　　图 02-6 添加内部轮廓

➡（8）使用【选择工具】▷选择内部轮廓图形，按 Ctrl+K 键，打散图形。选择外侧图形，按 F11 键，设置辐射渐变填充，颜色调和从 C：100 到白色，边界设为 20%。具体设置如图 02-7 所示。

➡（9）应用渐变填充后，右击调色板中的⊠，去除轮廓线，如图 02-8 所示。

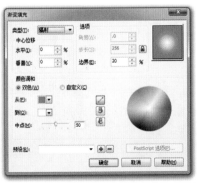

图 02-7 渐变填充设置　　　　图 02-8 应用渐变填充并去除轮廓线

➡（10）使用【选择工具】选择中间的线框图形。按 F12 键，打开【轮廓笔】对话框，设置轮廓宽度为"0.25mm"，轮廓颜色为"白色"，在轮廓样式里面选择一种虚线样式。具体设置如图 02-9 所示，应用后的效果如图 02-10 所示。

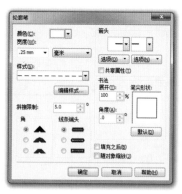

图 02-9　【轮廓笔】设置

图 02-10　制作虚线效果

➡（11）使用【选择工具】选择渐变图形，使用【轮廓工具】为图形添加外部轮廓，轮廓图步长为"1"，轮廓图偏移为"2mm"。具体设置如图 02-11 所示。

➡（12）添加后的黑色轮廓，如图 02-12 所示。

图 02-11　轮廓工具设置

图 02-12　添加黑色轮廓

➡（13）使用【选择工具】单击黑色轮廓，按 Ctrl+K 键，打散图形，然后填充白色。按 F12 键，打开【轮廓笔】对话框，设置轮廓颜色为（C：100），轮廓宽度为"0.8mm"。其他设置如图 02-13 所示。

➡（14）单击【确定】，应用轮廓效果，如图 02-14 所示。

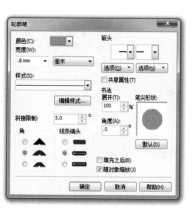

图 02-13　【轮廓笔】对话框

图 02-14　轮廓效果

➡（15）使用【矩形工具】绘制矩形框，按 Shift+F11 键，填充颜色（C：100），并去除轮廓，如图 02-15 所示。

➡（16）按住 Ctrl 键，使用【手绘工具】绘制直线，按 F12 键，设置线条的轮廓样式和轮廓颜色，如图 02-16 所示。

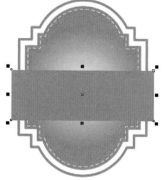

图 02-15　绘制矩形

图 02-16　绘制直线

（17）使用【文本工具】字输入文字信息，填充白色，如图 02-17 所示。

（18）使用【钢笔工具】绘制三角形，填充颜色（C：60），来制作包边效果，如图 02-18 所示。

（19）使用【矩形工具】绘制矩形框，按 Ctrl+Q 键，转换为曲线。使用【形状工具】在两侧中心点位置双击，添加节点。按住 Ctrl 键，向内侧拖动，如图 02-19 所示。

（20）填充颜色（C：100；M：10），去除轮廓线，如图 02-20 所示。

（21）参考之前的方法，使用【轮廓工具】结合 F12 键，制作出虚边效果，如图 02-21 所示。

（22）按 Shift+PgDn 键，将图形置于下方，如图 02-22 所示。

（23）使用【星形工具】绘制五角星，然后镜像复制，如图 02-23 所示。

（24）按 Ctrl+I 键，导入素材。使用【阴影工具】添加阴影效果，如图 02-24 所示。

图 02-17　输入文字　　　　图 02-18　制作包边效果

图 02-19　调节矩形

图 02-20　填充颜色

图 02-21　制作虚边

图 02-22　置于下方

图 02-23　制作星形　　　　图 02-24　添加阴影效果

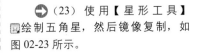

➡（25）使用【文本工具】字输入文字，按 F12 键，文字添加描边效果。使用【阴影工具】▫制作其他的阴影效果。最终效果如图 02-25 所示。

图 02-25　完成效果图

实例 03　空白标签

最终效果图

❤ **1. 实例特点**

该实例颜色以深蓝色为主，辅助搭配渐变色，结构简洁，适用于空白标签、圆角标签等商业应用中。

📍 **2. 注意事项**

图形添加阴影效果之后，为避免印刷出现问题，需将阴影转换为位图图像。

💬 **3. 操作思路**

通过设置【矩形工具】□属性栏中的【圆角半径】来制作圆角矩形。使用【修剪】⊡得到左侧的图形。使用【阴影工具】▫制作阴影效果。使用【透明工具】🔳，添加透明度。

路径：光盘 :\Charter 04\ 空白标签 .cdr

具体步骤如下：

（1）执行【文件】|【新建】命令，新建一个空白文件。

➡（2）使用【矩形工具】□绘制矩形，在属性栏中选择【圆角】，并设置【圆角半径】，如图 03-1 所示。

➡（3）应用圆角半径后，如图 03-2 所示。

图 03-1　设置圆角半径

图 03-2　圆角矩形

（4）按 F11 键，设置线性渐变填充，颜色调和 C：100 到 C：100；M：100，其他设置如图 03-3 所示。

（5）应用渐变填充后，右击调色板上的⊠，去除矩形的轮廓边，如图 03-4 所示。

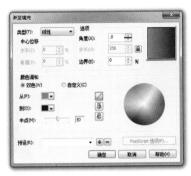

图 03-3　渐变设置

图 03-4　渐变填充

（6）使用【轮廓工具】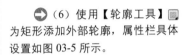为矩形添加外部轮廓，属性栏具体设置如图 03-5 所示。

（7）添加轮廓后的效果，如图 03-6 所示。

图 03-5　轮廓工具设置

图 03-6　添加轮廓

（8）复制图 03-4。使用【钢笔工具】在图形上绘制路径，如图 03-7 所示。

（9）按住 Shift 键，使用【选择工具】加选矩形，在属性栏中选择【修剪】，得到一个新的图形，如图 03-8 所示。

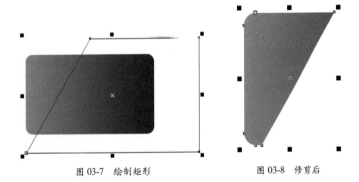

图 03-7　绘制矩形

图 03-8　修剪后

（10）将图形填充白色，按住 Shift 键，使用【选择工具】加选图 03-6。执行【窗口】|【泊坞窗】|【对齐与分布】，打开【对齐与分布】对话框，单击【左对齐】、【顶端对齐】，如图 03-9 所示。对齐后的效果如图 03-10 所示。

图 03-9　对齐与分布

图 03-10　对齐后

(11) 使用【阴影工具】在白色图形上面自中心向右下方向拖动，创建黑色阴影效果。属性栏设置如图 03-11 所示。

(12) 添加阴影后的效果，如图 03-12 所示。

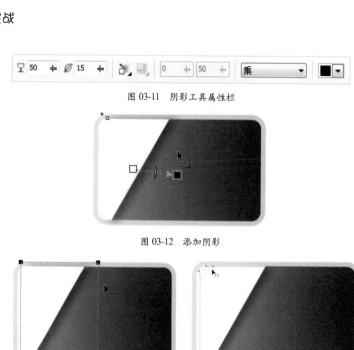

图 03-11　阴影工具属性栏

图 03-12　添加阴影

(13) 使用【选择工具】单击阴影，按 Ctrl+K 键，打散图形。使用【形状工具】在阴影图形上单击，如图 03-13 所示。

(14) 按 Ctrl+Q 键，将阴影图形转换为曲线，然后使用【形状工具】进行编辑，如图 03-14 所示。

图 03-13　形状工具状态

图 03-14　编辑阴影图形

(15) 执行【位图】|【转换为位图】命令，将阴影图形转换为位图图像。设置如图 03-15 所示。

(16) 使用【选择工具】选择白色图形，按"+"键复制副本，填充颜色（K：50），如图 03-16 所示。

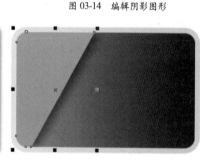

图 03-15　转换为位图

图 03-16　复制图形并填充灰色

(17) 使用【透明工具】在灰度图形上面拖动，创建透明度效果，如图 03-17 所示。

(18) 使用【文本工具】输入文本信息，填充渐变色，如图 03-18 所示。

图 03-17　添加透明度

图 03-18　输入文本

(19) 使用【椭圆形工具】绘制椭圆形，中间椭圆形填充灰度（K：40），如图 03-19 所示。

(20) 使用【调和工具】自中心椭圆形向外侧拖动，创建调和效果，在属性栏中设置调和对象为"20"，如图 03-20 所示。

图 03-19　绘制椭圆形

图 03-20　创建调和

（21）使用【选择工具】🔲框选对象，右击调色板中，去除轮廓线⊠。最终效果如图 03-21 所示。

图 03-21 最终效果图

实例 04 圆形标签

最终效果图

❤ 1. 实例特点
该实例颜色以渐变色调为主，结构简单，适用于圆形标签、指示标签等商业应用中。

📍 2. 注意事项
应熟练掌握属性栏中的【合并】🔲、【焊接】🔲等图形制作技巧。

🚗 3. 操作思路
使用【椭圆形工具】🔲绘制椭圆形。使用【合并】🔲、【焊接】🔲制作出新的图形效果。使用 F11 键，打开【渐变填充】对话框，制作渐变效果。最后使用【椭圆形工具】🔲绘制两个椭圆形，使用【调和工具】🔲制作出投影效果。

路径：光盘 :\Charter 04\ 圆形标签 .cdr

具体步骤如下：

（1）执行【文件】|【新建】命令，新建一个空白文件。

（2）使用【椭圆形工具】🔲绘制两个椭圆形，如图 04-1 所示。

（3）使用【选择工具】🔲单击中间的椭圆形，按 Shift+F11 键，填充颜色（K：40），如图 04-2 所示。

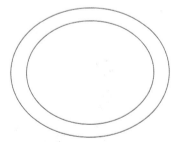

图 04-1 绘制椭圆形

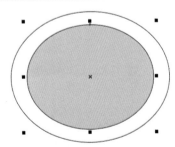

图 04-2 灰度填充

（4）使用【选择工具】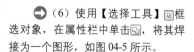框选对象，按 Ctrl+L 键【合并】对象。合并后的效果如图 04-3 所示。

（5）使用【钢笔工具】在左下位置绘制三角形，如图 04-4 所示。

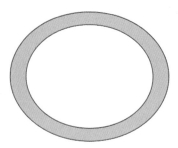

图 04-3　合并对象

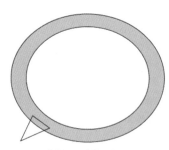

图 04-4　绘制三角形

（6）使用【选择工具】框选对象，在属性栏中单击，将其焊接为一个图形，如图 04-5 所示。

（7）按 F11 键，打开【渐变填充】对话框，设置线性渐变，颜色调和从 C：100 到 C：100；M：100。具体设置如图 04-6 所示。

图 04-5　合并焊接

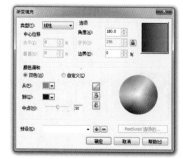

图 04-6　渐变填充设置

（8）应用渐变填充效果后，右击工作区右侧调色板中的⊠，去除黑色轮廓线，如图 04-7 所示。

（9）按 "+" 键，复制副本，填充灰度（K：40），按方向键向右下移动，制作类似阴影的效果，如图 04-8 所示。

图 04-7　渐变填充后效果

图 04-8　制作阴影

（10）使用【椭圆形工具】绘制椭圆形，应用线性渐变填充，颜色调和从 C：40 到白色。设置如图 04-9 所示，效果如图 04-10 所示。

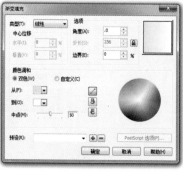

图 04-9　渐变设置

图 04-10　渐变填充

（11）按 Ctrl+PgDn 键，将图形置于底层，如图 04-11 所示。

（12）使用【椭圆形工具】绘制椭圆形，中间椭圆形填充灰度（K：40），如图 04-12 所示。

图 04-11　置于底层

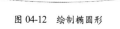

图 04-12　绘制椭圆形

（13）使用【调和工具】🖉自中心椭圆形向外侧拖动，创建调和效果，在属性栏中设置调和对象为"20"，如图 04-13 所示。

（14）使用【选择工具】🖫框选对象，右击调色板中的去除轮廓线🖾。最终效果如图 04-14 所示。

图 04-13　调和图形　　　　　图 04-14　去除轮廓线

（15）最终完成效果，如图 04-15 所示。

图 04-15　完成效果图

实例 05　立体折叠标签

最终效果图

💗 **1. 实例特点**

　　该实例颜色以暗红色为主，结构稍复杂，立体感较强。适用于个性标签、立体效果标签、折叠效果标签制作等商业应用中。

📍 **2. 注意事项**

　　注意【渐变填充】的使用。通过【阴影工具】🖵属性栏可以设定阴影的颜色和密度。

💬 **3. 操作思路**

　　通过设置【矩形工具】🖵的圆角半径来制作圆角效果。使用 F11 的渐变填充来制作渐变效果。使用【智能填充工具】🖺制作转折图形。通过【阴影工具】🖵制作阴影效果。使用【形状工具】🖾来编辑阴影图像。使用【文本工具】🖼输入文字。

路径：光盘 :\Charter 04\ 立体折叠标签 .cdr

具体步骤如下：

（1）执行【文件】|【新建】命令，新建一个空白文件。

➡ （2）使用【矩形工具】□绘制矩形，然后在属性栏中设置【圆角半径】，单击中间的【解锁】按钮，可单独对任意一角设置半径值，如图 05-1 所示。制作好的圆角矩形如图 05-2 所示。

图 05-1　设置圆角半径　　　　图 05-2　圆角矩形

➡ （3）按 F11 键，设置线性渐变填充，颜色调和从 M：100；Y：100；K：80 到 M：100；Y：100；K：40，其他设置如图 05-3 所示。

➡ （4）应用渐变填充后，右击工作区右侧调色板中的⊠，去除轮廓线，如图 05-4 所示。

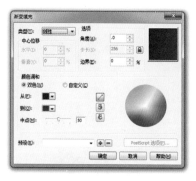

图 05-3　渐变设置　　　　图 05-4　渐变填充

➡ （5）按"+"键，复制图形，使用【贝塞尔工具】绘制路径，如图 05-5 所示。

➡ （6）按住 Shift 键，使用【选择工具】加选渐变图形，在属性栏中单击【修剪】□，之后得到一个新的图形，如图 05-6 所示。

图 05-5　绘制路径　　　　图 05-6　新的图形

➡ （7）按"+"键，复制图形，然后放大图形，将其中一个图形填充白色，如图 05-7 所示。

➡ （8）使用【阴影工具】□在白色图形上面拖动，添加阴影效果，如图 05-8 所示。

图 05-7　复制图形填充白色　　　　图 05-8　添加阴影效果

➡（9）使用【选择工具】⬚，在阴影上面单击，按 Ctrl+K 键，将白色图形和阴影打散，然后使用【形状工具】⬚在阴影图像上单击，如图 05-9 所示。

➡（10）按 Ctrl+Q 键，转换为曲线，使用【形状工具】⬚对周围的阴影进行编辑，执行【位图】|【转换为位图】，将编辑后的阴影图像转换，效果如图 05-10 所示。

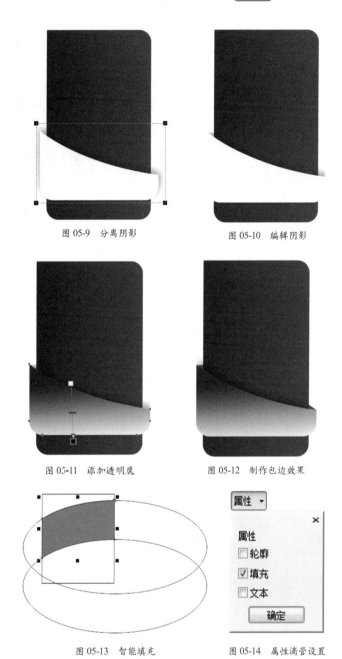

图 05-9　分离阴影　　　　　图 05-10　编辑阴影

➡（11）将渐变图形叠加到白色图形上面（如图 05-6 所示）。使用【透明工具】⬚在图形上面拖动，添加透明度效果，如图 05-11 所示。

➡（12）使用【贝塞尔工具】⬚绘制路径，填充灰度（K：80），放在图形的转折位置，制作出包边的效果，如图 05-12 所示。

图 05-11　添加透明度　　　　图 05-12　制作包边效果

➡（13）使用【矩形工具】⬚和【椭圆形工具】⬚绘制图形。使用【智能填充工具】⬚在交叉的位置单击，填充颜色，如图 05-13 所示。

➡（14）在工具栏中选择【属性滴管工具】⬚，在属性栏中选择【填充】选项，并将其他选项都取消，如图05-14所示。

图 05-13　智能填充　　　　　图 05-14　属性滴管设置

➡（15）单击【确定】后，在渐变图形上单击，吸取渐变填充的颜色属性，当鼠标成为油漆桶形状时，在目标图形上单击，则会把颜色属性填充到新的目标图形上。填充后去除轮廓颜色⬚，如图 05-15 所示。

➡（16）使用【选择工具】⬚选择图形，按 F11 键，设置渐变角度为180°，如图 05-16 所示。

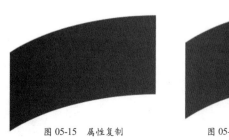 

图 05-15　属性复制　　　　　图 05-16　改变渐变角度

➡ （17）按 Ctrl+PgDn 键，将此图形置于底下一层。使用【阴影工具】▢添加阴影效果，如图 05-17 所示。

➡ （18）按照同样的方法，制作其他的效果，如图 05-18 所示。

图 05-17 转折图形

图 05-18 转折图形

➡ （19）使用【文本工具】字输入文字，完成制作，如图 05-19 所示。

图 05-19 最终效果

实例 06 价格标签

❤ 1. 实例特点
该实例颜色以淡蓝色为主，结构简洁，适用于价格标签等商业应用。

📍 2. 注意事项
本例标签属于异形标签，后期需要制作刀版来完成。

💬 3. 操作思路
本例风格以渐变为主，主要使用【渐变填充】来完成制作。使用【矩形工具】▢制作圆角矩形；使用【透明度工具】▢为图形添加透明高光效果；使用【文本工具】字输入文字。

最终效果图

路径：光盘 :\Charter 04\ 价格标签 .cdr

具体步骤如下：

（1）执行【文件】|【新建】命令，新建一个空白文件。

➡ （2）使用【矩形工具】⬜，绘制矩形框，在属性栏中设置【圆角半径】。属性设置如图 06-1 所示。

➡ （3）应用后的圆角矩形，如图 06-2 所示。

图 06-1　设置圆角半径

图 06-2　圆角矩形

➡ （4）按 F11 键，设置线性渐变填充，颜色调和以蓝色（C：100）与白色为主。具体设置如图 06-3 所示。

➡ （5）应用渐变填充后，去除黑色轮廓线，如图 06-4 所示。

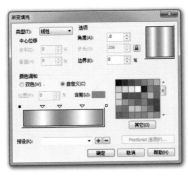

图 06-3　渐变设置

图 06-4　渐变填充并去除轮廓

➡ （6）使用【轮廓工具】▣添加内部轮廓。属性栏设置如图 06-5 所示。

➡ （7）添加内部轮廓后的初始效果如图 06-6 所示。

图 06-5　轮廓工具属性设置

图 06-6　内部轮廓

➡ （8）按 Ctrl+K 键，将两个矩形打散分离。使用【选择工具】🖈单击中间的矩形，按 F11 键，重新设置渐变颜色，颜色从 C：50 到白色，如图 06-7 所示。

➡ （9）重新设置填充后的效果，如图 06-8 所示。

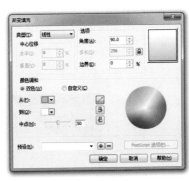

图 06-7　渐变设置

图 06-8　重新填充后

→ （10）使用【矩形工具】□绘制矩形，通过设置【圆角半径】制作圆角矩形。在属性栏中设置旋转角度为 45°，如图 06-9 所示。

→ （11）使用【矩形工具】□绘制矩形，并设置【圆角半径】，如图 06-10 所示。

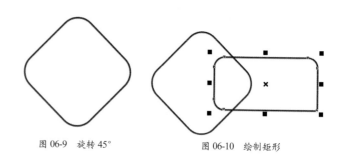

图 06-9　旋转 45°　　　　图 06-10　绘制矩形

→ （12）使用【选择工具】□框选两个图形，在属性栏中选择"□"，将其焊接为一个整体，如图 06-11 所示。

→ （13）按 F11 键，设置线性渐变填充，颜色调和从 C：100；M：100 到 C：20，渐变角度为 90°，边界为 20%。最后去除轮廓线，效果如图 06-12 所示。.

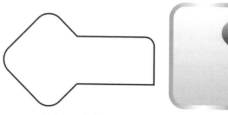

图 06-11　焊接图形　　　　图 06-12　渐变填充

→ （14）使用【轮廓工具】□添加内部轮廓。按 Ctrl+K 键打散图形后，对中间的图形重新设置渐变填充。效果如图 06-13 所示。

→ （15）使用【选择工具】□单击中间的图形，按"+"键复制副本。使用【钢笔工具】□在上面绘制一个不规则路径，如图 06-14 所示。

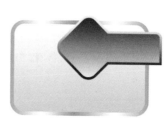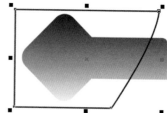

图 06-13　渐变填充图形　　　　图 06-14　绘制不规则路径

→ （16）按住 Shift 键，使用【选择工具】□加选渐变图形，在属性栏中单击【修剪】，然后得到一个新的图形，如图 06-15 所示。

→ （17）新图形填充白色，使用【透明工具】□在图形上拖动，添加透明高光效果，如图 06-16 所示。

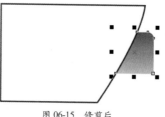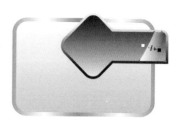

图 06-15　修剪后　　　　图 06-16　添加透明高光

→ （18）使用【钢笔工具】□绘制不规则路径，并填充渐变颜色，如图 06-17 所示。

→ （19）使用【选择工具】□将图形缩小放在转折位置，如图 06-18 所示。

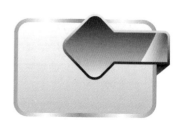

图 06-17　绘制路径　　　　图 06-18　包边效果

（20）使用【文本工具】字
输入文字，完成制作，如图 06-19
所示。

图 06-19 完成效果

07 | 超市标签

最终效果图

1. 实例特点

该实例采用橙色系，结构简单，适用于超市标签、
甩货标签等商业应用中。

2. 注意事项

本例规格仅供制作参考，具体规格请以印刷厂规
定的最终规格为准。

3. 操作思路

本例中的图形元素主要来源【插入字符】泊坞窗
里面的图形库资源。使用【选择工具】、合并、水
平镜像等功能来编辑图形。使用【文本工具】字输入
文字。使用 F12 轮廓笔来设置白色描边。使用【轮廓
工具】在白色描边文字外部添加轮廓边。

路径： 光盘 :\Charter 04\ 超市标签 .cdr

具体步骤如下：

（1）执行【文件】|【新建】
命令，新建一个空白文件。

（2）按 Ctrl+F11 键或者执
行【文本】|【插入符号字符】，
打开【插入字符】泊坞窗。在【字体】
列表中选择 Webdings，在显示的图
形库中找到需要的图形，然后拖动
到工作区，如图 07-1 和图 07-2 所示。

图 07-1 【插入字符】泊坞窗

图 07-2 插入图形

（3）使用【选择工具】框选图形，按 Shift+F11 键，打开【均匀填充】对话框，设置颜色填充，如图 07-3 所示。

（4）填充颜色后，右击调色板中的⊠，去除轮廓线，如图 07-4 所示。

图 07-3　颜色填充

图 07-4　去除轮廓线

（5）使用【选择工具】选择上面的图形，按 Ctrl+K 键打散图形，删除右下位置的小圆形。按 "+" 键复制副本，填充黑色，按 Shift+PgDn 键，将黑色图形置于底层，按向下方向键微移，如图 07-5 所示。

（6）使用【选择工具】选择喇叭图形，按 Ctrl+K 键打散图形。使用【选择工具】选择前面的三个路径，按住 Shift 键缩小图形，如图 07-6 所示。

图 07-5　制作阴影

图 07-6　打散图形

（7）使用【选择工具】框选喇叭图形，按 Ctrl+L 键合并图形，如图 07-7 所示。

（8）在属性栏中单击【水平镜像】。将图形缩小后，放在图 07-5 中的右上位置，如图 07-8 所示。

图 07-7　合并图形

图 07-8　合并图形

（9）使用【文本工具】输入文字。使用【选择工具】选择其中一个文字，然后单击，当出现旋转锚点后，拖动其中一个锚点可旋转文字，改变角度。运用同样的方法，改变其他文字的角度，如图 07-9 所示。

（10）使用【选择工具】框选文字，按 F12 键，设置文字的描边宽度和描边颜色，如图 07-10 所示。

图 07-9　改变文字的角度

图 07-10　描边设置

（11）应用白色描边效果后，给其中一个文字填充红色（M：100；Y：100），如图 07-11 所示。

（12）使用【轮廓工具】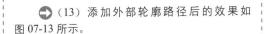为文字添加外部轮廓路径，在属性栏中设置轮廓图步长为"1"，轮廓图偏移为"2mm"。其他设置如图 07-12 所示。

图 07-11　白色描边

图 07-12　轮廓工具属性栏

（13）添加外部轮廓路径后的效果如图 07-13 所示。

（14）调整文字之间的间距。按"+"键，复制文字，改变填充色和描边颜色为黑色（K：100）。按 Ctrl+PgDn 键，置于下一层，制作出投影效果。最终完成效果如图 07-14 所示。

图 07-13　添加外部轮廓　　　图 07-14　最终效果

实例 08 ｜ 红酒标签

❤ 1. 实例特点

该实例颜色采用黑色与金色搭配为主，来体现红酒的尊贵，适用于红酒标签、葡萄酒标签等商业应用中。

📍 2. 注意事项

注意渐变色的运用。在【渐变填充】对话框中，颜色调和"自定义"，使用鼠标在色条上方双击可以添加任意颜色，选择一种颜色按 Del 键，可以删除该颜色。

💬 3. 操作思路

使用 焊接合并功能，得到顶部圆弧图形。使用【渐变填充】设置渐变颜色。使用【透明工具】 制作高光效果。使用【文本工具】 处理文本。

最终效果图

路径：光盘 :\Charter 04\ 红酒标签 .cdr

具体步骤如下：

（1）执行【文件】|【新建】命令，新建一个空白文件。

（2）使用【矩形工具】🔲 绘制矩形，在属性栏中设置尺寸为"90mm×90mm"，如图 08-1 和图 08-2 所示。

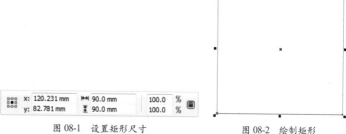

图 08-1　设置矩形尺寸　　　　图 08-2　绘制矩形

（3）按 F11 键，打开【渐变填充】对话框，设置线性渐变填充，颜色调和选择自定义，使用鼠标在色条上双击，可添加一个颜色。选择一个颜色，按 Del 键，可以删除颜色。颜色主要由（M：15；Y：3）0 到白色渐变过渡，如图 08 -3 所示。

（4）应用渐变填充后，右击调色板上的⊠，去除轮廓线，如图 08-4 所示。

图 08-3　渐变设置　　　　图 08-4　渐变填充

（5）使用【矩形工具】🔲 和【椭圆形工具】⭕ 绘制图形，矩形宽度设置为"90mm"，如图 08-5 所示。

（6）使用【选择工具】🔲 框选图形，在属性栏中选择🔲，将图形焊接，如图 08-6 所示。

图 08-5　绘制图形　　　　图 08-6　焊接图形

（7）按 Shift+F11 键设置填充颜色，如图 08-7 所示。

（8）填充颜色后，去除轮廓线⊠，如图 08-8 所示。

图 08-7　颜色填充设置　　　　图 08-8　填充颜色

（9）按"+"键，复制副本。使用【矩形工具】🔲 在右侧绘制矩形框，如图 08-9 所示。

（10）按住 Shift 键，使用【选择工具】🔲 加选填充图形，在属性栏中选择🔲，将矩形框遮挡的部分修剪掉，如图 08-10 所示。

图 08-9　绘制矩形框　　　　图 08-10　修剪图形

(11) 按 Shift+F11 键，填充灰度（K：30）。执行【窗口】|【泊坞窗】|【对齐与分布】命令，打开【对齐与分布】泊坞窗。按住 Shift 键，使用【选择工具】[图]选择图 08-8 与图 08-10 所示，然后单击泊坞窗中【左对齐】和【顶端对齐】图案，如图 08-11 所示。

(12) 图形对齐后的效果如图 08-12 所示。

图 08-11 对齐与分布

图 08-12 对齐图形

(13) 使用【透明工具】[图]在灰度图形上面拖动，添加透明高光效果，如图 08-13 所示。

(14) 按 Ctrl+I 键，导入矢量花纹素材，如图 08-14 所示。

图 08-13 添加透明高光效果　　　　图 08-14 导入素材

(15) 按 F11 键，设置渐变填充，颜色主要由暗红（M：65；Y：100；K：50）和黄色（Y：40）组成。具体设置可参考图 08-15。

(16) 应用渐变填充后，使用【选择工具】[图]将图形缩小，放在图 08-13 居上中间位置，如图 08-16 所示。

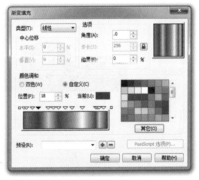

图 08-15 渐变设置

图 08-16 渐变效果

(17) 使用【矩形工具】[图]绘制矩形条，在工具栏中选择【属性滴管工具】[图]，在属性栏中选择【填充】选项，并将其他选项都取消，如图 08-17 所示。

(18) 单击【确定】后，在花纹图形上单击，吸取渐变填充的颜色属性，当鼠标状态成为油漆桶形状时，在目标图形上单击，则会把颜色属性填充到新的目标图形上。填充后去除轮廓颜色[图]，如图 08-18 所示。

图 08-17 属性滴管设置

图 08-18 复制渐变填充属性到矩形条

（19）使用【文本工具】字 输入文字，运用同样的方法，复制渐变颜色到文本，如图 08-19 所示。

（20）使用【选择工具】 框选对象，按 Ctrl+G 键群组对象。使用【对齐与分布】，将图形与图 08-4 对齐。调整后的效果如图 08-20 所示。

图 08-19　处理文本效果　　　　　　图 08-20　对齐对象

（21）按 Ctrl+I 键导入素材，如图 08-21 所示。

（22）按 F11 键设置渐变填充，颜色主要由 M：55；Y：65 与 C：30；M：60；Y：80 组成，在色条小三角位置双击可添加颜色，其他颜色可参考图 08-22 。

图 08-21　导入素材　　　　　　图 08-22　渐变设置

（23）应用渐变填充后，效果如图 08-23 所示。

（24）使用【文本工具】字 输入文字，使用【属性滴管工具】复制图 08-16 中的花纹图形的渐变色，然后应用到文字上面。按 F12 键，设置描边颜色（M：60；Y：100），描边宽度为"1mm"，如图 08-24 所示。

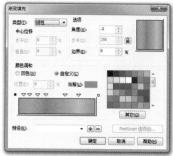

图 08-23　应用渐变填充　　　　　　图 08-24　文本应用渐变填充并描边

（25）使用【矩形工具】 在下方绘制矩形条。使用【属性滴管工具】复制图 08-16 中的花纹图形的渐变色，然后应用矩形上面，如图 08-25 所示。

（26）使用【文本工具】字 输入文字。最终效果如图 08-26 所示。

图 08-25　填充渐变属性　　　　　　图 08-26　输入文本

实例 09 | 吊牌标签

最终效果图

1. 实例特点

该实例颜色以绿色系为主，结构稍复杂，适用于吊牌标签、质检标签、合格证吊牌标签等商业应用中。

2. 注意事项

注意修剪工具🔲的运用。只有两个图形才可以执行修剪，第一次选择的图形是为了修剪第二个图形，前后顺序选择不同，修剪的结果就不同。

3. 操作思路

通过设置【矩形工具】🔲的【圆角半径】来制作出大圆角图形。使用【渐变填充】设置渐变颜色。使用【轮廓工具】🔲制作外部偏移路径。使用F12键，轮廓笔工具制作文字描边效果。使用【文本工具】🔠处理文本。使用【贝塞尔工具】🔲制作绳结。

路径：光盘 :\Charter 04\ 吊牌标签 .cdr

具体步骤如下：

（1）执行【文件】|【新建】命令，新建一个空白文件。

（2）使用【矩形工具】🔲绘制矩形，在属性栏中设置尺寸为"40mm×65mm"，如图 09-1 所示和图 09-2 所示。

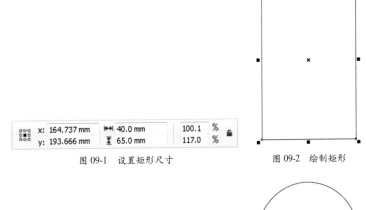

图 09-1 设置矩形尺寸

图 09-2 绘制矩形

（3）在【矩形工具】🔲属性栏中设置【圆角半径】，如图 09-3 所示。

（4）应用圆角半径后。效果如图 09-4 所示。

图 09-3 设置圆角半径

图 09-4 圆角矩形

（5）按 F11 键，设置线性渐变填充，自定义颜色调和分别为（C：100；M：55；Y：100；K：30）、（C：65；M：5；Y：100）、（C：15；Y：40）。其他设置如图 09-5 所示。

（6）应用渐变填充后，去除轮廓线⊠，如图 09-6 所示。

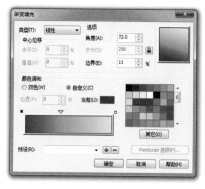

图 09-5　渐变设置

图 09-6　渐变填充

（7）按"+"键复制图形。使用【矩形工具】▭绘制矩形框，如图 09-7 所示。

（8）按住 Shift 键，使用【选择工具】加选渐变图形，在属性栏中单击修剪图形。得到如图 09-8 所示图形。

图 09-7　绘制矩形框

图 09-8　修剪图形

（9）按 F11 键，设置线性渐变填充，自定义颜色调和分别为（C：100；M：60；Y：100；K：40）、（C：65；M：5；Y：100）、（C：15；M：5；Y：100）。其他设置如图 09-9 所示。

（10）单击【确定】，应用渐变填充，如图 09-10 所示。

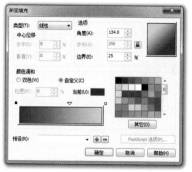

图 09-9　【渐变填充】设置

图 09-10　应用渐变填充

（11）执行【窗口】|【泊坞窗】|【对齐与分布】，打开【对齐与分布】泊坞窗。使用【选择工具】辅助 Shift 键加选图 09-6，单击泊坞窗中【水平居中对齐】、【顶端对齐】，如图 09-11 所示。

（12）对齐后的效果如图 09-12 所示。

图 09-11　对齐与分布

图 09-12　对齐后

（13）选择【轮廓工具】🔲，在图形添加外部轮廓路径，在属性栏中设置轮廓偏移为"1mm"。其他设置如图 09-13 所示。

（14）添加轮廓路径后的效果如图 09-14 所示。

图 09-13　轮廓工具属性栏设置

图 09-14　添加轮廓后

（15）复制图 09-14。使用【选择工具】🔲单击外部轮廓，按 Ctrl+K 键，打散图形。使用【钢笔工具】🔲在外部绘制路径，如图 09-15 所示。

（16）按住 Shift 键，选择矩形框下面的图形。在属性栏中单击🔲修剪图形（先修剪内部图形，然后再修剪外部图形）。修剪后的初始效果如图 09-16 所示。

图 09-15　绘制路径

图 09-16　修剪后初始效果

（17）删除矩形框等图形。保留如图 09-17 所示的图形。

（18）镜像图形，然后填充渐变色和灰度（K：15），如图 09-18 所示。

图 09-17　保留的图形

图 09-18　复制图形并填充颜色

（19）复制图 09-15。使用【形状工具】🔲拖动框选顶部节点，向下拖动，调整矩形框至如图 09-19 所示的状态。

（20）然后🔲修剪图形。修剪后的效果如图 09-20 所示。

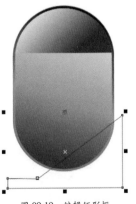

图 09-19　编辑矩形框

图 09-20　修剪图形

（21）使用【选择工具】 选择图 09-18，复制渐变图形，填充颜色（C：100；Y：100），按 Ctrl+PgDn 键，置于下一层，如图 09-21 所示。

（22）放在图 09-20 的右下角位置，如图 09-22 所示。

图 09-21　复制图形　　　　　图 09-22　制作边角效果

（23）使用【文本工具】 处理文本。按 F12 键，设置白色描边效果。使用【矩形工具】 制作圆角矩形并旋转图形，如图 09-23 所示。

（24）使用【椭圆形工具】 绘制椭圆形，使用【贝塞尔工具】 绘制绳结，完成制作，如图 09-24 所示。

图 09-23　文字处理　　　　　图 09-24　最终效果

第 **5** 章

名片及卡证设计

本章讲述的卡片设计，其中包括贵宾卡、会员卡、银行卡、公交卡等内容。这些卡片在设计的时候最大的不同就是，如何在方寸之间合理地安排好文字和图案的构图、色彩搭配之间的关系，并能够使人们在第一眼看到这些卡片时，就能够识别出它们的作用。

实例 01 | 游泳馆会员卡

♥ 1. 实例特点

画面清新、简洁，用蓝色波浪体现游泳馆这一行业特色，用卡通形象作为店面代言人，让信息传达准确，增强识别性。

📍 2. 注意事项

刀版的尺寸即成品的尺寸，在设计图样的时候，边缘要比刀版大出 1.5mm 的出血范围。

💬 3. 操作思路

整个实例将分为三个部分进行制作，首先使用图样填充创建背景，使用【B 样条工具】📉创建波浪装饰图形，然后使用【钢笔工具】🖋配合【矩形工具】🔲和【椭圆形工具】🔘绘制卡通人物，最后添加基本文字信息。

最终效果图

路径：光盘 :\Chapter 05\ 游泳馆会员卡 .cdr

具体步骤如下：

1. 创建背景

（1）参照图 01-1，创建一个宽度为 177mm，高度为 57mm，分辨率为 300 像素 / 英寸的新文档。

➡ （2）选择工具箱中的【矩形工具】🔲绘制矩形，并参照图 01-2，在其属性栏中调整矩形大小。

图 01-1　新建文档

图 01-2　创建矩形

➡ （3）执行【排列】|【对齐和分布】|【对齐与分布】命令，参照图 01-3，在弹出的【对齐与分布】对话框中进行设置，然后单击【确定】按钮，调整矩形的位置，效果如图 01-4 所示。

图 01-3　【对齐与分布】对话框

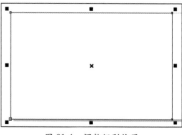

图 01-4　调整矩形位置

（4）使用快捷键 Ctrl+C 和 Ctrl+V 原地复制矩形，参照图 01-5，切换到【选择工具】📐调整矩形的大小和形状，该圆角矩形就是刀版，即成品尺寸。

（5）选择矩形然后单击工具箱中的【填充工具】🖌，在弹出的菜单中选择【图样填充】选项，参照图 01-6，在弹出的【图样填充】对话框中进行设置，然后单击【确定】按钮，填充图形。

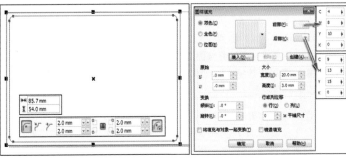

图 01-5　复制矩形　　　　图 01-6　【图样填充】对话框

（6）选择工具箱中的【表格工具】▦在视图中绘制表格，并参照图 01-7，在属性栏中设置参数。

（7）选择工具箱中的【B 样条工具】〰，参照图 01-8 的步骤，绘制曲线。

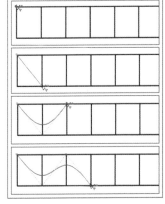

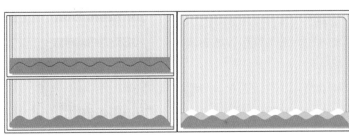

图 01-7　绘制表格　　　　图 01-8　绘制曲线

（8）参照图 01-9，使用【矩形工具】□绘制矩形，并填充为蓝色（C：100，M：0，Y：0，K：0），选中步骤（7）绘制好的曲线，单击其属性栏中的【垂直镜像】按钮🔳镜像图形，同时选中曲线和矩形，单击属性栏中的【修剪】按钮🔲修剪图形，最后使用快捷键 Ctrl+K 打散形状，并删除不需要的图形。

（9）复制步骤（8）创建的图形，参照图 01-10，移动图形的位置，并分别调整填充色为浅蓝色（C：48，M：0，Y：0，K：0）和白色。

图 01-9　修剪对象　　　　图 01-10　复制图形

（10）使用【矩形工具】□绘制矩形，选择工具箱中的 Smear tool 工具🖍，参照图 01-11，在其属性栏中设置参数，然后在矩形上进行绘制，调整矩形形状。

（11）使用步骤（10）介绍的方法，继续绘制变形矩形，并为其填充绚丽的颜色，效果如图 01-12 所示。

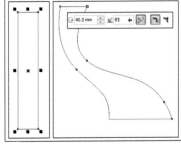

图 01-11　调整矩形形状　　　　图 01-12　绘制变形矩形

（12）使用快捷键 Ctrl+G 将步骤（11）创建的图形群组，参照图 01-13，调整图形的位置，使用快捷键 Ctrl+PgDn 调整图形的显示顺序。

（13）使用【钢笔工具】配合【形状工具】在视图中绘制人鱼头发形状，效果如图 01-14 所示。

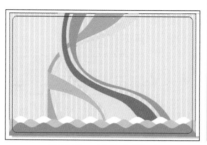
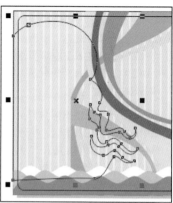

图 01-13　调整图形的位置　　　　图 01-14　绘制形状

2. 绘制人物图形

（1）选择工具箱中的【填充工具】在弹出的菜单中选择【渐变填充】选项，参照图 01-15 在弹出的【渐变填充】对话框中设置渐变颜色，然后单击【确定】按钮填充渐变，并取消轮廓色的填充，效果如图 01-16 所示。

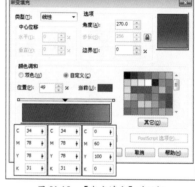

图 01-15　【渐变填充】对话框　　　图 01-16　填充渐变

（2）参照图 01-17，使用【矩形工具】绘制脸部图形，复制并向上移动图形，调整图形的颜色。

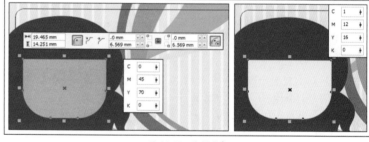

图 01-17　绘制脸部

（3）分别使用【矩形工具】和【椭圆形工具】绘制图形，选中矩形和椭圆形状，单击属性栏中的【合并】按钮焊接图形，选择工具箱中的 Twirl tool 工具，分别在其属性栏中调整参数，然后在形状上进行绘制，效果如图 01-18 所示。

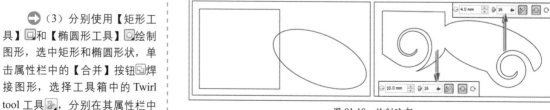

图 01-18　绘制脸部

（4）参照图 01-19，移动步骤（3）创建的形状，填充颜色为咖啡色（C：34，M：78，Y：78，K：31），作为人物刘海。

（5）参照图 01-20，使用【椭圆形工具】◯绘制椭圆使用快捷键 Ctrl+Q 将图形转换为曲线，配合【形状工具】调整形状，创建眼睛轮廓，使用【椭圆形工具】◯配合键盘上的 Ctrl 键绘制正圆形，并填充深蓝到浅蓝的辐射渐变，创建眼珠，最后使用【钢笔工具】创建睫毛图形。

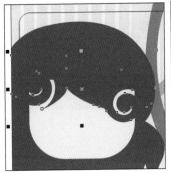

图 01-19　绘制刘海

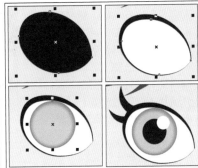

图 01-20　绘制眼睛

（6）将步骤（5）绘制的眼睛图形群组，复制并水平镜像翻转图形，创建出另一只眼睛，使用【椭圆形工具】◯绘制椭圆并将图形转换为曲线，配合【形状工具】调整形状，创建嘴巴，效果如图 01-21 所示。

（7）继续使用【椭圆形工具】绘制人物身体，使用【钢笔工具】绘制人物手臂，效果如图 01-22 所示。

图 01-21　绘制嘴巴

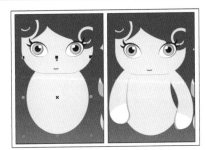

图 01-22　绘制手臂

（8）参照图 01-23，继续使用【钢笔工具】绘制人物尾巴，并填充红色。

（9）选择工具箱中的【基本形状工具】，然后在其属性栏中单击【完美形状】按钮，在弹出的菜单中选择心形图形，然后在视图中绘制心形形状，复制并旋转心形创建花朵图形，将花朵图形进行编组，效果如图 01-24 所示。

图 01-23　绘制尾巴

图 01-24　绘制花朵

3. 添加文字信息

（1）将前面创建好的人鱼图形进行编组，调整图层顺序到水波图形的后方，然后使用【文本工具】在视图中创建文字，选择【形状工具】调整"游泳馆"字体的间距，并使用【椭圆形工具】绘制椭圆，效果如图01-25所示。

图 01-25　将图形进行编组

图 01-26　添加文字信息

（2）继续使用【文本工具】在视图中创建文字，效果如图01-26所示。

（3）复制正面的背景和刀版图形，使用【矩形工具】绘制黑色磁条，然后使用【文本工具】创建名片背面文字信息，效果如图01-27所示。

图 01-27　完成效果图

实例 02　化妆品商场贵宾卡

1. 实例特点

尊贵、时尚是该卡片的特点，画面简洁、干练，以红色和金色作为主色调，通过对金色渐变的灵活运用，制作出富有立体感和质感的名片。

2. 注意事项

运用图框精确剪裁命令可将图形或图像放置在指定的容器中，与裁切作用相类似，与之不同的是可以对图形或图像进行反复修改。

3. 操作思路

整个实例将分为两个部分进行制作，首先使用【图纸工具】制作出网格背景，并为其填充渐变效果，将网格放置在卡片大小的矩形中，然后使用【钢笔工具】绘制图形，并为其添加金色渐变，继续打开欧式金属花纹图像丰富图像的立体感，最后添加文字信息。

最终效果图

路径：光盘 :\Chapter 05\ 化妆品商场贵宾卡 .cdr

具体步骤如下：

1. 创建背景

（1）创建一个宽度为177mm，高度为57mm，分辨率为300像素/英寸的新文档。

➡ （2）选择工具箱中的【矩形工具】▭绘制矩形，并参照图02-1，在其属性栏中调整矩形大小。

➡ （3）使用快捷键 Ctrl+C 和 Ctrl+V 原地复制矩形，参照图02-2，切换到【选择工具】▯调整矩形的大小和形状，该圆角矩形就是刀版，即成品尺寸。

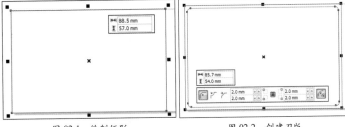

图 02-1　绘制矩形　　　图 02-2　创建刀版

➡ （4）选择工具箱中的【图纸工具】▦，然后参照图02-3，在其属性栏中进行设置，在视图中绘制一个宽度为120mm的网格图形，双击网格图形，配台键盘上的 Cul 键旋转图形。

➡ （5）选择工具箱中的【填充工具】，在弹出的菜单中选择【渐变填充】选项，参照图02-4，在弹出的【渐变填充】对话框中进行设置，然后单击【确定】按钮，填充渐变。

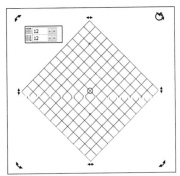 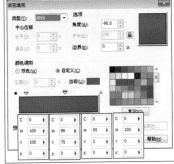

图 02-3　绘制网格　　　图 02-4　【渐变填充】对话框

➡ （6）选中网格图形，执行【效果】|【图框精确剪裁】|【置于图文框内部】命令，然后单击矩形图形，将其放置在矩形中，参照图02-5，使用【钢笔工具】▯绘制图形。

➡ （7）选择工具箱中的【填充工具】，在弹出的菜单中选择【渐变填充】选项，参照图02-6，在弹出的【渐变填充】对话框中设置渐变颜色，然后单击【确定】按钮填充渐变。

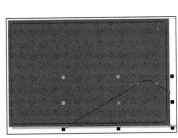 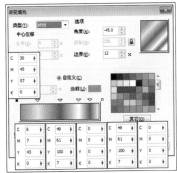

图 02-5　绘制图形　　　图 02-6　【渐变填充】对话框

（8）复制并缩小上一步创建的渐变填充图形，使用快捷键 F11 打开【渐变填充】对话框，参照图 02-7，调整渐变填充角度，然后单击【确定】按钮，应用渐变填充效果，如图 02-8 所示。

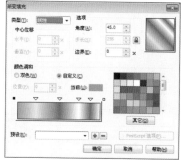

图 02-7　【渐变填充】对话框

图 02-8　填充渐变后的效果

（9）继续复制并缩小步骤（8）创建的渐变填充图形，执行【文件】|【导入】命令，导入本章素材"欧式金属花纹 .jpg"文件，然后在其属性栏中设置参数缩小图像，效果如图 02-9 所示。

（10）执行【效果】|【图框精确剪裁】|【置于图文框内部】命令，然后单击步骤（9）复制的渐变填充图形，将其置于图文框内部，并取消填充色和轮廓色，效果如图 02-10 所示。

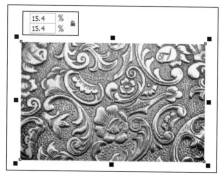

图 02-9　导入素材文件

图 02-10　将图像置于图文框内部

2. 添加文字信息

（1）使用快捷键 Ctrl+G 将金属花纹图像和渐变填充图形编组，复制图像并单击属性栏中的【水平镜像】按钮和【垂直镜像】按钮，执行【效果】|【图框精确剪裁】|【置于图文框内部】命令，将其放置在红色矩形中，效果如图 02-11 所示。

（2）参照图 02-12，使用工具箱中的【文本工具】在视图中创建文字。

图 02-11　复制编组图形

图 02-12　创建文字

（3）参照图 02-13，使用【选择工具】配合键盘上的 Ctrl 键，选中渐变填充形状，右击并拖动鼠标至文字 VIP，松开鼠标在弹出的菜单中选择【复制填充】命令，复制渐变，效果如图 02-14 所示。

图 02-13　选中渐变填充图形　　　图 02-14　复制渐变填充

（4）复制文字 VIP 并调整颜色为黑色，使用快捷键 Ctrl+PgDn 向后移动一层，参照图 02-15 调整图形的位置。

（5）继续复制文字 VIP 并调整颜色为白色，选择工具箱中的【透明度工具】，参照图 02-16，在属性栏中设置参数，调整图形透明度。

图 02-15　复制文字　　　　　图 02-16　创建透明图形

（6）为前面创建的渐变填充文字添加白色描边，选中黑色文字"VIP"，然后使用【阴影工具】创建阴影，效果如图 02-17 所示。

（7）使用前面介绍的方法，复制渐变填充到其他文字上，调整渐变角度，并为其添加白色描边，效果如图 02-18 所示。

图 02-17　创建阴影效果　　　图 02-18　复制并调整渐变角度

（8）继续使用【阴影工具】为文字创建阴影，效果如图 02-19 所示。

（9）使用【文本工具】创建卡片编号，效果如图 02-20 所示。

图 02-19　创建阴影　　　　　图 02-20　创建文字

（10）参照图 02-21，使用【椭圆形工具】在视图中绘制白色正圆形，执行【位图】|【转换为位图】命令，参照图 02-22，弹出【转换为位图】对话框，单击【确定】按钮，将图形转换为位图图像。

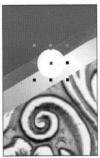

图 02-21　绘制正圆形　　　图 02-22　【转换为位图】对话框

（11）执行【位图】|【模糊】|【高斯式模糊】命令，参照图 02-23，在弹出的【高斯式模糊】对话框中设置参数，然后单击【确定】按钮应用高斯模糊效果。

（12）复制步骤（11）创建的模糊图像，参照图 02-24，调整图像的位置。

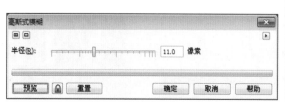

图 02-23　【高斯式模糊】对话框

图 02-24　复制高光

（13）参照图 02-25，复制名片正面背景和刀版，选中背景单击图像下方的【编辑内容】按钮，删除金色渐变填充和欧式金属花纹图像，然后参照图 02-26，单击【停止编辑内容】按钮，停止编辑内容。

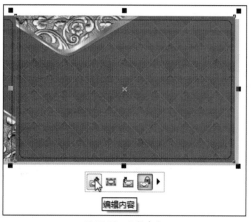

图 02-25　编辑内容

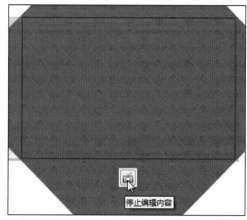

图 02-26　停止编辑内容

（14）参照图 02-27，使用【矩形工具】绘制黑色、灰色和白色矩形，然后使用【文本工具】创建背面文字信息，完成本实例的制作。

图 02-27　完成效果图

实例 03 汽贸公司贵宾卡

♥ 1. 实例特点

该卡片画面简洁、干练，以银色和蓝色作为主色调，通过对银色渐变的灵活运用，制作出富有立体感和质感的名片。

📍 2. 注意事项

制作贵金属渐变银色背景是该实例的重点，华丽的背景颜色可以使名片上一个档次。

💬 3. 操作思路

首先绘制矩形并为其填充蓝色渐变作为背景色，然后绘制椭圆图形，并通过对图形的修剪创建新的图形，填充银灰色渐变背景作为装饰图形，并为其添加投影效果，增强名片的质感，最后添加汽车素材图像，添加渐变文字信息。

最终效果图

路径：光盘 :\Chapter 05\ 汽贸公司贵宾卡 .cdr

具体步骤如下：

（1）创建一个宽度为 176mm，高度为 57mm，分辨率为 300 像素 / 英寸的新文档。

➡（2）选择工具箱中的【矩形工具】绘制矩形，并参照图 03-1，在其属性栏中调整矩形大小。

➡（3）使用快捷键 Ctrl+C 和 Ctrl+V 原地复制矩形，参照图 03-2，切换到【选择工具】调整矩形的大小和形状，该圆角矩形就是刀版，即成品尺寸。

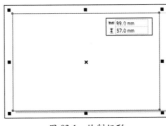

图 03-1 绘制矩形

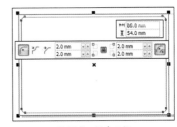

图 03-2 创建刀版

➡（4）选中矩形然后使用快捷键 F11 打开【渐变填充】对话框，参照图 03-3，在对话框中设置渐变色，然后单击【确定】按钮创建渐变填充效果。

➡（5）复制矩形并将其转换为曲线，参照图 03-4，使用【形状工具】调整矩形形状。

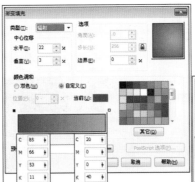

图 03-3 【渐变填充】对话框

图 03-4 调整形状

（6）使用快捷键 F11 打开【渐变填充】对话框，参照图 03-5，在对话框中调整渐变颜色，然后单击【确定】按钮，创建渐变填充效果。

（7）参照图 03-6，使用【钢笔工具】 绘制图形。

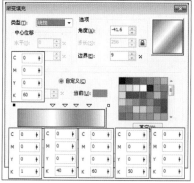
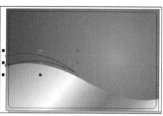

图 03-5　【渐变填充】对话框　　　　　图 03-6　绘制图形

（8）使用快捷键 F11 打开【渐变填充】对话框，参照图 03-7，在对话框中进行设置，然后单击【确定】按钮，创建渐变填充效果。

（9）使用【投影工具】 创建投影，效果如图 03-8 所示。

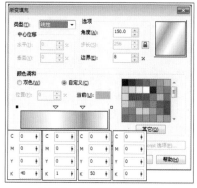
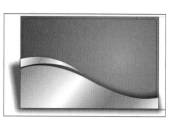

图 03-7　【渐变填充】对话框　　　　　图 03-8　创建投影效果

（10）选中银色渐变图形，执行【效果】|【图框精确剪裁】|【置于图文框内部】命令，将其放置在渐变填充矩形中，然后使用【椭圆形工具】 绘制白色椭圆，并使其与渐变填充矩形相交，效果如图 03-9 所示。

（11）继续使用【椭圆形工具】 绘制椭圆，并创建椭圆与渐变矩形相交图形，效果如图 03-10 所示。

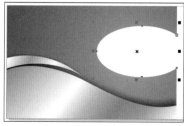
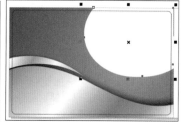

图 03-9　绘制椭圆　　　　　图 03-10　创建相交图形

（12）继续使用【椭圆形工具】 绘制黑色椭圆，并创建椭圆与渐变矩形相交图形，效果如图 03-11 所示。

（13）使用快捷键 F11 打开【渐变填充】对话框，参照图 03-12，在对话框中设置渐变颜色，然后单击【确定】按钮，创建渐变填充效果。

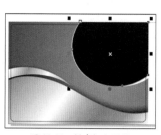
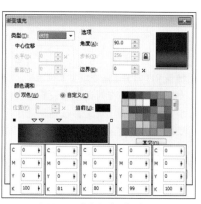

图 03-11　创建相交图形　　　　　图 03-12　【渐变填充】对话框

（14）参照图 03-13，继续创建椭圆和矩形相交图形。

（15）使用快捷键 F11 打开【渐变填充】对话框，参照图 03-14，在对话框中设置渐变颜色，然后单击【确定】按钮，创建渐变填充效果。

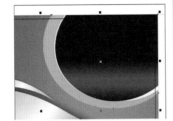

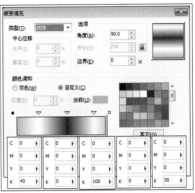

图 03-13　创建相交图形　　　图 03-14　【渐变填充】对话框

（16）使用【投影工具】为步骤（15）创建的图形添加投影效果，继续创建相交图形，并填充与渐变矩形相同的渐变效果，如图 03-15 所示。

（17）参照图 03-16，使用工具箱中的【钢笔工具】在视图中创建文字。

图 03-15　创建投影效果　　　　图 03-16　绘制高光

（18）继续使用【钢笔工具】绘制形状，并填充颜色为青色，选择工具箱中的【透明度工具】，参照图 03-17，在属性栏中设置参数，创建透明图形。

（19）导入本章素材"汽车.psd"文件，参照图 03-18，缩小并调整图像的位置，使用【投影工具】为其创建投影特效。

图 03-17　调整图形透明度　　　图 03-18　创建投影特效

（20）参照图 03-19，使用【文本工具】创建正面文字信息。

（21）选中文字 VIP，使用快捷键 F11 打开【渐变填充】对话框，参照图 03-20，在对话框中设置渐变颜色，然后单击【确定】按钮，创建渐变填充效果，并为其添加细线白色描边效果。

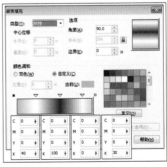

图 03-19　添加文字　　　　　　图 03-20　【渐变填充】对话框

⬇（22）参照图 03-21，使用黑色、白色和渐变文字相叠加的方法调整标志图形。

⬇（23）复制卡片正面中的渐变矩形和刀版，使用【矩形工具】▢在视图中绘制黑色和灰色矩形，效果如图 03-22 所示。

图 03-21　调整标志效果

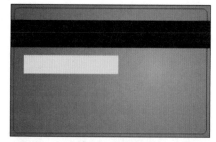

图 03-22　绘制矩形

➡（24）使用【文本工具】▤添加卡片背面文字信息，完成本实例的制作，效果如图 03-23 所示。

图 03-23　完成效果图

实例 04 ｜ 银行卡

最终效果图

1. 实例特点

画面诗情画意，具有中国传统国画的特点。

2. 注意事项

在对图像创建位图颜色遮罩的时候，注意观察图像的变换，避免将图像不需要隐藏的部分隐藏掉。

3. 操作思路

首先通过创建底纹填充创建宣纸纸张效果，然后添加花卉图像素材，并为其添加位图颜色遮罩，隐藏背景色，通过调整花卉图像的透明度，使之与宣纸背景融合在一起，然后创建银色渐变图形作为装饰，最后添加相关文字信息，完成本实例的制作。

路径：光盘 :\Chapter 05\ 银行卡 .cdr

具体步骤如下：

（1）创建一个宽度为 177mm，高度为 57mm，分辨率为 300 像素 / 英寸的文档。

（2）选择工具箱中的【矩形工具】□绘制矩形，并参照图 04-1，在其属性栏中调整矩形大小。

（3）使用快捷键 Ctrl+C 和 Ctrl+V 原地复制矩形，参照图 04-2，切换到【选择工具】▣调整矩形的大小和形状，该圆角矩形就是刀版，即成品尺寸。

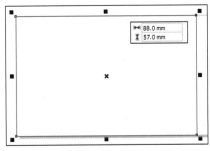

图 04-1 绘制矩形

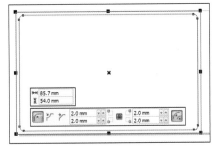

图 04-2 创建刀版

（4）选中矩形然后单击工具箱中的【填充工具】◈，在弹出的菜单中选择【底纹填充】选项，参照图 04-3，在弹出的【底纹填充】对话框中进行设置，然后单击【确定】按钮，创建底纹填充效果。

（5）导入本章素材"花卉 .jpg"文件，单击属性栏中的【水平镜像】按钮▥翻转图像，然后单击【位图颜色遮罩】按钮▥，弹出【位图颜色遮罩】泊坞窗，用【吸管工具】✎吸取背景色，然后在窗口中设置参数，单击【应用】按钮，隐藏背景色，效果如图 04-4 所示。

图 04-3 【底纹填充】对话框

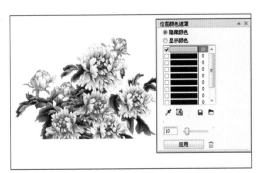

图 04-4 添加位图颜色遮罩

（6）缩小花卉图像，使用工具箱中的【透明度工具】▨调整图像的透明度，效果如图 04-5 所示。

（7）执行【效果】|【图框精确剪裁】|【置于图文框内部】命令，参照图 04-6，将花卉图像放置在背景中。

图 04-5 调整图像透明度

图 04-6 精确剪裁图像

（8）参照图 04-7，分别使用【矩形工具】□和【椭圆形工具】○绘制图形，选中这两个图形，然后单击属性栏中的【修剪】按钮□，修剪图形，取消描边颜色，效果如图 04-8 所示。

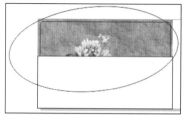

图 04-7　【渐变填充】对话框

图 04-8　修剪后的效果

（9）使用前面介绍的方法，继续使用椭圆形剪去矩形，使用快捷键 F11 打开【渐变填充】对话框，参照图 04-9，在对话框中设置渐变颜色，然后单击【确定】按钮，创建渐变填充，效果如图 04-10 所示。

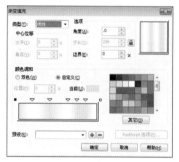

图 04-9　【渐变填充】对话框

图 04-10　创建渐变填充后的效果

（10）导入本章素材"工行标志.jpg"、"银联标志.psd"文件，参照图 04-11，缩小图像并调整其位置，选择工行标志，单击属性栏中的【位图颜色遮罩】按钮□，为其创建位图颜色遮罩。

图 04-11　导入素材图像

（11）参照图 04-12，使用【文本工具】字添加文字信息，选择工具箱中的【基本形状工具】□，然后在其属性栏中单击【完美形状】按钮□，在弹出的菜单中选择三角形，然后在视图中进行绘制。

（12）为卡号添加银色渐变填充和细线白色描边效果，使用【椭圆形工具】○绘制黑色正圆，将其转换为位图并创建高斯模糊效果，参照图 04-13 将其放置在渐变填充容器中。

图 04-12　添加文字信息

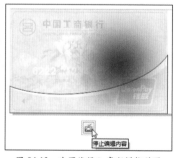

图 04-13　为图像添加高斯模糊效果

→ （13）复制正面的背景和刀版图形，使用【矩形工具】□创建背面图形，然后使用【文本工具】圉创建名片背面文字信息，完成本实例的制作，效果如图 04-14 所示。

图 04-14　完成效果图

实例 05　公交 IC 卡

❤ 1. 实例特点

画面清新，色调干净，以公交车和花草树木为元素，丰富名片内容且拉近距离感，很好地传达出环保这一主题。

📍 2. 注意事项

在创建一些较为复杂的图形时，可利用图形的合并等操作以提高工作效率。

💬 3. 操作思路

整个实例将分为两个部分进行制作，首先利用图形的合并制作出树丛，然后使用【矩形工具】□和【椭圆形工具】□创建汽车、小鸟、花朵等装饰图形，最后添加文字信息，完成本实例的制作。

最终效果图

路径：光盘 :\Chapter 05\ 公交卡 .cdr

具体步骤如下：

1. 创建背景

（1）创建一个宽度为 176mm，高度为 57mm，分辨率为 300 像素 / 英寸的新文档。

→ （2）选择工具箱中的【矩形工具】□绘制矩形，并参照图 05-1，在其属性栏中调整矩形大小。

→ （3）使用快捷键 Ctrl+C 和 Ctrl+V 原地复制矩形，参照图 05-2，切换到【选择工具】□调整矩形的大小和形状，该圆角矩形就是刀版，即成品尺寸。

图 05-1　完成效果图

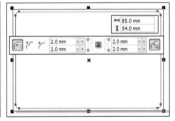

图 05-2　创建刀版

⬇（4）选中步骤（3）创建的矩形，为其填充绿色（C：100，M：0，Y：100，K：0），使用【矩形工具】
▢绘制矩形，使用快捷键 Ctrl+Q 将其转换为曲线，然后参照图 05-3，使用【形状工具】🔾调整形状。

⬇（5）为步骤（4）创建的图形填充蓝色（C：40，M：0，Y：0，K：0）到白色的线性渐变，导入本
章素材"分层云彩 .psd"文件，缩小并调整图像的位置，执行【效果】|【图框精确剪裁】|【置于图文框内部】
命令，将图像放置在渐变图形中，效果如图 05-4 所示。

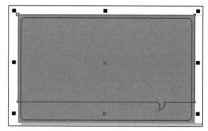

图 05-3　绘制并调整矩形

图 05-4　添加素材图像

⬇（6）参照图 05-5，使用【椭圆形工具】◯绘制绿色（C：100，M：0，Y：100，K：0）正圆形，选
中所有正圆，单击属性栏中的【合并】按钮🞨使图形连接在一起。

⬇（7）使用前面介绍的方法，继续绘制连接在一起的正圆，并填充颜色为浅绿色（C：39，M：0，Y：71，
K：0），效果如图 05-6 所示。

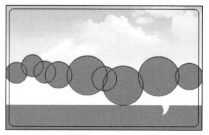

图 05-5　绘制正圆

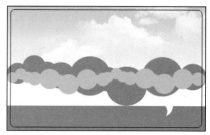

图 05-6　创建合并的图形

⬇（8）使用【矩形工具】▢绘制矩形，同时选中矩形和渐变填充图形，然后单击属性栏中的【相交】按钮
🞤，创建新的图形并填充蓝色（C：20，M：0，Y：0，K：20）到灰色（C：0，M：0，Y：0，K：10）
的线性渐变，效果如图 05-7 所示。

⬇（9）参照图 05-8，继续使用【椭圆形工具】◯绘制正圆，选中所有正圆然后单击属性栏中的【合并】按
钮🞨使图形连接在一起，使用【矩形工具】▢绘制矩形，选中矩形和合并得到的图形然后单击属性栏中的【修建】
按钮🞦，创建树冠图形。

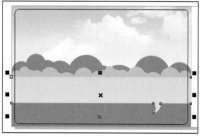

图 05-7　创建相交的图形

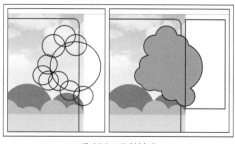

图 05-8　绘制树冠

➡ （10）参照图 05-9，使用【钢笔工具】█绘制树杆并填充颜色为黄色（C：0，M：0，Y：100，K：0）。

➡ （11）使用【矩形工具】█绘制黄色（C：0，M：20，Y：100，K：0）矩形，参照图 05-10，在属性栏中调整角的弧度。

图 05-9　绘制树杆

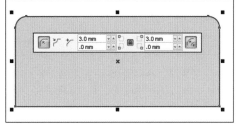

图 05-10　绘制圆角矩形

2. 绘制装饰图形

➡ （1）将步骤（11）创建的图形转换为曲线，参照图 05-11，使用【形状工具】█调整形状，并使用【矩形工具】█修剪图形，然后继续使用【矩形工具】█创建窗户图形，使用【椭圆形工具】█绘制车轱辘。

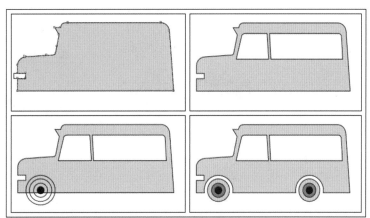

图 05-11　绘制汽车图形

⬇ （2）将汽车图形拖至正面图形中，使用【矩形工具】█绘制黄色矩形将窗户分成小格窗口，效果如图 05-12 所示。

⬇ （3）参照图 05-13，使用【椭圆形工具】█绘制正圆，将正圆转换为曲线，使用【形状工具】█调整形状创建小鸟身体，利用正圆的相交创建小鸟的翅膀，然后绘制眼睛，使用【钢笔工具】█绘制小鸟嘴巴。

图 05-12　绘制车窗

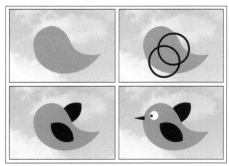

图 05-13　绘制小鸟

➡ （4）使用前面介绍的方法绘制含苞待放的花朵，效果如图 05-14 所示。

➡ （5）利用图形的合并和剪切创建花朵图形，效果如图 05-15 所示。

图 05-14　绘制花苞花朵

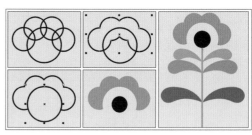

图 05-15　绘制花朵

⬇ （6）参照图 05-16 所示的步骤，使用【椭圆形工具】◯绘制正圆花心和椭圆花瓣，将花瓣进行编组，调整中心点至正圆中心点位置，旋转图形并右击复制图形，然后使用快捷键 Ctrl+D 复制出一圈花瓣图形，调整正圆形至最上方。

⬇ （7）继续步骤（7）的操作，使用【矩形工具】▢绘制植物主干，然后使用【螺纹工具】◎绘制植物的叶子，效果如图 05-17 所示。

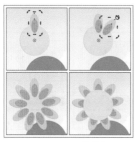

图 05-16　绘制花瓣

图 05-17　绘制植物茎叶

⬇ （8）使用【矩形工具】▢绘制矩形，并使其与渐变填充图形相交，创建新的图形，并填充颜色为绿色（C：59，M：0，Y：100，K：0）作为草坪，效果如图 05-18 所示。

⬇ （9）使用【粗糙笔刷工具】✎在草坪上进行绘制，创建毛糙的小草图形，并使用【标注形状工具】◻绘制绿色（C：64，M：0，Y：93，K：0）标注，效果如图 05-19 所示。

图 05-18　绘制草坪

图 05-19　绘制标注图形

➡ （10）创建与卡片正面相同大小的矩形和刀版，参照图 05-20，使用【文本工具】字添加文字信息，完成本实例的制作。

图 05-20　完成效果图

实例 06　听课证

最终效果图

♥ 1. 实例特点

潮流、个性、富有艺术气息是该名片的特点，画面大气、洒脱，以牛皮纸材质和剪纸为元素，深刻表现出课堂的活跃气氛。

📍 2. 注意事项

在运用【调和工具】🔧绘制图形的时候，注意调和对象的颜色，以及设置需要调和的步骤。

💬 3. 操作思路

首先绘制矩形并创建图样填充，通过修改矩形的形状，抽取部分图样作为装饰图形，然后使用【钢笔工具】🖊绘制小船图形，接下来使用【调和工具】🔧创建彩虹和云朵图形，添加文字信息完成卡片正面的操作，最后添加底纹填充制作出背面的牛皮纸效果，并添加文字信息，完成本实例的制作。

路径：光盘 :\Chapter 05\ 听课证 .cdr

具体步骤如下：

（1）创建一个宽度为 177mm，高度为 57mm，分辨率为 300 像素 / 英寸的文档。

⬇ （2）选择工具箱中的【矩形工具】▭绘制矩形，并参照图 06-1，在其属性栏中调整矩形大小。

⬇ （3）使用快捷键 Ctrl+C 和 Ctrl+V 原地复制矩形，参照图 06-2，切换到【选择工具】▯调整矩形的大小和形状，该圆角矩形就是刀版，即成品尺寸。

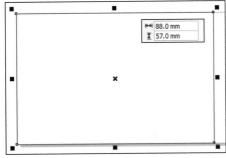

图 06-1　绘制矩形

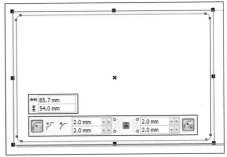

图 06-2　创建刀版

（4）选中矩形图形，使用快捷键 F11 打开【渐变填充】对话框，设置渐变颜色为蓝色（C：40，M：0，Y：0，K：0）到白色的线性渐变，然后使用【矩形工具】绘制矩形，效果如图 06-3 所示。

（5）选择工具箱中的【填充工具】，然后在弹出的菜单中选择【图样填充】选项，参照图 06-4，在弹出的【图样填充】对话框中设置参数，然后单击【确定】按钮应用填充效果。

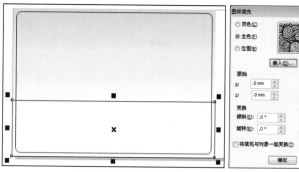

图 06-3　创建渐变填充　　　　　图 06-4　【图样填充】对话框

（6）参照图 06-5，使用【形状工具】调整矩形形状。

图 06-5　调整形状

（7）参照图 06-6 的步骤，使用【钢笔工具】绘制小船图形，对船帆图形进行图样填充。

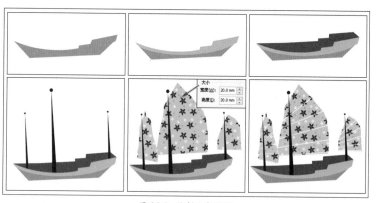

图 06-6　绘制小船图形

（8）参照图 06-7 所示的步骤，使用【椭圆形工具】绘制蓝色（C：71，M：0，Y：4，K：0）正圆形，缩小并复制图形调整颜色为黄色（C：0，M：0，Y：100，K：0），继续复制并缩小图形，调整颜色为红色（C：0，M：100，Y：0，K：0），使用矩形对圆形进行裁切，选择工具箱中的【调和工具】在红色和黄色、黄色和蓝色之间进行绘制，创建彩虹图形。

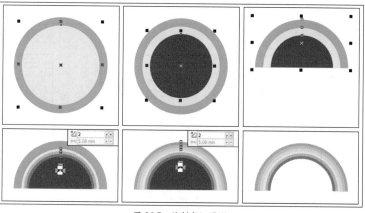

图 06-7　绘制彩虹图形

（9）参照图06-8，使用【椭圆形工具】◯绘制正圆形，选中所有正圆，单击属性栏中的【合并】按钮◻，创建云彩形状并填充颜色为蓝色（C：57，M：0，Y：4，K：0），取消轮廓线的填充，复制并缩小云彩图形，调整颜色为白色，使用【调和工具】◈在白色和蓝色云彩图形之间进行绘制，创建云彩图形。

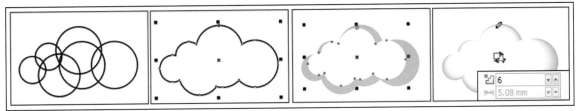

图 06-8　绘制云彩图形

（10）将制作好的小船、彩虹和云彩形状放在名片图像上，参照图06-9，调整图形的大小及位置。

（11）选择工具箱中的【标注形状工具】◻，单击属性栏中的【玩美形状】按钮◻，在弹出的菜单中选择按钮◻，然后在视图中绘制形状，效果如图06-10所示。

图 06-9　调整图形的大小及位置

图 06-10　绘制标注形状

（12）使用【阴影工具】◻为标注形状添加阴影效果，然后使用【文本工具】字添加文字，效果如图06-11所示。

（13）创建与名片正面同等大小的矩形，并复制刀版，选中矩形然后单击工具箱中的【填充】按钮，在弹出的菜单中选择【底纹填充】选项，参照图06-12，在弹出的【底纹填充】对话框中设置填充颜色，然后单击【确定】按钮，创建底纹填充效果。

图 06-11　添加文字信息

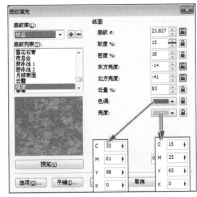

图 06-12　【底纹填充】对话框

（14）使用【矩形工具】□绘制白色矩形，然后使用【表格工具】▦创建行数为4和列数为7的表格，最后使用【文本工具】字创建卡片背面文字信息，完成本实例的制作，效果如图06-13所示。

图 06-13　完成效果图

实例 07　游乐园会员卡

♥ 1. 实例特点

使用立体文字作为名片画面，直接明了地展示行业特点，画面以清新、简洁为主，以暖色调作为主色调，增加了画面时尚、温馨的氛围。

📍 2. 注意事项

在创建立体文字的时候，注意光源、渐变以及透明度的调整，使创建出来的立体文字更加和谐。

💬 3. 操作思路

首先绘制名片大小的矩形并为其添加渐变效果，添加云彩图像制作出天空的效果，然后通过绘制和复制矩形创建斜纹装饰图形，最后创建立体文字图形，添加文字信息。

最终效果图

路径：光盘 :\Chapter 05\ 游乐园会员卡 .cdr

具体步骤如下：

（1）创建一个宽度为177mm，高度为57mm，分辨率为300像素 / 英寸的新文档。

（2）选择工具箱中的【矩形工具】□绘制矩形，并参照图07-1，在其属性栏中调整矩形大小。

（3）使用快捷键 Ctrl+C 和 Ctrl+V 原地复制矩形，参照图07-2，切换到【选择工具】▷调整矩形的大小和形状，该圆角矩形就是刀版，即成品尺寸。

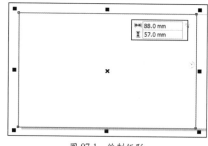

图 07-1　绘制矩形

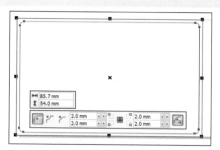

图 07-2　创建刀版

（4）选中矩形图形，使用快捷键F11打开【渐变填充】对话框，参照图07-3，设置渐变颜色，然后单击【确定】按钮，应用渐变填充效果。

（5）使用【矩形工具】绘制矩形，使用【选择工具】向下拖动并右击复制矩形，效果如图07-4所示。

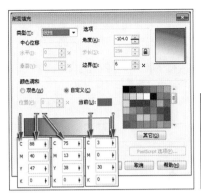

图 07-3　【底纹填充】对话框　　　图 07-4　绘制并复制矩形

（6）使用快捷键Ctrl+D继续向下复制矩形，使用快捷键Ctrl+G将图形进行编组，并参照图07-5，旋转图形。

（7）调整图形填充颜色为白色，取消描边颜色，选择【透明度工具】然后在属性栏中设置【透明度类型】为标准，将【开始透明度】参数设为70，执行【效果】|【图框精确剪裁】|【置于图文框内部】命令，将图像放置在渐变矩形中，效果如图07-6所示。

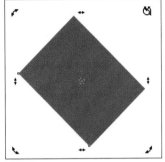

图 07-5　复制并旋转图形　　　图 07-6　将图形置于图文框内部

（8）导入本章素材"分层云彩.psd"文件，使用快捷键Ctrl+U取消编组，继续执行【效果】|【图框精确剪裁】|【置于图文框内部】命令，将图像放置在渐变矩形中，效果如图07-7所示。

（9）参照图07-8，使用【文本工具】创建文字，在属性栏中分别调整字体大小，然后使用【形状工具】调整字体间距。

图 07-7　将图像置于图文框内部　　　图 07-8　创建文字

（10）选中步骤（9）创建的文字，然后单击工具箱中的【立体化工具】创建立体文字，并参照图07-9，在属性栏中设置渐变颜色。

（11）复制步骤（10）创建的文字，使用快捷键F11打开【渐变填充】对话框，参照图07-10，调整渐变颜色，创建渐变填充文字。

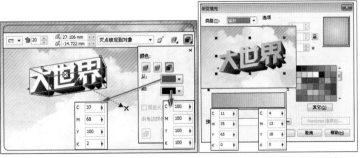

图 07-9　创建立体文字　　　图 07-10　复制并创建渐变文字

⬇ （12）继续使用【文本工具】⬚在视图中输入文字"蓝精灵游乐园"，设置字体颜色为黄色（C：0，M：8，Y：34，K：0）并参照图07-11，在属性栏中分别调整字体的大小。

⬇ （13）使用【立体化工具】⬚将步骤（12）创建的文字立体化，参照图07-12，在属性栏中设置字体为从蓝色（C：93，M：58，Y：20，K：0）到黑色（C：0，M：0，Y：0，K：100）的渐变并调整光照效果。

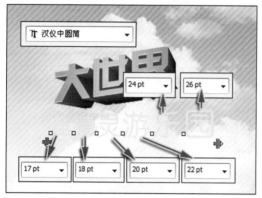

图 07-11　创建文字

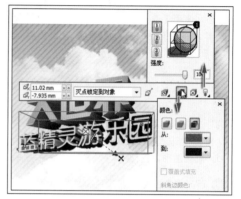

图 07-12　创建立体文字

➡ （14）复制步骤（13）创建的文字，使用快捷键 F11 打开【渐变填充】对话框，参照图 07-13，设置渐变颜色，然后单击【确定】按钮，应用渐变填充效果。

➡ （15）参照图 07-14，使用【钢笔工具】⬚沿着字体边缘绘制图形，填充颜色为黑色，然后使用【透明度工具】⬚调整图像为渐变透明效果。

图 07-13　复制并创建渐变填充文字

图 07-14　调整图像透明度

⬇ （16）导入本章素材"木牌.psd"文件，参照图07-15，缩小并调整图像的位置，使用【形状工具】⬚调整形状。

图 07-15　添加素材图像

（17）使用【星形工具】⭐绘制形状，并参照图 07-16，在属性栏中调整参数，使用快捷键 Ctrl+Q 将图形转换为曲线，使用【形状工具】🔧选中一锚点，然后单击属性栏中的【转换为曲线】按钮⌇，将锚点转换为曲线，然后使用 Del 键删除锚点，将图形填充为红色（C：22，M：97，Y：100，K：0），复制形状填充颜色为黄色（C：0，M：6，Y：24，K：0），然后使用【钢笔工具】🖊创建高光部分。

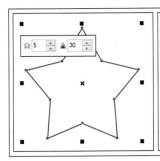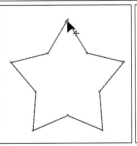

图 07-16　绘制星星

（18）将步骤（17）创建的星星图像进行编组，参照图 07-17，旋转并调整图形的位置。

（19）使用【椭圆形工具】⬭绘制白色正圆形，将图形转换为位图，并执行【位图】|【模糊】|【高斯式模糊】命令，模糊图像，参照图 07-18，复制并调整图像的位置，创建高光效果。

图 07-17　调整图形的位置

图 07-18　添加高光

（20）使用【文本工具】📝添加文字信息，创建与名片正面同等大小的矩形，并复制刀版，作为卡片背面，使用【矩形工具】⬜绘制磁条位置，完成本实例的制作，效果如图 07-19 所示。

图 07-19　完成效果图

实例 08 | 婚庆名片设计

最终效果图

1. 实例特点

画面具有简洁、大方、浪漫、温馨的特点，采用蕾丝花边作为装饰，整体具有韩式风格。

2. 注意事项

当将素材图像载入图样并进行图样填充的时候，可随意更改图像的背景色和图像颜色。

3. 操作思路

首先绘制名片大小矩形，复制并旋转正圆形创建蕾丝花，复制多个蕾丝花创建蕾丝花边装饰图形，添加正面文字，创建出名片的正面，继续绘制名片背面矩形，并为其添加自定义的图样作为背景，最后添加蕾丝花边和标志信息，完成本实例的制作。

路径：光盘 :\Chapter 05\ 婚庆名片设计 .cdr

具体步骤如下：

（1）创建一个宽度为 184mm，高度为 56mm，分辨率为 300 像素 / 英寸的新文档。

（2）选择工具箱中的【矩形工具】 绘制矩形，并参照图 08-1，在其属性栏中调整矩形大小。

（3）使用快捷键 Ctrl+C 和 Ctrl+V 原地复制矩形，参照图 08-2，切换到【选择工具】 调整矩形的大小和形状，该圆角矩形就是刀版，即成品尺寸。

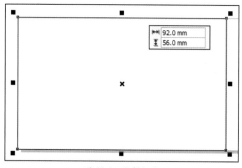

图 08-1　绘制矩形

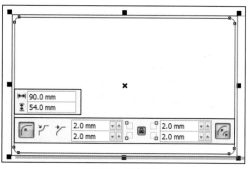

图 08-2　创建刀版

（4）选中矩形图形，填充颜色为粉红色（C：0，M：10，Y：0，K：0），参照图08-3所示的步骤，使用【椭圆形工具】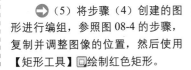绘制正圆并填充为红色（C：0，M：80，Y：5，K：0），复制并缩小正圆移动图形的位置，将中心点放在大圆中心旋转并复制图像，使用同样的方法，在大圆内侧绘制一圈小圆，填充颜色为粉红色，制作花边素材。

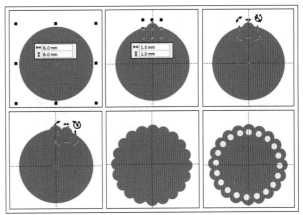

图 08-3　制作花边素材

（5）将步骤（4）创建的图形进行编组，参照图08-4的步骤，复制并调整图像的位置，然后使用【矩形工具】绘制红色矩形。

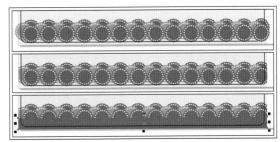

图 08-4　制作花边

（6）参照图08-5，使用【文本工具】创建正面文字信息，使用【2点线工具】绘制直线装饰。

（7）使用【矩形工具】绘制圆角矩形，添加企业名称，效果如图08-6所示。

图 08-5　添加文字　　　图 08-6　绘制企业标志

（8）复制名片正面的矩形和刀版，选择工具箱中的【填充工具】，然后在弹出的菜单中选择【图样填充】选项，参照图08-7，在弹出的【图样填充】对话框中单击【载入】按钮，载入本章素材"圆点.jpg"文件，并调整颜色，然后单击【确定】按钮，填充矩形图像。

（9）继续【矩形工具】绘制浅红色（C：0，M：35，Y：2，K：0）矩形，并使用【2点线工具】绘制直线装饰，效果如图08-8所示。

图 08-7　【图样填充】对话框

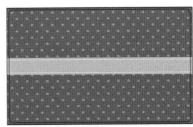

图 08-8　绘制矩形和直线

（10）复制卡片正面图形中的企业标志，放大图形、选中标志和背面矩形，使用快捷键E+C将其放置在背面中央，效果如图08-9所示。

（11）选中标志中的圆角矩形，使用快捷键F12打开【轮廓笔】对话框，参照图08-10，在对话框中设置虚线描边，然后单击【确定】按钮，应用虚线描边效果。

图08-9 复制并放大图形

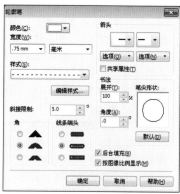

图08-10 【轮廓笔】对话框

（12）最后复制并调整花边素材，放置在标志周围作为装饰，完成本实例的制作，效果如图08-11所示。

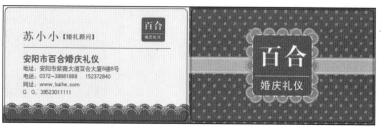

图08-11 完成效果图

实例 09 │ 房产名片设计

1. 实例特点

该名片画面简洁、干练，以金色作为主色调，通过对金色增加杂色，创建具有机理质感的背景。

2. 注意事项

在为纯色添加杂色的时候，注意颜色的选择。

3. 操作思路

首先创建名片大小的矩形，然后绘制椭圆，并创建椭圆与矩形相交的图形，为矩形创建底纹填充效果，然后为相交得到的图形填充实色，最后添加文字信息，使用相同的方法创建名片的背面图形。

最终效果图

路径：光盘 :\Chapter 05\ 房产名片设计 .cdr

具体步骤如下：

（1）创建一个宽度为 184mm，高度为 56mm，分辨率为 300 像素 / 英寸的新文档。

（2）选择工具箱中的【矩形工具】⬚绘制矩形，并参照图 09-1，在其属性栏中调整矩形大小。

（3）使用快捷键 Ctrl+C 和 Ctrl+V 原地复制矩形，参照图 09-2，调整矩形的大小和形状，该矩形就是刀版，即成品尺寸。

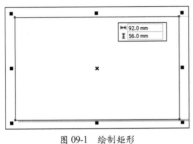
图 09-1　绘制矩形

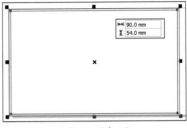
图 09-2　创建刀版

（4）参照图09-3，使用【椭圆形工具】◯绘制椭圆。

（5）分别选中椭圆和矩形，然后单击属性栏中的【相交】按钮，创建相交图形，然后删除椭圆，效果如图 09-4 所示。

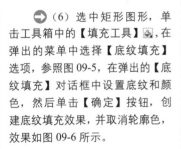
图 09-3　绘制椭圆
图 09-4　创建相交图形

（6）选中矩形图形，单击工具箱中的【填充工具】，在弹出的菜单中选择【底纹填充】选项，参照图09-5，在弹出的【底纹填充】对话框中设置底纹和颜色，然后单击【确定】按钮，创建底纹填充效果，并取消轮廓色，效果如图 09-6 所示。

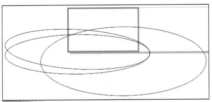
图 09-5　添加文字

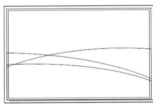
图 09-6　取消矩形轮廓色

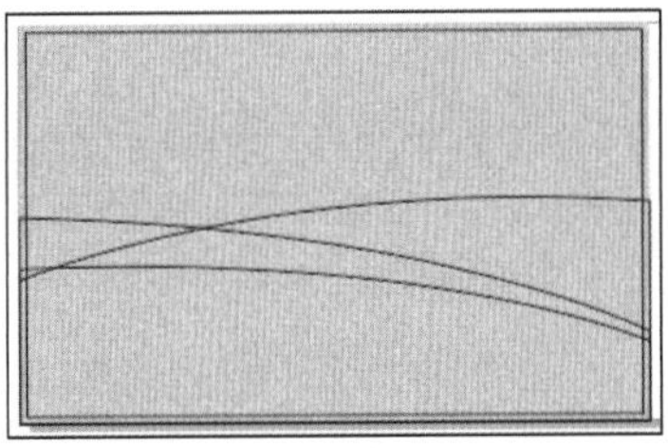

（7）参照图 09-7，分别为相交图形填充实色。

（8）参照图 09-8，使用【文本工具】添加文字。

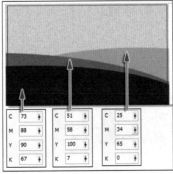
图 09-7　填充颜色

图 09-8　添加文字

149

➡（9）复制"卞京华苑"的字体并取消填充色，使用快捷键F12打开【轮廓笔】对话框，参照图09-9，在对话框中设置描边粗细，然后单击【确定】按钮，应用描边效果，然后向下微移轮廓文字。

➡（10）复制卡片正面中的矩形和刀版，参照图09-10，使用【椭圆形工具】绘制椭圆。

图 09-9　【轮廓笔】对话框

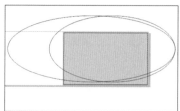

图 09-10　绘制椭圆

⬇（11）将矩形复制两次，然后分别选中椭圆和矩形，单击属性栏中的【修剪】按钮，创建新的图形，并参照图09-11，分别为图形填充实色。

⬇（12）参照图09-12，使用【文本工具】添加背面文字信息。

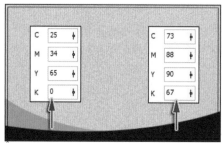

图 09-11　填充颜色

图 09-12　添加文字

⬇（13）导入本章素材"欧式花纹 .jpg"文件，单击属性栏中的按钮，在弹出的菜单中选择【快速描摹】命令，描摹位图，并调整填充色为褐色（C：73，M：88，Y：90，K：67），将其放置在卡片背面图形上，完成本实例的制作，效果如图09-13所示。

图 09-13　完成效果图

实例 10 | 医疗器械名片设计

1. 实例特点

画面简洁，色调干净，运用蓝、白、灰的色调，强调科技氛围。

2. 注意事项

在对不重叠的图形进行合并的时候图形不发生形状上的变化，但是与群组的表现方式相同，是组合在一起的。

3. 操作思路

首先绘制与名片大小相同的矩形，然后绘制矩形等装饰图形，绘制圆角矩形并填充蓝色渐变效果，通过调整图形的透明度创建高光效果，最后添加文字信息。

最终效果图

路径：光盘 :\Chapter 05\ 医疗器械名片设计 .cdr

具体步骤如下：

（1）创建一个宽度为 184mm，高度为 47mm，分辨率为 300 像素 / 英寸的文档。

（2）选择工具箱中的【矩形工具】□绘制矩形，并参照图 10-1，在其属性栏中调整矩形大小。

（3）使用快捷键 Ctrl+C 和 Ctrl+V 原地复制矩形，参照图 10-2，调整矩形的大小和形状，该矩形就是刀版，即成品尺寸。

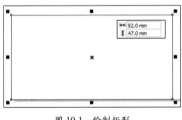

图 10-1 绘制矩形

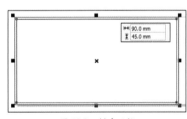

图 10-2 创建刀版

（4）使用【矩形工具】□绘制矩形，【形状工具】调整矩形形状，并填充与正面相同的渐变，效果如图 10-3 所示。

（5）使用【矩形工具】□，参照图 10-4，调整图形的旋转角度。

图 10-3 复制渐变色

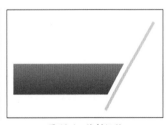

图 10-4 绘制矩形

(6) 参照图10-5，向右移动矩形的位置，并右击复制矩形，然后使用快捷键Ctrl+D复制出一排矩形，选中所有矩形，单击属性栏中的【合并】按钮合并图形，效果如图10-6所示。

图 10-5　复制图形

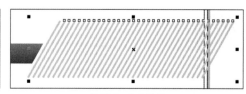

图 10-6　合并图形

(7) 参照图10-7，使用【矩形工具】绘制矩形，修剪步骤(6)创建的图形，然后使用【文本工具】添加名片背面文字信息，参照图10-8。

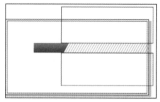

图 10-7　修剪图形

图 10-8　添加文字信息

(8) 复制卡片正面中的矩形和刀版，然后使用【矩形工具】绘制灰色（C：0，M：0，Y：0，K：20）矩形，并参照图10-9，在属性栏中调整矩形。

(9) 继续使用【矩形工具】在视图中绘制并调整矩形，效果如图10-10所示。

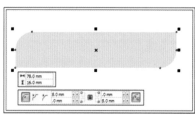

图 10-9　绘制并调整矩形

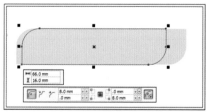

图 10-10　创建相交图形

(10) 使用快捷键F11打开【渐变填充】对话框，参照图10-11，在对话框中设置渐变颜色，然后单击【确定】按钮，创建渐变填充效果。

(11) 使用快捷键F12打开【轮廓笔】对话框，然后在对话框中调整轮廓颜色和大小，为图形创建轮廓，效果如图10-12所示。

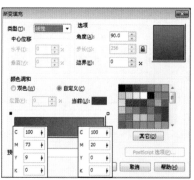

图 10-11　【渐变填充】对话框

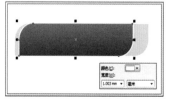

图 10-12　创建轮廓色

(12) 使用【矩形工具】绘制白色填充矩形，然后使用【形状工具】调整矩形形状，效果如图10-13所示

(13) 使用【透明度工具】调整图像的透明度，效果如图10-14所示。

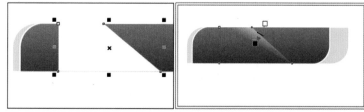

图 10-13　创建梯形

图 10-14　创建透明图像

➡（14）复制步骤（13）创建的透明图像，参照图 10-15，继续使用【透明度工具】调整图像的透明度。

➡（15）继续复制并调整透明图形的位置，然后使用【文本工具】添加文字信息，效果如图 10-16 所示。

图 10-15　调整透明度

图 10-16　添加文字

➡（16）完成本实例的制作，效果如图 10-17 所示。

图 10-17　完成效果图

实例 11　教育名片设计

1. 实例特点
本实例简单大方，用色块作为名片的装饰图形，具有很强的视觉冲击力。

2. 注意事项
在绘制简单色块的时候，注意把握好层次关系。

3. 操作思路
首先创建名片大小的矩形，然后使用【钢笔工具】绘制色块装饰图形，最后添加文字信息，完成实例的制作。

最终效果图

路径：光盘 :\Chapter 05\ 教育名片 .cdr

具体步骤如下：

（1）创建一个宽度为 184mm，高度为 47mm，分辨率为 300 像素／英寸的新文档。

（2）选择工具箱中的【矩形工具】绘制灰色（C：0，M：0，Y：0，K：10）填充矩形，并参照图 11-1，在其属性栏中调整矩形大小。

（3）使用快捷键 Ctrl+C 和 Ctrl+V 原地复制矩形，参照图 11-2，调整矩形的大小和形状，该矩形就是刀版，即成品尺寸。

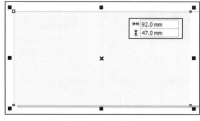

图 11-1　绘制矩形

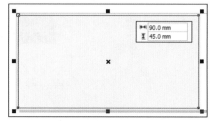

图 11-2　创建刀版

（4）参照图 11-3，使用【钢笔工具】绘制不规则形状，并填充实色。

（5）继续使用【钢笔工具】绘制不规则形状，并填充颜色为黑色，效果如图 11-4 所示。

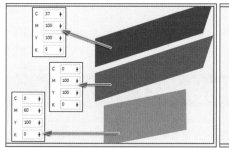

图 11-3　绘制彩色图形

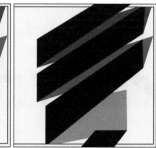

图 11-4　绘制黑色图形

（6）使用快捷键 Ctrl+PgDn 将黑色图形放置在彩色图形的下方显示，效果如图 11-5 所示。

（7）复制前面创建的背景图形，执行【效果】|【图像精确剪裁】|【置于图文框内部】命令，将彩色装饰图形放置在灰色矩形中，然后单击图形底部的【停止编辑内容】按钮，完成操作，效果如图 11-6 所示。

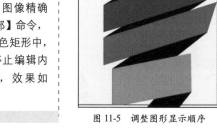

图 11-5　调整图形显示顺序

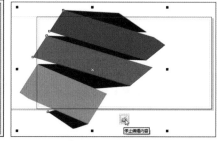

图 11-6　制作背面背景

（8）参照图 11-7，使用【文本工具】创建文字信息，完成本实例的制作。

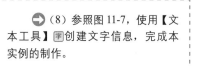

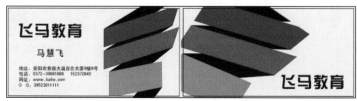

图 11-7　完成效果图

第 **6** 章

卡通形象和插画设计

CorelDRAW 软件非常适合绘制矢量类的卡通形象或插画设计，无论是艳丽的色彩、多变的造型、还是造型非常复杂的图形，都可以利用其强大的绘制、编辑功能来——实现。本章将带领大家一起来进行卡通形象和插画设计的绘制创作。

01 | 热气球插画设计

1. 实例特点

画面清新、简洁，通过调整图形颜色，创建出具有立体感和空间感的图形。

2. 注意事项

在【轮廓笔】对话框中选中【填充之后】和【随对象缩放复选框】后，描边会在颜色填充之后，并且会随图形一起放大或缩小。

3. 操作思路

整个实例将分为 4 个部分进行制作，首先使用图形相交的方法绘制热气球图形，其次使用【艺术笔工具】 和【钢笔工具】 绘制装饰图形，然后使用【钢笔工具】 配合【椭圆形工具】 绘制吊篮和小象，最后使用【椭圆形工具】 和【螺纹工具】 绘制云彩图形装饰背景。

最终效果图

路径：光盘 :\Chapter 06\ 热气球 .cdr

具体步骤如下：

1. 绘制热气球图形

➡ （1）执行【文件】|【新建】命令，打开【创建新文档】对话框，参照图 01-1 设置页面大小，单击【确定】按钮完成设置，即可创建一个新文档。

➡ （2）双击工具箱中的【矩形工具】，贴齐视图创建一个同等大小的矩形。参照图 01-2，设置填充色为粉红色并取消轮廓线的填充。

图 01-1　【创建新文档】对话框

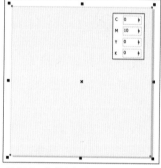

图 01-2　绘制与视图同等大小的矩形

➡ （3）使用工具箱中的【椭圆形工具】在视图中绘制椭圆图形，设置椭圆填充色为绿色，使用快捷键 F12 打开【轮廓】对话框，参照图 01-3，在对话框中设置轮廓色。

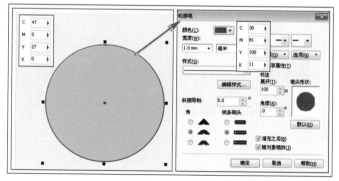

图 01-3　绘制椭圆图形

（4）复制步骤（3）创建的椭圆图形并取消填充色，参照图 01-4，调整椭圆的形状及位置。

（5）配合键盘上的 Shift 键同时选中步骤（4）复制的两个椭圆图形，然后单击属性栏中的【相交】按钮，创建新图形，效果如图 01-5 所示。

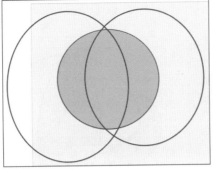
图 01-4　复制椭圆图形

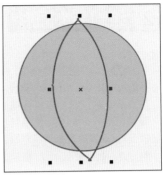
图 01-5　创建相交图形

（6）选中椭圆和步骤（5）创建的图形，继续单击属性栏中的【相交】按钮，创建新图形，参照图 01-6，为图形填充深绿色。

（7）继续使用【椭圆形工具】绘制椭圆，并使用快捷键 Ctrl+Q 将图形转换为曲线，然后参照图 01-7，使用工具箱中的【形状工具】调整椭圆形状。

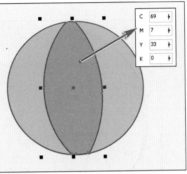
图 01-6　为创建的相交图形填充颜色

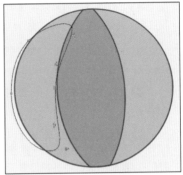
图 01-7　调整椭圆形状

（8）同时选中绿色椭圆和步骤（7）创建的图形，单击属性栏中的【相交】按钮，创建新图形，并填充颜色为淡绿色，取消轮廓线的填充，效果如图 01-8 所示。

（9）使用前面介绍的方法，继续创建椭圆形和绿色椭圆相交图形，并填充颜色为淡绿色，效果如图 01-9 所示。

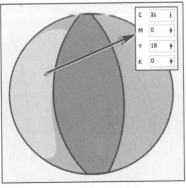
图 01-8　创建相交图形

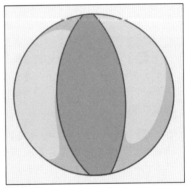
图 01-9　继续创建相交图形

（10）继续绘制椭圆形与深绿色图形相交，并填充颜色为粉绿色，效果如图 01-10 所示。

（11）选中工具箱中的【艺术笔工具】，设置笔触效果为倒数第 5 个选项，然后在视图中进行绘制，效果如图 01-11 所示。如果绘制的笔触不是那么完美，可使用【形状工具】调整笔触的形状。

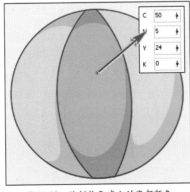
图 01-10　绘制热气球上的亮部颜色

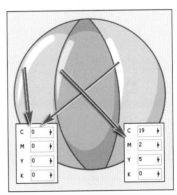
图 01-11　绘制高光图形

2. 绘制装饰图形

（1）使用【椭圆形工具】◎绘制椭圆图形，并设置填充色为浅红色，添加与绿色椭圆相同的描边效果，然后使用快捷键 Ctrl+PgDn 调整图形到绿色椭圆形的后方，效果如图 01-12 所示。

（2）继续使用【椭圆形工具】◎绘制椭圆图形，并使其与步骤（1）绘制的图形相交，参照图 01-13，为相交得到的图形填充粉红色，并取消轮廓线的填充。

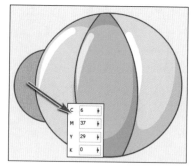

图 01-12　绘制椭圆图形

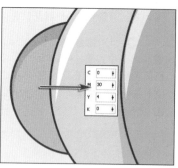

图 01-13　创建相交图形

（3）参照图 01-14，使用【钢笔工具】◎绘制路径。

（4）使用快捷键 F12 打开【轮廓笔】对话框，参照图 01-15，在对话框中进行设置，然后单击【确定】按钮，应用轮廓线效果。

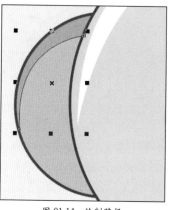

图 01-14　绘制路径

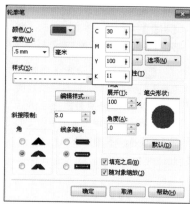

图 01-15　【轮廓笔】对话框

（5）使用工具箱中的【椭圆形工具】◎绘制椭圆图形，取消填充色，并参照图 01-16，调整轮廓线效果。

（6）单击属性栏中的【弧】按钮◎，使用【形状工具】◎调整弧的长度，得到图 01-17 所示的效果。

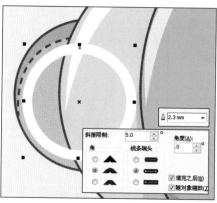

图 01-16　绘制椭圆轮廓

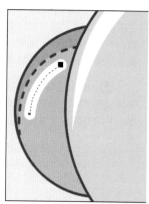

图 01-17　绘制高光

（7）参照图 01-18，使用前面介绍的方法绘制出另一个耳朵图形。

（8）使用【钢笔工具】◎在视图中绘制如图 8-19 所示的装饰线条，增强图形识别性。

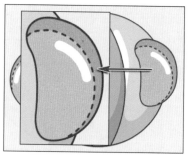

图 01-18　绘制耳朵图形

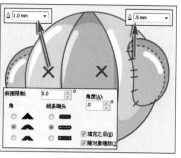

图 01-19　绘制装饰线

（9）参照图 01-20，继续使用【钢笔工具】在视图中绘制鼻子装饰图形。

（10）利用图形的相交创建出鼻子上的高光图形，效果如图 01-21 所示。

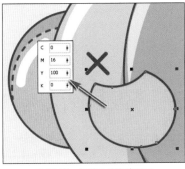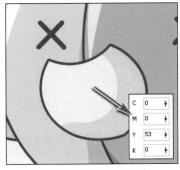

图 01-20　复制鼻子装饰图形　　　　图 01-21　绘制鼻子上的亮部

（11）使用前面介绍的方法创建鼻子上的高光和虚线图形，效果如图 01-22 所示，使用快捷键 Ctrl+G 将热气球图形进行编组。

（12）参照图 01-23，使用【钢笔工具】绘制热气球底部图形。

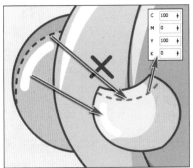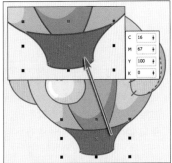

图 01-22　创建鼻子上的装饰图形　　　图 01-23　绘制热气球底部

3. 绘制吊篮和小象

（1）继续使用【钢笔工具】绘制图形，并利用图形的相交创建出热气球底部图形上的高光效果，如图 01-24 所示，使用快捷键 Ctrl+G 将热气球底部图形进行编组。

（2）参照图 01-25，使用【钢笔工具】绘制吊篮形状。

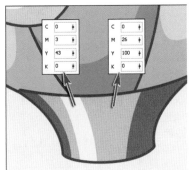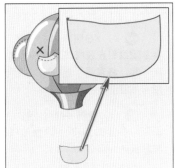

图 01-24　创建高光效果　　　　图 01-25　绘制吊篮图形

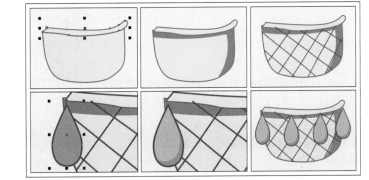

（3）参照图 01-26 的步骤，使用【钢笔工具】绘制吊篮图形上的其他装饰图形，并使用快捷键 Ctrl+G 将吊篮图形进行编组。

图 01-26　绘制吊篮

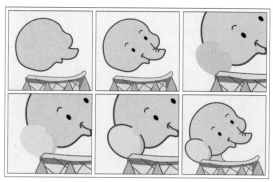

图 01-27　绘制小象的头部图形

(4) 参照图 01-27 所示的步骤，使用【钢笔工具】📷配合【椭圆形工具】◎绘制小象的头部图形。

(5) 参照图 01-28 的步骤，继续使用【钢笔工具】📷配合【椭圆形工具】◎绘制小象的身体和手臂图形，并使用快捷键 Ctrl+G 将小象图形进行编组。

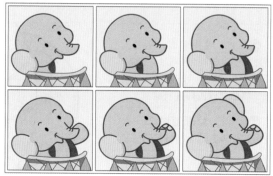

图 01-28　绘制小象的身体和手臂图形

4. 复制并调整热气球丰富背景

(1) 参照图 01-29，使用【钢笔工具】📷绘制直线将热气球和吊篮图形串联在一起，将直线、热气球、热气球底部图形和吊篮图形进行编组。

(2) 复制并缩小步骤 (1) 编组的图形，参照图 01-30，调整热气球的颜色和形状。

图 01-29　绘制连接线　　　图 01-30　复制并调整编组图形

(3) 参照图 01-31 的步骤，使用【钢笔工具】📷配合【椭圆形工具】◎绘制狐狸的脸部和耳朵。

图 01-31　绘制狐狸的脸部和耳朵

（4）参照图 01-32，继续使用【钢笔工具】█配合【椭圆形工具】█绘制狐狸的尾巴，并使用快捷键 Ctrl+G 将狐狸图形进行编组。

图 01-32　将狐狸图形进行编组

（5）将粉色热气球图形和狐狸图形进行编组，参照图 01-33，旋转并调整图形的位置。

（6）使用【椭圆形工具】█配合键盘上的 Shift 键绘制正圆形，参照图 01-34，调整椭圆的填充色为白色，轮廓色为褐色。

图 01-33　调整图形的旋转角度及位置　　图 01-34　绘制正圆形

（7）选中步骤（6）创建的正圆形，单击属性栏中的【合并】按钮█，使正圆形焊接在一起，选择工具箱中的【螺纹工具】█，然后在其属性栏中设置【螺纹回圈】的参数为 2，然后在视图中绘制螺纹形状，复制螺纹形状得到图 01-35 所示的云彩图形，使用快捷键 Ctrl+G 将螺纹和合并图形进行编组。

（8）参照图 01-36，复制并调整云彩的位置丰富背景的层次感，并将云彩图形进行编组。

图 01-35　绘制螺纹图形　　　图 01-36　复制装饰图形

（9）选中步骤（8）创建的云彩图形，执行【效果】|【图框精确剪裁】|【置于图文框内部】命令，将云彩图形放置在粉色矩形中，完成本实例的操作，效果如图 01-37 所示。

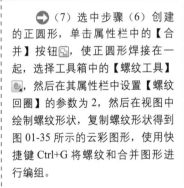

图 01-37　完成效果

161

实例 02 手机壁纸设计

♥ 1. 实例特点

画面简洁、色彩艳丽，通过对图像计算的灵活运用，快速制作出复杂、层次感丰富的图形。

📍 2. 注意事项

在对图形进行修剪的时候，一定要先选中用来裁切的模型，再选中被裁切的图形，然后再进行修剪命令的操作。

💬 3. 操作思路

整个实例分为两个部分进行制作，首先创建渐变填充背景并使用图形的合并创建出人物的头发，其次通过【钢笔工具】📐和【椭圆形工具】◎的应用绘制出任务的五官和手臂以及装饰图形，然后使用图形的合并和相交以及修剪，绘制降落伞、云彩和装饰彩虹图形，丰富背景效果。

最终效果图

路径：光盘 :\Chapter 06\ 手机壁纸 .cdr

具体步骤如下：

1. 创建人物

➡（1）执行【文件】|【新建】命令，打开【创建新文档】对话框，参照图 02-1，设置页面大小，单击【确定】按钮完成设置，即可创建一个新文档。

➡（2）双击工具箱中的【矩形工具】▢，贴齐视图创建一个同等大小的矩形。参照图 02-2，设置填充色为粉红色并取消轮廓线的填充。

图 02-1 【创建新文档】对话框　　图 02-2 【渐变填充】对话框

➡（3）取消步骤（2）创建矩形的轮廓色，参照图 02-3，使用工具箱中的【椭圆形工具】◎分别在视图中绘制椭圆和正圆形。

➡（4）选中步骤（3）创建的椭圆和正圆形，单击属性栏中的【合并】按钮▣，使图形焊接在一起，效果如图 02-4 所示。

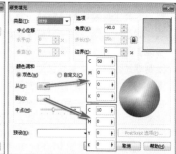

图 02-3 绘制椭圆和正圆图形　　图 02-4 创建合并在一起的图形

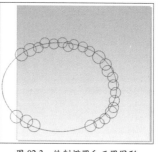

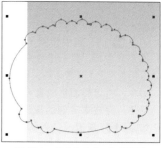

（5）为步骤（4）创建的图形填充褐色，使用快捷键F12打开【轮廓笔】对话框，参照图02-5，调整图形的轮廓。

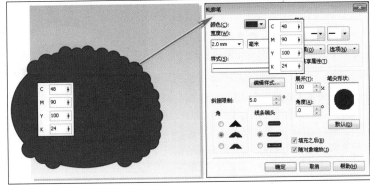

图 02-5　设置图形的颜色和轮廓

（6）参照图02-6，使用【钢笔工具】绘制人物的脸部，并为其填充肉红色，创建与步骤（5）相同的描边效果。

（7）复制并缩小步骤（6）创建的图形，参照图02-7，向下移动图形，取消轮廓色的填充并调整颜色为浅黄色。

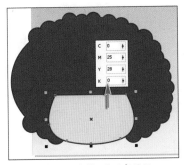 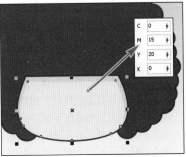

图 02-6　绘制人物脸部图形　　　　图 02-7　复制并缩小图形

（8）参照图02-8，使用【椭圆形工具】绘制椭圆图形，并取消填充色。

（9）选中步骤（8）绘制的椭圆图形，单击属性栏中的【弧】按钮，然后使用【形状工具】调整弧的大小，效果如图02-9所示。

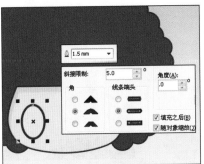 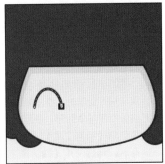

图 02-8　绘制椭圆图形　　　　图 02-9　创建圆弧

（10）参照图02-10，复制并向左移动步骤（9）创建的眼睛图形，使用步骤（9）中的方法创建人物的嘴巴图形，然后使用【椭圆形工具】绘制正圆作为人物的红脸蛋。

（11）选中步骤（10）创建的图形，执行【位图】|【转换为位图】命令，将图形转换为图像，然后执行【模糊】|【高斯式模糊】命令，参照图02-11，在弹出的【高斯式模糊】对话框中进行设置，单击【确定】按钮模糊图像。

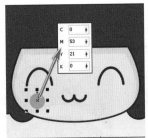 

图 02-10　绘制人物的红脸蛋　　　　图 02-11　将图形转换为图像

➡ （12）复制并向右移动步骤（11）创建的图像，参照图 02-12，使用【钢笔工具】🖊绘制人物的发卡。

➡ （13）参照图 02-13 所示的步骤，使用【椭圆形工具】◯绘制椭圆图形，然后使用【矩形工具】▢绘制矩形，使用矩形作为模型对椭圆进行修剪，创建出半圆形，使用相同的方法创建兔头装饰图形，最后使用【钢笔工具】🖊绘制齐刘海儿上的装饰线。

图 02-12　绘制发卡

图 02-13　绘制装饰图形

➡ （14）接下来绘制人物的手臂和身体，参照图 02-14，首先使用【钢笔工具】🖊绘制人物的手臂，然后使用【椭圆形工具】◯绘制人物的手，调整手和手臂的图像显示顺序，复制并水平翻转创建另一只手臂，最后使用【矩形工具】▢创建人物的身体。

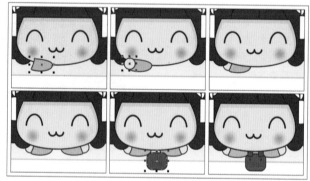

图 02-14　绘制人物手臂和身体

2. 绘制装饰图形

➡ （1）使用快捷键 Ctrl+G 将步骤（14）创建的人物图形进行编组，开始绘制降落伞图形，参照图 02-15，首先使用【钢笔工具】🖊绘制降落伞的形状，然后使用【椭圆形工具】◯绘制椭圆并创建其与降落伞相交的图形，创建出降落伞上的彩色条纹，使用同样的方法创建降落伞的内部形状，最后使用【钢笔工具】🖊绘制降落伞的绳子。

图 02-15　绘制降落伞图形

➡ （2）将步骤（1）创建的降落伞图形进行编组，复制并缩小降落伞图形，使用【矩形工具】▢在降落伞下方绘制矩形装饰图形，效果如图 02-16 所示。

➡ （3）参照图 02-17，使用【椭圆形工具】◯在视图中绘制椭圆图形。

图 02-16　复制降落伞图形

图 02-17　绘制椭圆

➡ （4）创建渐变矩形以外的椭圆与该矩形相交，并设置填充色为白色，即取消填充色，创建云彩底纹，效果如图 02-18 所示。

➡ （5）使用【椭圆形工具】◯绘制正圆，参照图 02-19，同心缩小正圆。

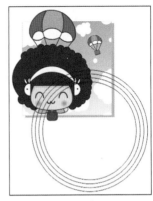

图 02-18　创建云彩底纹　　　　图 02-19　创建同心圆

➡ （6）利用图形的修剪和相交创建出彩虹图形并将其进行编组，选中除渐变矩形以外的所有图形，执行【效果】|【图框精确剪裁】|【置于图文框内部】命令，将其放置在渐变矩形中，完成本实例的制作，效果如图 02-20 所示。

图 02-20　完成效果图

实例 03 | 海底世界插画设计

❤ 1. 实例特点
华丽、时尚是该实例的特点，画面以银色、蓝色作为主色调，通过对【调和工具】🖊的灵活运用，制作出色彩丰富的图形。

📍 2. 注意事项
在使用【调和工具】🖊调整图形的时候，注意设置调和对象的步数。

💬 3. 操作思路
整个实例将分为两个部分进行制作，首先贴齐视图创建一个同等大小的圆角矩形，并创建底纹填充效果，其次绘制大小不同的同心正圆形，使用【调和工具】🖊丰富正圆的颜色，然后通过复制创建好的正圆创建出背景，最后使用【钢笔工具】🖋和【椭圆形工具】◯绘制出鱼图形。

最终效果图

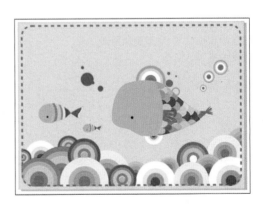

路径：光盘 :\Chapter 06\ 海底世界 .cdr

具体步骤如下：

1. 绘制背景

➡（1）执行【文件】|【新建】命令，打开【创建新文档】对话框，参照图 03-1，设置页面大小，单击【确定】按钮完成设置，即可创建一个新文档。

➡（2）双击工具箱中的【矩形工具】□，贴齐视图创建一个同等大小的矩形。参照图 03-2，设置填充色为粉红色并取消轮廓线的填充。

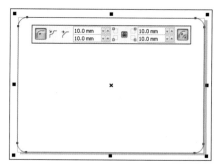

图 03-1　【创建新文档】对话框　　　　图 03-2　创建圆角矩形

➡（3）选择工具箱中的【填充工具】◇在弹出的菜单中选择【底纹填充】选项，参照图 03-3，在弹出的【底纹填充】对话框中设置参数，然后单击【确定】按钮，应用底纹填充效果。

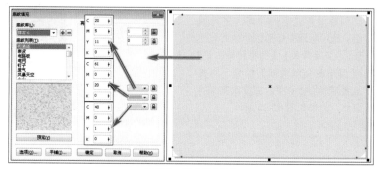

图 03-3　创建底纹填充

➡（4）参照图 03-4，使用【椭圆形工具】○在视图中绘制正圆，复制并缩小正圆，创建出大小不同的同心圆图形，并为其填充实色，取消轮廓线的颜色。

➡（5）使用工具箱中的【调和工具】➟在最大的两个正圆之间进行绘制，并在属性栏中设置调和对象的步数为 1，创建调和图形，效果如图 03-5 所示。

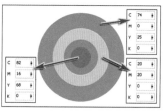

图 03-4　绘制同心圆　　　图 03-5　创建调和图形

➡（6）复制 4 个步骤（5）创建的调和图形，参照图 03-6，分别调整图形的填充色。

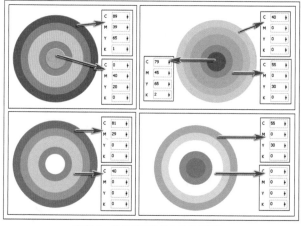

图 03-6　复制并调整调和图形的颜色

（7）参照图 03-7，继续使用【椭圆形工具】在视图中绘制正圆，复制并缩小正圆，创建出大小不同的同心圆图形，并为其填充实色，取消轮廓线的颜色。

（8）使用工具箱中的【调和工具】在粉红色和蓝色两个正圆之间进行绘制，并在属性栏中设置调和对象的步数为 1，创建调和图形，效果如图 03-8 所示。

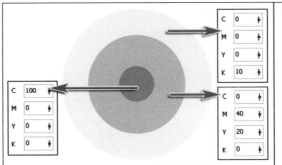

图 03-7 绘制同心圆   图 03-8 创建调和图形

（9）复制步骤（8）创建的调和图形，参照图 03-9，分别调整图形的填充色。

（10）复制前面创建好的调和图形，参照图 03-10，调整其在视图中的位置，选中下方的一堆图形，使用快捷键 Ctrl+G 将图形进行编组。

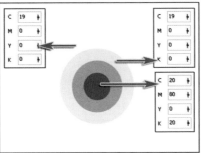
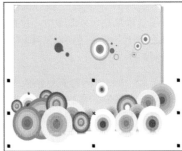

图 03-9 复制并调整调和图形的颜色   图 03-10 复制并调整图形的位置

2. 绘制主题图形

（1）选中步骤（10）的编组图形，然后执行【效果】|【图框精确剪裁】|【置于图文框内部】命令，将图形放置在圆角矩形中，效果如图 03-11 所示。

（2）参照图 03-12，使用【椭圆形工具】在视图中绘制椭圆图形，并分别填充丰富多彩的颜色，创建鱼鳞图形，并使用快捷键 Ctrl+G 将图形进行编组。

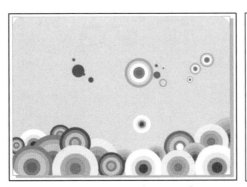
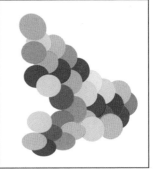

图 03-11 将图像放置在圆角矩形中   图 03-12 绘制鱼鳞

（3）参照图03-13,使用【钢笔工具】 绘制大鱼图形,并填充绿色（C：100、M：0、Y：69、K：0）。

（4）参照图03-14,使用【椭圆形工具】 在鱼的头部绘制椭圆,同时选中椭圆和大鱼图形,单击属性栏中的【相交】按钮 创建鱼头图形,并填充颜色为浅绿色,继续使用【椭圆形工具】 绘制鱼的眼睛。

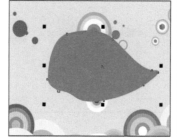
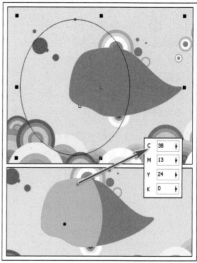

图 03-13　绘制大鱼图形　　　　图 03-14　绘制鱼头

（5）将前面创建好的鱼鳞图形放置在大鱼图形中,并参照图03-15,使用【钢笔工具】 绘制鱼鳍。

（6）使用前面介绍的方法使用【钢笔工具】 配合【椭圆形工具】 ,运用图像的相交,绘制小鱼图形,效果如图 03-16 所示。

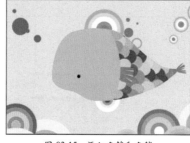

图 03-15　添加鱼鳞和鱼鳍　　　图 03-16　绘制小鱼图形

（7）继续使用【矩形工具】 绘制圆角矩形,参照图 03-17,取消填充色设置轮廓属性。

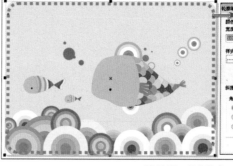

图 03-17　调整轮廓

（8）贴齐视图创建一个同等大小的矩形,然后用步骤（7）创建的图形对矩形进行修剪,并填充与背景相同的底纹效果,调整该图形到最上方显示,完成本实例的制作,效果如图 03-18 所示。

图 03-18　完成效果图

实例 04 | 龙猫插画设计

最终效果图

♥ **1. 实例特点**
　　画面真实色彩丰富，凸显出图形的质感。

📍 **2. 注意事项**
　　在对图像创建网状填充的时候，注意调整锚点的位置，使之贴切形状外轮廓的走向。

💬 **3. 操作思路**
　　整个实例将分为三个部分进行制作，首先通过复制图形、创建渐变填充和底纹填充绘制背景，然后使用【钢笔工具】🖊绘制龙猫形状，并使用【网状填充工具】🔲丰富龙猫的颜色，使其看起来富有真实感，最后使用【椭圆形工具】⭕、【钢笔工具】🖊和【网状填充工具】🔲相结合，绘制草莓装饰图形。

路径：光盘 :\Chapter 06\ 龙猫 .cdr

具体步骤如下：

1. 绘制背景

　　⬇（1）执行【文件】|【新建】命令，打开【新建文档】对话框，参照图 04-1，设置页面大小，单击【确定】按钮完成设置，即可创建一个新文档。

　　⬇（2）双击工具箱中的【矩形工具】🔲，贴齐视图创建一个同等大小的矩形，并填充蓝色（C：26，M：0，Y：0，K：0），参照图 04-2，使用【椭圆形工具】⭕绘制正圆，并配合键盘上的 Shift 键水平向右移动，右击复制正圆形，然后使用快捷键 Ctrl+D 复制一排正圆。

图 04-1　【创建新文档】对话框

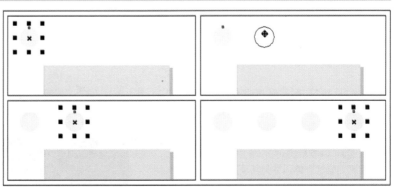

图 04-2　绘制正圆

（3）将步骤（2）创建的正圆形进行编组，配合键盘上的 Shift 键水平向下移动图形，并右击复制出一排正圆形，然后使用快捷键 Ctrl+D 复制多行正圆，分别选中双数行水平向右移动图形，并将正圆图形进行编组，效果如图 04-3 所示。

（4）选中步骤（3）创建的编组图形，执行【效果】|【图框精确剪裁】|【置于图文框内部】命令，将图形放置在矩形中，效果如图 04-4 所示。

图 04-3 复制正圆形

图 04-4 将图形放置在矩形中

（5）参照图 04-5，使用【矩形工具】▢在视图中绘制矩形，单击工具箱中的【填充工具】，在弹出的菜单中选择【底纹填充】选项，在弹出的【底纹填充】对话框中进行设置创建底纹填充效果。

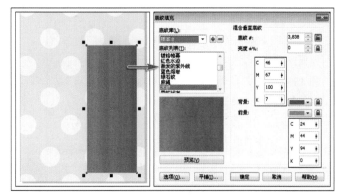

图 04-5 创建底纹填充效果

（6）选中并单击步骤（5）创建的图形，参照图 04-6，配合键盘上的 Ctrl 键旋转图像，选中木纹和背景图形，使用快捷键 B、T 对齐图形。

（7）继续使用【矩形工具】▢在视图中绘制矩形，单击工具箱中的【填充工具】在弹出的菜单中选择【渐变填充】选项，参照图 04-7，在弹出的【渐变填充】对话框中设置渐变颜色，然后单击【确定】按钮，应用渐变填充效果。

图 04-6 旋转图形

图 04-7 绘制渐变填充图形

2. 绘制龙猫图形

（1）复制并缩小步骤（7）创建的渐变矩形，参照图 04-8，调整图形的位置。

（2）参照图 04-9，使用【钢笔工具】绘制龙猫的身体，并为其填充灰褐色。

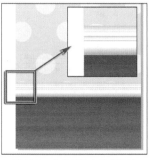

图 04-8 复制并缩小渐变矩形

图 04-9 绘制龙猫身体

（3）选中步骤（2）绘制好的图形，单击工具箱中的【网状填充工具】，图形上即出现网格虚线，参照图 04-10，在视图中移动锚点的位置，选中锚点后单击信息栏中的填充色块，可调整描点周围的颜色。

（4）参照图 04-11，使用前面介绍的方法，继续使用【钢笔工具】绘制龙猫的耳朵，然后为其添加网格填充效果，调整图形的显示顺序，使用相同的方法绘制出龙猫的另一只耳朵。

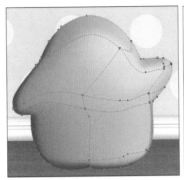

图 04-10　创建网状填充

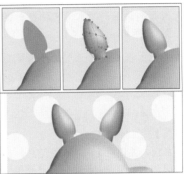

图 04-11　绘制龙猫的耳朵

（5）下面开始绘制龙猫的眼睛，参照图 04-12 所示的步骤，首先使用【钢笔工具】绘制白色眼球，并使用【阴影工具】为白色眼球添加阴影，强调图形立体感，其次使用【椭圆形工具】绘制眼球，并使用【网状填充工具】调整眼球的颜色，然后继续使用【椭圆形工具】绘制眼球上的高光，并为其创建渐变填充效果，最后将眼睛图形群组，并为其创建阴影效果，使用同样的方法创建出另一只眼睛。

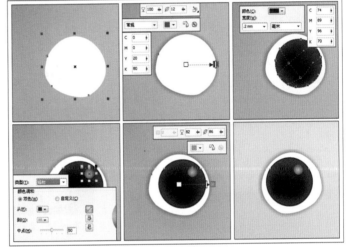

图 04-12　绘制龙猫的眼睛

（6）使用【椭圆形工具】绘制正圆，然后使用快捷键 F11，参照图 04-13，在打开的【渐变填充】对话框中调整渐变颜色，然后单击【确定】按钮，创建径向渐变填充。

（7）选中步骤（6）创建的图形，选择工具箱中的【透明度工具】，参照图 04-14，在属性栏中调整参数，调整图形的透明度。

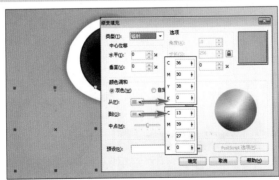

图 04-13　创建径向渐变填充

图 04-14　调整图形透明度

（8）参照图 04-15，使用【钢笔工具】■绘制龙猫的胡须，并分别填充灰色和灰色到黑色的渐变。

（9）复制前面绘制好的龙猫脸蛋和胡须图形，水平镜像翻转图形，如图 04-16 所示。

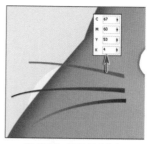

图 04-15　绘制龙猫胡须　　　图 04-16　复制龙猫的脸蛋和胡须

（10）参照图 04-17，使用【钢笔工具】■绘制龙猫的嘴巴图形，填充颜色为白色，并使用【网状填充工具】■调整嘴巴边缘的颜色，最后使用【钢笔工具】■绘制直线，绘制出龙猫的牙齿，使用快捷键 Ctrl+G 将龙猫的五官进行编组。

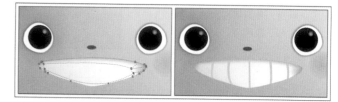

图 04-17　绘制龙猫的嘴巴

（11）继续使用【钢笔工具】■绘制龙猫的肚子，并使用【网状填充工具】■调整肚子上的颜色，效果如图 04-18 所示。

（12）使用【钢笔工具】■绘制龙猫肚子上的装饰图形，并参照图 04-19，为其填充不同的颜色。

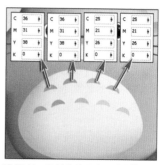

图 04-18　绘制龙猫的肚子　　　图 04-19　绘制龙猫肚子上的装饰图形

（13）参照图 04-20，使用前面介绍的方法，绘制出龙猫耳朵上的鬃毛和爪子，最后将龙猫图形进行编组。

图 04-20　绘制龙猫耳朵上的鬃毛和爪子

（14）参照图 04-21，使用【椭圆形工具】■在龙猫底部绘制黑色椭圆，然后执行【位图】|【装换为位图】命令，将图形转换为图像，继续执行【位图】|【模糊】|【高斯式模糊】命令，在弹出的【高斯式模糊】对话框中设置参数，然后单击【确定】按钮，应用高斯模糊效果，创建出投影效果。

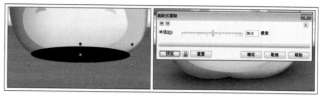

图 04-21　创建投影效果

3. 绘制装饰图形

（1）参照图 04-22，使用【钢笔工具】🖊和【椭圆形工具】⭕绘制出草莓的形状，然后使用【网状填充工具】▦调整草莓的颜色，最后将草莓图形进行编组。

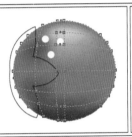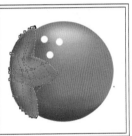

图 04-22　绘制草莓图形

（2）复制步骤（11）创建的草莓图形，参照图 04-23，调整草莓的位置，使用前面介绍的方法为草莓创建投影效果，增强视图的空间感，完成本实例的制作。

图 04-23　完成效果图

实例 05 ｜ 饮料吉祥物

最终效果图

♥ 1. 实例特点

画面清新，色调干净，使用【透明度工具】🅣调整图形的不透明度，丰富图形的质感使其晶莹剔透。

📍 2. 注意事项

在创建一些较为复杂的图形时，可利用将图形进行编组等操作，很好地提高工作效率。

💬 3. 操作思路

整个实例将分为两个部分进行制作，首先利用图形的相交制作出背景，然后使用【钢笔工具】🖊、【椭圆形工具】⭕和【透明度工具】🅣绘制饮料吉祥物图形。

路径：光盘:\Chapter 06\ 饮料 .cdr

具体步骤如下：

1. 绘制背景

➡（1）执行【文件】|【新建】命令，打开【新建文档】对话框，参照图 05-1，设置页面大小，单击【确定】按钮完成设置，即可创建一个新文档。

➡（2）双击工具箱中的【矩形工具】📄，贴齐视图创建一个同等大小的矩形，并填充灰色，使用小键盘上的"+"原地复制矩形，参照图 05-2，缩小矩形的高度，并调整填充色为绿色。

图 05-1　【创建新文档】对话框

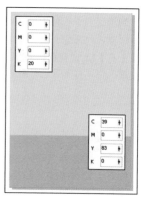

图 05-2　绘制矩形色块

➡（3）参照图 05-3，使用【椭圆形工具】📄绘制椭圆，同时选中椭圆和绿色矩形，单击属性栏中的【相交】按钮，创建新图形，并设置填充色为黄色（C：0，M：26，Y：62，K：0）。

➡（4）使用【矩形工具】📄在绿色矩形的上方绘制矩形，并分别填充白色和白色到灰色的线性渐变，效果如图 05-4 所示。

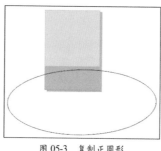

图 05-3　复制正圆形

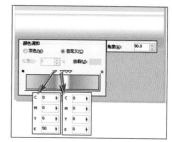

图 05-4　绘制颜色填充矩形

2. 绘制饮料图形

⬇（1）参照图 05-5，继续使用【矩形工具】📄在视图中绘制矩形装饰线条，丰富背景的颜色，使用快捷键 Ctrl+G 将视图中的所有图形进行编组。

⬇（2）使用【钢笔工具】📄绘制饮料瓶身，参照图 05-6，分别设置填充色和轮廓属性。

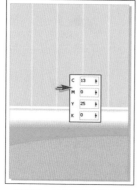

图 05-5　绘制矩形装饰线条

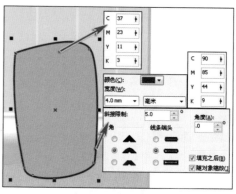

图 05-6　绘制饮料瓶身

（3）参照图 05-7，使用【椭圆形工具】◯绘制饮料瓶盖，调整其到瓶身图形的后方，然后使用【钢笔工具】◎绘制瓶盖图形的边缘，设置填充色为白色，并创建与步骤（2）相同的描边效果。

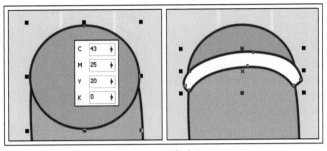

图 05-7　旋转图形

（4）接下来开始绘制瓶身上的光感效果，参照图 05-8 所示的步骤，首先使用【钢笔工具】◎绘制图形，创建该图形与瓶身的相交图形，填充颜色为灰色，然后继续绘制不规则图形，创建其与瓶身的相交图形，填充颜色为白色，并使用【透明度工具】◎调整图像的透明度，最后使用【钢笔工具】◎和【椭圆形工具】◯绘制饮料的眼睛、嘴巴和牙齿图形。

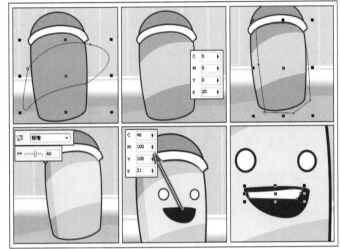

图 05-8　绘制瓶子身体上的色块

（5）接下来开始绘制五官的阴影和高光，参照图 05-9，首先使用【钢笔工具】◎和【椭圆形工具】◯绘制五官的阴影，将阴影图形进行编组并调整其到五官图像的后方，然后使用【钢笔工具】◎绘制五官的高光，将高光图形进行编组，填充颜色为白色并调整其到阴影图像的后方，最后使用【钢笔工具】◎绘制不规则图形，创建其与嘴巴相交图形，绘制出饮料的舌头。

图 05-9　丰富五官的颜色

（6）下面开始美化牙齿，参照图 05-10，首先使用【钢笔工具】◎绘制牙齿上的阴影，然后绘制直线强调牙齿缝隙。

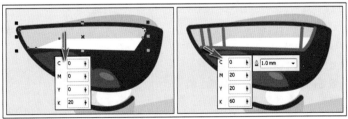

图 05-10　丰富牙齿图形

（7）参照图 05-11，继续使用【钢笔工具】绘制瓶身上的高光，然后绘制不规则图形使之与瓶子上的亮部相交，调整相交图形的颜色，并将其放在瓶子上亮部色块的后方，然后使用【透明度工具】调整左边高光为渐变透明。

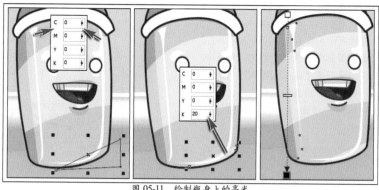

图 05-11　绘制瓶身上的高光

（8）参照图 05-12，继续使用【透明度工具】调整右方高光图像的透明度。

（9）参照图 05-13 所示的步骤，绘制瓶盖边缘的光感效果，首先使用【钢笔工具】绘制不规则图形，并创建其与白色瓶盖边缘相交图形，填充颜色为浅蓝色，然后继续绘制光斑图形，并将光斑图形进行编组。

图 05-12　调整高光透明度

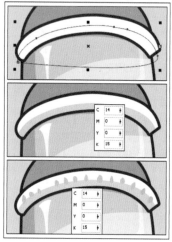

图 05-13　绘制瓶盖边缘的光感效果

（10）下面开始绘制瓶盖上的光感效果，参照图 05-14 所示的步骤，首先使用【钢笔工具】绘制瓶盖上的浅色块，然后绘制不规则图形，并创建其与椭圆图形的相交图形，填充颜色为蓝色，其次使用【透明度工具】调整该图形的透明度，然后使用【椭圆形工具】绘制椭圆图形，并调整图形的渐变，最后继续绘制图形与椭圆相交，设置填充色为白色，取消轮廓色的填充。

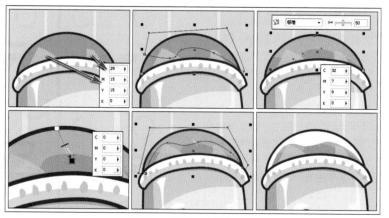

图 05-14　绘制瓶盖上的光感效果

（11）下面开始绘制吸管，参照图 05-15 所示的步骤，首先使用【钢笔工具】绘制出吸管的形状，然后绘制吸管上的亮部，最后绘制吸管褶皱部分。

图 05-15　绘制吸管

（12）参照图 05-16，使用前面介绍的方法，使用【椭圆形工具】◯绘制椭圆并通过调整椭圆的透明度创建出吸管上的高光效果，然后继续使用【钢笔工具】绘制粉色吸管形状。

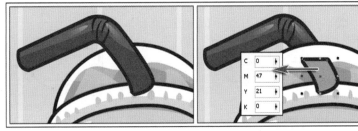

图 05-16　绘制吸管上的高光

（13）使用快捷键 Ctrl+PgDn 调整图形至瓶盖上白色高光图形的后方显示，效果如图 05-17 所示。

（14）参照图 05-18，使用【钢笔工具】绘制人物的手。

图 05-17　调整图形显示顺序

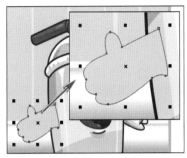

图 05-18　绘制手的形状

（15）接下来参照图 05-19 所示的步骤，开始绘制手的光感效果，并将图形进行编组。

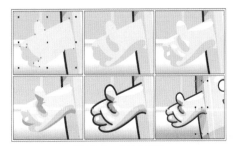

图 05-19　绘制手图形

（16）下面参照图 05-20 所示的步骤，绘制出另一只手。

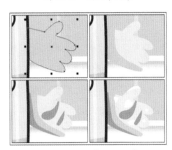

图 05-20　绘制另一只手

（17）参照图 05-21，使用【钢笔工具】绘制手的轮廓，并对步骤（16）和当前绘制的图形进行编组。

（18）参照图 05-22，继续使用【钢笔工具】绘制出人物的脚，填充颜色为灰蓝色（C：37，M：23，Y：11，K：3），然后使用图形相交的方法创建出脚上的白色和灰色（C：0，M：0，Y：0，K：20）色块。

图 05-21　将图形编组

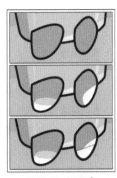

图 05-22　绘制脚

（19）参照图05-23，使用【透明度工具】 调整右脚上的白色色块。

（20）使用【椭圆形工具】 在吉祥物的底部绘制椭圆，并参照图05-24，调整图形的颜色和透明度。

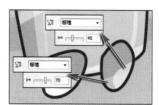
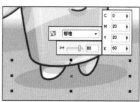

图 05-23　调整图形透明度　　　　图 05-24　绘制椭圆

（21）使用前面介绍的方法，继续绘制椭圆，设置填充色为深褐色（C:0，M：20，Y：20，K：60），调整透明度参数为50，最后将吉祥物和阴影图形进行编组，完成本实例的制作，效果如图05-25所示。

图 05-25　完成效果图

实例 **06** 卡通吊牌

最终效果图

1. 实例特点

潮流、个性、富有艺术气息是该实例的特点，画面精巧，通过复制正圆形创建出背景上的蕾丝花边效果，背景的细致衬托出主题的精致。

2. 注意事项

在绘制有规律的复杂图像的时候，注意找到图像的规律，用简单容易操作的方法来创建图像。

3. 操作思路

整个实例将分为两个部分进行制作，首先绘制圆角矩形并创建双色图样填充效果，通过绘制和复制正圆创建出花朵素材，然后通过复制花朵素材创建出蕾丝花边效果，接下来使用【钢笔工具】 和【椭圆形工具】 绘制卡通松鼠图形，完成本实例的制作。

路径：光盘 :\Chapter 06\ 卡通吊牌 .cdr

具体步骤如下：

1. 绘制背景

➡（1）执行【文件】|【新建】命令，打开【新建文档】对话框，参照图06-1，设置页面大小，单击【确定】按钮完成设置，即可创建一个新文档。

➡（2）双击工具箱中的【矩形工具】▢，贴齐视图创建一个同等大小的矩形，然后选择【形状工具】，参照图06-2，在属性栏中调整参数，创建圆角矩形。

图 06-1 【创建新文档】对话框　　图 06-2 绘制圆角矩形

➡（3）选中步骤（2）创建的圆角矩形，单击工具箱中的【填充工具】，在弹出的菜单中选择【图样填充】选项，参照图06-3，在弹出的【图样填充】对话框中调整图案的颜色，然后单击【确定】按钮，创建图样填充效果。

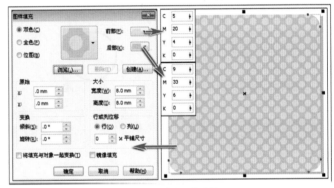

图 06-3 填充双色图样

➡（4）复制并配合 Shift 键缩小前面创建的圆角矩形，调整填充色为白色，效果如图06-4 所示。

➡（5）参照图06-5，使用【椭圆形工具】配合键盘上的 Ctrl 键绘制正圆，并使用最小的圆减去稍大的圆，创建圆环图形。

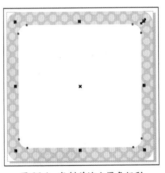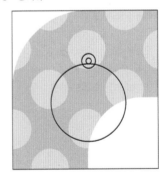

图 06-4 复制并缩小圆角矩形　　图 06-5 绘制正圆及圆环

➡（6）继续上一步的操作，参照图06-6，首先双击圆环调整中心点至大圆中心位置，旋转圆环并右击复制圆环图形，其次使用快捷键Ctrl+D复制一圈圆环图形，然后选中所有正圆及圆环，单击属性栏中的【合并】按钮，将图形焊接在一起，单击属性栏中的【垂直镜像】按钮，水平翻转图形，接下来复制并缩小合并的图形，并使用小的合并图形减去大的合并图形，继续缩小合并图形，最后使用正圆修剪最小的合并图形，完成花朵的绘制。

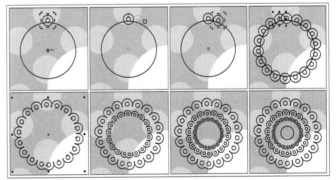

图 06-6 绘制花朵图形

（7）为步骤（6）创建的图形填充白色，并取消轮廓色，使用快捷键 Ctrl+G 对花朵图形进行编组，水平向右复制花朵创建出花边图形，效果如图 06-7 所示。

（8）复制步骤（7）创建的花边图形，调整图形的旋转角度创绘制出花边效果，如图 06-8 所示。

图 06-7　复制花朵图形　　　　　　图 06-8　绘制花边

2. 绘制卡通松鼠

（1）接下来为吊牌打孔，参照图 06-9，首先使用【椭圆形工具】◯绘制一个正圆，同时选中正圆和双色填充圆角矩形，使用快捷键 T、L 使图形向上和向左对齐，然后在属性栏中设置微调距离参数，选中正圆使用方向键向左和向下移动图像，将视图中的所有图形进行编组。

（2）接下来开始绘制吊牌上的卡通图形，参照图 06-10，首先使用【钢笔工具】◐绘制松鼠的基本形态，填充颜色为褐色（C：52，M：82，Y：94，K：26）并取消轮廓线的颜色。

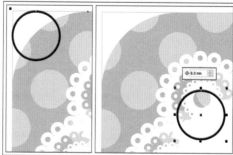

图 06-9　为吊牌打孔　　　　　　图 06-10　绘制松鼠的基本图形

（3）下面开始为松鼠图形上色，参照图 06-11，首先使用【钢笔工具】◐绘制松鼠头部，设置填充色为粉红色（C：0，M：54，Y：27，K：0），其次继续绘制不规则图形并创建其与头部相交的图形，设置填充色为黄色（C：0，M：0，Y：27，K：0），然后绘制松鼠的身体和前肢，最后继续使用图形相交的方法绘制出松鼠的后肢。

图 06-11　为松鼠上色

（4）下面参照图 06-12 所示的步骤，绘制松鼠的尾巴。

图 06-12 绘制松鼠的尾巴

（5）参照图 06-13，使用【椭圆形工具】⊙绘制黑色眼睛，并将椭圆转换为曲线，调整椭圆形状，然后继续绘制白色正圆高光，以及脸蛋上的腮红效果。

图 06-13 绘制松鼠眼睛

（6）下面开始绘制松鼠头上的创可贴装饰图形，参照图 06-14，首先使用【钢笔工具】⬚绘制创可贴的轮廓，填充颜色为白色，然后利用图形相交的方法绘制出创可贴中间的药物部分。

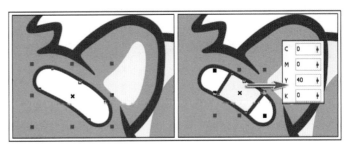

图 06-14 绘制松鼠头上的创可贴装饰

（7）参照图 06-15，继续使用【钢笔工具】⬚绘制松鼠的鼻子，然后使用【椭圆形工具】⊙绘制白色正圆作为鼻子上的高光。

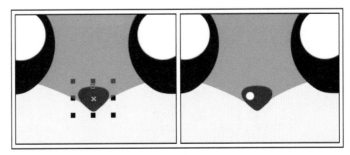

图 06-15 绘制松鼠鼻子

（8）参照图 06-16，使用【椭圆形工具】⊙绘制椭圆并单击属性栏中的【弧】按钮⬚，创建圆弧图形，然后使用【形状工具】⬚在视图中调整弧的大小。

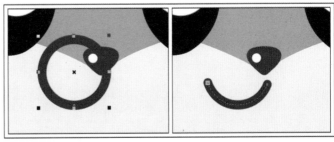

图 06-16 绘制松鼠嘴巴

➡ (9) 使用步骤 (8) 介绍的方法，分别绘制松鼠的嘴巴和眉毛图形，效果如图 06-17 所示。

➡ (10) 最后使用【钢笔工具】🖊在松鼠上肢和尾巴处绘制装饰线条，完成本实例的制作，效果如图 06-18 所示。

图 06-17　绘制眉毛和嘴巴

图 06-18　完成效果图

第7章
宣传页设计

宣传单页的规格通常以大 16K 为主，纸张一般采用 128g、157g 铜版纸，正反面彩色印刷而成。宣传单页是对事先选定的目标对象直接实施广告，广告接受者容易产生其他传统媒体无法比拟的优越感，使其更自主关注产品，所以又称为 dm 直投广告、dm 单页等。本章将从艺术教育、房地产、超市、餐饮等行业入手，带领读者一起来了解宣传单页的制作过程。

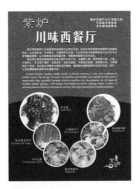

实例 01 | 少儿舞蹈招生

最终效果图

💗 **1. 实例特点**

　　该实例配色简洁，时尚而又不失活泼，可应用于舞蹈培训等商业应用中。

📍 **2. 注意事项**

　　红丝带和少儿图像素材需要在 Photoshop 中处理为透明背景。

💬 **3. 操作思路**

　　使用【矩形工具】□构建版面框架；使用【渐变工具】■来完成背景的处理；使用【透明度工具】☑为对象添加透明度；使用文字工具处理美工文字和段落文本。

路径：光盘 :\Charter 07\ 舞蹈培训 .cdr

具体步骤如下：

　　（1）执行【文件】|【新建】命令，新建一个 A4 大小的新文件，在属性栏设置当前页面尺寸大小为 210mm×285mm，即印刷中的常用大 16K 尺寸。

⬇ （2）双击工具箱中的【矩形工具】□，生成一个矩形框，然后按 F11 键，打开【渐变填充】对话框，选择【线性】渐变，【渐变角度】设置为97，【边界】设为3，选择自定义设置渐变颜色，5个色值从左到右依次为（M：100、C：20）；（M：80）；（K：20、M：60）；（Y：100、Y：100、C：400）；（Y：100）。渐变设置如图 01-1 所示，填充后的效果如图 01-2 所示。

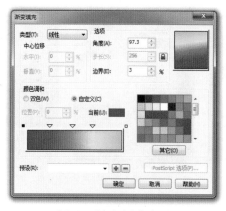

图 01-1　【渐变填充】对话框

图 01-2　填充颜色

（3）右击调色板上的⊠，去除矩形的轮廓边。使用【矩形工具】▢绘制矩形，填充白色，在属性栏上设置圆角半径为6mm。并去除轮廓线，如图01-3所示。

（4）按F8键，使用【文本工具】字输入文字，并调整大小，填充颜色为（M：100），如图01-4所示。

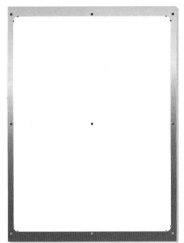

图01-3　设置圆角矩形

图01-4　输入文字

（5）运用同样的方法，使用【文本工具】字处理其他的文字。制作出的效果如图01-5所示。

（6）使用【选择工具】，选择"舞"字，按小键盘上面的"+"键复制一个副本。在属性栏上面选择【垂直镜像】，然后移动到下方位置。使用【透明度工具】，自上向下拖动，创建淡化倒影效果，如图01-6所示。

图01-5　输入文字并调整大小

图01-6　添加倒影

（7）按Ctrl+I键，导入一张素材图片。按Ctrl+PgDn键，将图片置于"舞"字的后面，如图01-7所示。

（8）按Ctrl+I键，导入少儿的图片，使用【透明度工具】处理倒影效果，如图01-8所示。

图01-7　置入图片

图01-8　置入图片并添加倒影

（9）使用【矩形工具】
□绘制矩形，按 F11 键，设置
渐变填充，【颜色调和】设置
【双色】，色值从（M：100）
到（C：20；M：80；K：20）。
渐变设置如图 01-9 所示，填充
后的效果如图 01-10 所示。

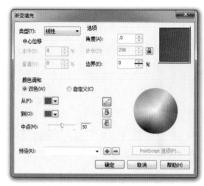

图 01-9　渐变设置

图 01-10　填充效果

（10）使用【文本工
具】字在矩形框上面输入文字，
然后拖动绘制矩形框，输入文
字，在属性栏上面设置字号为
8pt。按 Ctrl+T 打开【文本属
性】泊坞窗，设置对齐方式为
【两端对齐】、段落首行缩进为
6mm、行距为 130%。文本属性
设置如图 01-11 所示，应用后
的效果如图 01-12 所示。

图 01-11　文本属性设置

图 01-12　应用首行缩进

（11）运用同样的方法
处理其他的效果。最后完成效
果如图 01-13 所示。

图 01-13　完成效果图

186

实例 02 | 星月艺术工作室

最终效果图

1. 实例特点

该实例颜色素雅、结构简洁、具有古典气息，适用于艺术教育等商业应用中。

2. 注意事项

调整【文本属性】中的段落属性，应注意版面的整体效果，行距不宜过紧凑，也不宜过于松散。

3. 操作思路

基于花纹矢量素材，构建整个版面的框架；使用【插入字符】来制作图形标志；使用【文本工具】字和【文本属性】泊坞窗来设置美工文本和段落文本属性。

路径：光盘 :\Charter 07\ 星月艺术 .cdr

具体步骤如下：

　　（1）执行【文件】|【新建】命令或者按 Ctrl+N 键，新建一个空白文件，在属性栏上设置当前页面尺寸大小为 210mm×285mm。

➡ （2）双击工具箱中的【矩形工具】□，生成一个矩形框，如图 02-1 所示。

➡ （3）按 Shift+F11 键，打开【均匀填充】对话框，设置填充颜色 Y：10。右击调色板上面，去除矩形的轮廓边，如图 02-2 所示。

图 02-1　生成矩形框　　　　图 02-2　填充颜色

➡ （4）按 Ctrl+I 键，导入一张底纹图片。执行【效果】|【图框精确剪裁】|【置于图文框内部】命令，将底纹图片置入到矩形框中，如图 02-3 所示。

➡ （5）按 Ctrl+I 键，导入花纹素材，如图 02-4 所示。

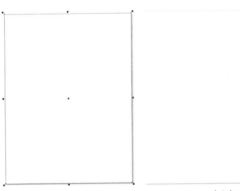

图 02-3　图框精确剪裁　　　　图 02-4　导入花纹

（6）执行【文本】|【插入符号字符】命令，打开【插入字符】泊坞窗，在字体项里面找到 Wingdings 之后，下面会显示出来很多图形，然后找到自己需要的图形单击并拖动到工作区中，如图 02-5 所示。

（7）在属性栏中选择【水平镜像】，然后按 Ctrl+K 拆分图形，并将星形单独放大，如图 02-6 所示。

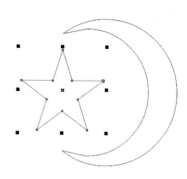

图 02-5　【插入字符】泊坞窗　　　　图 02-6　镜像并放大星形

（8）将图形填充红色，并去除轮廓，使用【文本工具】输入文字信息，并改变字体的大小和颜色，如图 02-7 所示。

（9）按 Ctrl+I 键，导入线条素材。效果如图 02-8 所示。

图 02-7　输入文字并调整　　　　图 02-8　导入素材

（10）按住 Ctrl 键，使用【手绘工具】在工作区中单击，然后水平拖动绘制直线。按 F12 键，设置轮廓笔宽度为 0.2mm，并选择一种虚线样式。轮廓笔设置如图 02-9 所示，应用后的效果如图 02-10 所示。

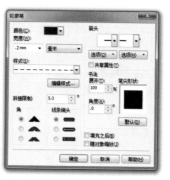

图 02-9　轮廓笔设置　　　　图 02-10　虚线效果

（11）使用【文本工具】在工作区中拖曳，绘制文本框，输入文字信息，在属性栏上面设置文字大小为 8pt。按 Ctrl+T 打开【文本属性】泊坞窗，设置对齐方式为【两端对齐】、段落首行缩进为 6mm、行距为 130%。文本属性设置如图 02-11 所示，应用后的效果如图 02-12 所示。

图 02-11　文本属性设置　　　　图 02-12　应用首行缩进

（12）按 Ctrl+I 键，导入图片素材，如图 02-13 所示。

（13）运用同样的方法，处理其他的文本图片。最终效果如图 02-14 所示。

图 02-13 导入图片　　图 02-14 最终效果

实例 03 秦岭公寓地产

1. 实例特点

该实例颜色以蓝色系为主，结构简单，适用于地产楼盘单页推广等商业应用中。

2. 注意事项

使用【艺术笔工具】绘制地图时，应注意笔势走向，可以多绘制几个图形，找到最佳的为准。

3. 操作思路

使用【矩形工具】构建版面框架，通过属性栏制作【扇形角】；使用【文本工具】处理文字信息；使用【导入】导入需要的花纹素材，最后使用【艺术笔工具】来完成地图的绘制。

最终效果图

路径：光盘 :\Charter 07\ 秦岭公寓 .cdr

具体步骤如下：

（1）执行【文件】|【新建】命令，新建一个空白文件，在属性栏上面设置尺寸为 210mm×285mm。

（2）双击工具箱中的【矩形工具】，生成一个矩形框，如图 03-1 所示。

（3）按 Shift+F11 键，打开【均匀填充】对话框，设置填充颜色（C：100；M：65；K：30）。右击调色板上面的，去除矩形的轮廓边，如图 03-2 所示。

图 03-1 生成矩形框　　图 03-2 填充颜色

（4）使用【矩形工具】□绘制矩形框，并去除轮廓边。按 Shift+F11 键，打开【均匀填充】对话框，设置填充颜色 C：10，如图 03-3 所示。

（5）在工具箱中选择【形状工具】或者按 F10 键，在属性栏上面选择【扇形角】，使用【形状工具】在矩形任意四角拖动可改变扇形的大小。效果如图 03-4 所示。

图 03-3　填充颜色　　　　　图 03-4　创建扇形角

（6）按 Ctrl+I 键，导入矢量素材，设置填充颜色（C：100；M：65；K：30），按 "+" 创建一个副本，然后使用【水平镜像】，如图 03-5 所示。

（7）使用【文本工具】输入文字信息，并改变字体的大小和颜色。按 Ctrl+I 键，导入素材，如图 03-6 所示。

图 03-5　水平镜像　　　　　图 03-6　处理文字信息

（8）选择【艺术笔工具】，在属性栏 "预设" 属性设置笔触宽度为 15mm，并选择一种笔触样式，如图 03-7 所示。

（9）使用【艺术笔工具】在工作区中拖动绘制地图，并填充颜色（C：100；M：65；K：30）。调整后的效果如图03-8所示。

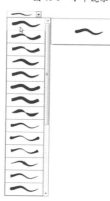

图 03-7　选择笔触样式　　　　图 03-8　绘制地图

（10）按 Ctrl+K 键，打散各个图形，删除笔触中隐藏的线条，保留笔触的路径，如图 03-9 所示。

（11）选择 4 个笔触图形，在属性栏中单击【合并】，将其合并为一个整体。执行【视图】|【线框】模式，可以看到一个整体封闭的图形，如图 03-10 所示。

图 03-9　删除线条　　　　　图 03-10　合并图形

（12）选择【轮廓工具】，在属性栏中设置【外部轮廓】，【轮廓图偏移】设置为 4mm，角类型选择【圆角】。应用后的效果如图 03-11 所示。

（13）按 Ctrl+K 键，打散图形，将轮廓分离，使用【选择工具】单击轮廓边缘，选择轮廓。单击调色板，去除填充色，然后右击调色板上面的蓝色填充，设置蓝色轮廓线。效果如图 03-12 所示。

图 03-11　轮廓偏移　　　　　图 03-12　去除轮廓填充色

（14）按 F12 键，设置轮廓宽度为 0.2mm，并选择一种虚线样式。设置如图 03-13 所示。应用后的效果如图 03-14 所示。

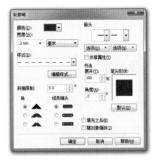

图 03-13　轮廓笔设置

图 03-14　应用轮廓笔

（15）使用【文本工具】🅰 输入文字信息。选择文字并单击，四周出现选择锚点，可对文字进行旋转。添加文字后的效果如图 03-15 所示。

（16）使用【文本工具】🅰 拖动绘制段落文本，输入文字信息。在属性栏中设置文字对齐方式为【居中】。按 Ctrl+I 键，导入花纹素材，最后使用【文本工具】🅰 输入底部的文字信息，最终完成效果如图 03-16 所示。

图 03-15　添加文字

图 03-16　最终效果

实例 04 ｜ 田园别墅

1. 实例特点

该实例主题色调，采用材质图像来铺底，以此体现经典的概念，适用于高档楼盘、别墅社区推广等商业应用中。

2. 注意事项

使用【形状工具】🖝 调节地图曲线时，应注意锚点的走向。

3. 操作思路

运用【导入】功能，将素材资料导入到工作区中；运用【图框精确剪裁】将背景置入矩形框中；使用【文本工具】🅰 输入文字并调节文字大小和颜色；最后使用【手绘工具】🖊 和【形状工具】🖝 完成地图的绘制。

最终效果图

路径：光盘 :\Charter 07\ 田园别墅 .cdr

具体步骤如下：

（1）执行【文件】|【新建】命令，新建一个空白文件，在属性栏上面设置尺寸为 210mm×285mm。

（2）双击工具箱中的【矩形工具】🔲，生成一个矩形框，如图 04-1 所示。

（3）按 Ctrl+I 键，导入一张素材底纹图片。执行【效果】|【图框精确剪裁】|【置入图文框内部】命令。将图像置入到矩形框中。然后右击调色板☒，去除轮廓线，如图 04-2 所示。

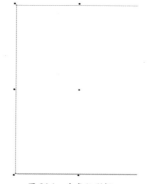
图 04-1　生成矩形框

图 04-2　图框精确剪裁

（4）按 Ctrl+I 键，导入别墅图片。按住 Shift 键，加选背景图，执行【窗口】|【泊坞窗】|【对齐和分布】命令，打开【对齐和分布】泊坞窗，如图 04-3 所示。选择【水平居中对齐】。对齐后的效果如图 04-4 所示。

图 04-3　对齐与分布

图 04-4　水平居中对齐

（5）使用【透明度工具】 在图像上面拖动，为图像添加透明度效果，如图 04-5 所示。

（6）使用【文本工具】输入文字信息。按 Shift+F11 键，打开【均匀填充】对话框，设置填充颜色为（M：100；Y：100；K：80），设置如图 04-6 所示。

图 04-5　添加透明度

图 04-6　【均匀填充】对话框

（7）文字填充颜色后，调节版式，效果如图 04-7 所示。

（8）使用【文本工具】输入其他文字信息，并改变字体的大小和颜色，使用【对齐与分布】泊坞窗，使文字居中在版面中央位置。效果如图 04-8 所示。

图 04-7　应用颜色填充

图 04-8　输入文字

（9）使用【文本工具】⊞输入英文字母和其他文字信息，然后居中文字，效果如图04-9所示。

（10）按Ctrl+I键，导入素材边框与花纹，并设置边框的填充颜色为（M：60；Y：100），效果如图04-10所示。

图04-9 处理文字信息　　　图04-10 边框的处理

（11）使用【文本工具】⊞处理底部其他的文字信息，如图04-11所示。

（12）按住Ctrl键，使用【手绘工具】在工作区中单击，然后水平拖动，绘制直线条。然后使用【形状工具】对线条进行曲线调节，如图04-12所示。

图04-11 处理底部文字　　　图04-12 绘制直线并调节

（13）按F12键，打开【轮廓笔】对话框，设置上下线条的轮廓宽度为0.5mm，内部轮廓线条宽度为0.3mm，设置轮廓颜色为（K：90）。设置如图04-13所示。应用后的效果如图04-14所示。

图04-13 轮廓笔设置　　　图04-14 应用轮廓笔

（14）使用【选择工具】框选线条，执行【排列】|【将轮廓转换为对象】命令，将轮廓线条转换为图形路径。

（15）结合之前的绘制方法，绘制地图上面的竖线条，如图04-15所示。

（16）按住Ctrl键，使用【椭圆形工具】绘制正圆形，放置在图形的交叉位置。使用【文本工具】⊞输入地图上面的文字信息，如图04-16所示。

图04-15 绘制竖线条

图04-16 绘制圆形并处理文字

（17）最终效果如图 04-17 所示。

图 04-17　最终效果

实例 05 ｜ 家居超市

♥ 1. 实例特点

该实例喜庆且大气，适用于家居、饰品小超市新开业等商业应用中。

⊙ 2. 注意事项

使用【渐变填充】，通过调节渐变角度可以获得不同的视觉效果。

💬 3. 操作思路

通过一幅素材底图来着重强调"隆重开业"的概念。使用【透明度工具】🔲来突出logo的立体效果；使用【插入符号字符】功能，可以找到礼包矢量框架图，使用【渐变填充】为礼包创建立体效果。

最终效果图

路径：光盘 :\Charter 07\ 家居超市 .cdr

具体步骤如下：

（1）执行【文件】|【新建】命令，新建一个 A4 大小的新文件，在属性栏中设置尺寸为 210mm×285mm。

（2）按 Ctrl+I 键，导入一张素材底纹图片。在属性栏中设置图像的尺寸为 210mm×285mm。执行【窗口】|【泊坞窗】|【对齐与分布】命令。打开【对齐与分布】泊坞窗，先选择【垂直居中对齐】，激活【页面中心】选项，然后再选择【水平居中对齐】。设置如图 05-1 所示。居中对齐后的效果如图 05-2 所示。

图 05-1　【对齐与分布】泊坞窗　　　图 05-2　使图像居中

（3）按 Ctrl+I 键，导入烟花素材，如图 05-3 所示。

（4）使用【矩形工具】▢绘制矩形框，用【形状工具】◺在矩形上单击，在属性栏中设置圆角半径为 5mm，如图 05-4 所示。

图 05-3　导入烟花素材

图 05-4　设置圆角半径

（5）按 F11 键，打开【渐变填充】对话框，设置线性渐变，颜色从（C：20；M：80；K：20）至（M：100），其他设置如图 05-5 所示。应用渐变填充后的效果如图 05-6 所示。

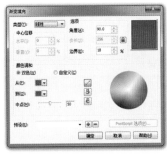

图 05-5　渐变填充设置

图 05-6　应用渐变填充

（6）使用【钢笔工具】在矩形的右下位置绘制三角形，如图 05-7 所示。

（7）按住 Shift 键加选矩形。在属性栏中选择【合并】，将矩形与三角形合并为一个整体，如图 05-8 所示。

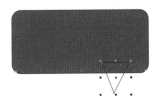

图 05-7　绘制三角形

图 05-8　合并

（8）右击调色板上的⊠，去除轮廓。按小键盘上的"+"键，创建副本，并填充黑色。按 Ctrl+PgDn 置于底层，按方向键移动图形，形成立体感，如图 05-9 所示。

（9）选择前面的渐变图形，按"+"键，创建副本，并缩小对象，然后填充白色。使用【透明度工具】在白色对象上面拖动，形成透明度效果，如图 05-10 所示。

图 05-9　创建副本

图 05-10　添加透明度

（10）使用【文本工具】输入文字，并填充红色（M：100；Y：100），如图 05-11 所示。

（11）按 F12 键，设置轮廓笔宽度为 1.5mm、轮廓颜色为白色，如图 05-12 所示。

图 05-11　输入文字

图 05-12　添加白色描边

(12) 在工具箱中选择【标注形状】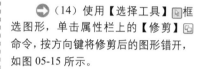，在属性栏中选择一个图形，用鼠标拖动进行绘制。按 Ctrl+Q 键，将图形转换为曲线，用【选择工具】拉动图形一侧，使原来的正圆形改变为椭圆形，如图 05-13 所示。

(13) 按 "+" 键，复制一个图形，并进行【水平镜像】，如图 05-14 所示。

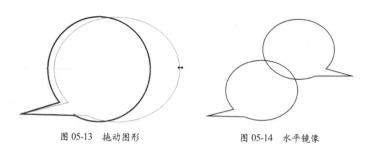

图 05-13　拖动图形　　　　图 05-14　水平镜像

(14) 使用【选择工具】框选图形，单击属性栏上的【修剪】命令，按方向键将修剪后的图形错开，如图 05-15 所示。

(15) 按 F11 键，设置线性渐变填充，三种调色颜色分布为 Y：100、Y：20、Y：60。右击调色板上的⊠，去除轮廓线。设置如图 05-16 所示。应用渐变后的效果如图 05-17 所示。

图 05-15　修剪

图 05-16　渐变设置

(16) 复制图形，填充黑色，按 Ctrl+PgDn 键，置于下一层，然后按方向键向下移动，制作阴影效果。使用【文本工具】输入文字，设置填充颜色和白色描边效果。应用后的效果如图 05-18 所示。

图 05-17　渐变效果

图 05-18　添加阴影和文字

(17) 执行【文本】|【插入符号字符】命令，打开【插入字符】泊坞窗，在字体列表里面找到 Webdings，然后在下方选择礼包图形，并拖动到工作区中，如图 05-19 所示。

(18) 按 Ctrl+K 键，拆分图形，将礼包下方的矩形【合并】为一个整体，如图 05-20 所示。

图 05-19　【插入字符】泊坞窗

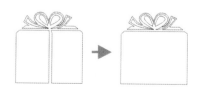

图 05-20　打散并合并图形

（19）使用【选择工具】▣框选丝带与下方的矩形，按 Ctrl+L 键，将图形合并。运用之前的方法，给图形添加渐变色与阴影效果，并去除轮廓，效果如图 05-21 所示。

（20）使用【文本工具】字输入文字，并填充颜色，如图 05-22 所示。

图 05-21　添加渐变与阴影　　　　图 05-22　添加文字

（21）按 "+" 键，复制两个礼包副本，使用【文本工具】字更改礼包上面的文字，完成其他两个礼包的处理。最终效果如图 05-23 所示。

图 05-23　最终效果

实例 06 | 紫炉西餐厅

最终效果图

❤ **1. 实例特点**

该实例在色彩和结构上均采用了对称的方式，适用于餐厅、私房菜、西餐厅菜品介绍等商业应用中。

📍 **2. 注意事项**

使用【效果】|【图框精确剪裁】下面的命令可以编辑图框里的对象。

💬 **3. 操作思路**

整个实例分为两部分完成，首先使用【文本工具】字处理段落文本和美工文字。使用【图框精确剪裁】和【椭圆形工具】〇来处理图片素材。

路径：光盘 :\Charter 07\ 紫炉西餐厅 .cdr

具体步骤如下：

（1）执行【文件】|【新建】命令，新建一个 A4 大小的新文件。在属性栏中设置页面尺寸为 210mm×285mm。

➡ （2）双击工具箱中的【矩形工具】🔲，生成一个矩形框，如图 06-1 所示。

➡ （3）按 Ctrl+I 键，导入一张素材底纹图片。执行【效果】|【图框精确剪裁】|【置入图文框内部】命令。将图像置入到矩形框中。然后右击调色板上的🔲，去除轮廓线，如图 06-2 所示。

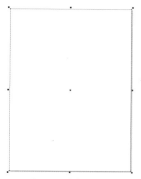

图 06-1 生成矩形框

图 06-2 图框精确剪裁

➡ （4）使用【文本工具】📝输入文字，并填充白色，如图 06-3 所示。

➡ （5）按 "+" 键，复制文字，填充黑色，按 Ctrl+PgDn 键，将黑色字体置于白色字体下面，并使用方向键微移，如图 06-4 所示。

图 06-3 输入文字

图 06-4 创建阴影效果

➡ （6）使用【文本工具】📝在工作区中拖动，创建段落文本框，然后输入文字信息，在属性栏中设置字号为 11pt。按 Ctrl+T 键，打开【文本属性】泊坞窗，在对齐方式中选择【两端对齐】，设置首行缩进为 8mm、行间距为 120%。文本属性设置如图 06-5 所示。应用后的效果如图 06-6 所示。

图 06-5 【文本属性】泊坞窗

图 06-6 应用段落文本

➡ （7）使用同样的方法，处理英文字体。效果如图 06-7 所示。

➡ （8）双击工具箱中的【矩形工具】，生成一个矩形框，使用【选择工具】🔲自上向下拉动，填充黑色并去除轮廓线，如图 06-8 所示。

图 06-7 绘制矩形

图 06-8 填充矩形框

（9）按 Ctrl+Q 键，将矩形转换为曲线。选择【形状工具】，在矩形顶侧边缘的中心右击，在弹出的菜单中选择【到曲线】，如图 06-9 所示。

（10）使用【形状工具】向上拖动矩形边缘，形成弧度，如图 06-10 所示。

图 06-9　到曲线

图 06-10　形成弧度

（11）按住 Ctrl 键，使用【椭圆形工具】绘制正圆形，填充白色并去除轮廓。按 "+" 键复制一个副本，并缩小图形。按 Ctrl+I 键，导入一张素材图片，执行【效果】|【图框精确剪裁】|【置于图文框内部】命令，当鼠标箭头成为➡时，在圆形上单击，将素材置于圆形中。在圆形上单击，选择【编辑 PowerClip】，即可对圆形内部的图像进行编辑，如图 06-11 所示。

（12）按 F12 键，设置轮廓宽度为 2.5mm，轮廓颜色为白色。执行【排列】|【将轮廓转换为对象】命令，将轮廓边转换为可填充路径，如图 06-12 所示。

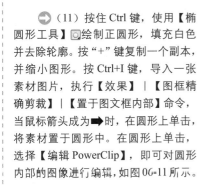

图 06-11　编辑 PowerClip

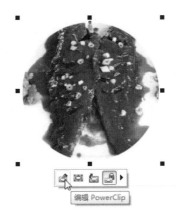

图 06-12　版面效果

（13）使用同样的方法，处理其他的效果。结合 Ctrl+PgUp 与 Ctrl+PgDn 改变对象之间的上下关系，形成层次感，如图 06-13 所示。

（14）使用【文本工具】输入文字，填充白色。最后放上 logo，完成设计制作，如图 06-14 所示。

图 06-13　调整层次关系

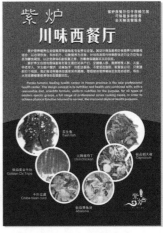

图 06-14　最终效果

实例 07 | 红磨坊茶餐厅

1. 实例特点
该实例颜色采用粉色系与洋红搭配，时尚气息十足，适用于奶茶店、茶餐厅、咖啡店活动宣传等商业应用中。

2. 注意事项
使用【形状工具】调节弧形时，应在边框的中间位置向左侧拖动。

3. 操作思路
使用【合并】来完成标志的处理；使用【形状工具】创建弧形，使用【渐变填充】为弧形填充渐变颜色；使用【轮廓笔工具】为文字添加白色的描边效果。

最终效果图

路径：光盘:\Charter 07\ 红磨坊 .cdr

具体步骤如下：

（1）执行【文件】|【新建】命令，新建一个 A4 大小的新文件。在属性栏中设置页面尺寸为 210mm×285mm。

（2）双击工具箱中的【矩形工具】，按当前页面大小生成一个矩形框，如图 07-1 所示。

（3）按 Ctrl+I 键，导入一张素材底纹图片。执行【效果】|【图框精确剪裁】|【置入图文框内部】命令，将图像置入到矩形框中。使用【效果】|【图框精确剪裁】|【编辑 PowerClip】命令，可对置入的图像进行编辑。然后右击调色板上的，去除轮廓线，如图 07-2 所示。

图 07-1 生成矩形框

图 07-2 图框精确剪裁

（4）双击【矩形工具】，再次生成一个矩形框。使用【选择工具】选择矩形右侧边缘向左侧拉动，如图 07-3 所示。

（5）按 Ctrl+Q 键，将矩形框转换为曲线。选择【形状工具】，在边缘右击，选择【到曲线】，如图 07-4 所示。

图 07-3 调整矩形框

图 07-4 到曲线

（6）使用【形状工具】 单击边缘并向左侧拖动，形成弧度，如图07-5所示。

（7）按F11键，打开渐变填充对话框，设置"辐射渐变"，颜色调和从C：20；M：80；K：20到M:100。具体设置如图07-6所示。

图 07-5 形成弧度

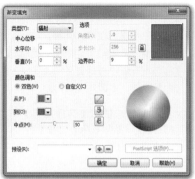
图 07-6 渐变填充设置

（8）应用渐变填充后的效果如图 07-7 所示。

（9）按"+"键，创建一个副本，按F11键，打开【渐变填充】对话框，设置【辐射渐变】，颜色调和从（M：60；Y：100）到（Y：100）。应用后按Ctrl+PgDn键，将此图层置于下方，按左右方向键进行微调，如图07-8所示。

图 07-7 渐变填充

图 07-8 渐变填充

（10）按下Caps Lock键，点亮大写输入，使用【文本工具】 输入字母，按Shift+F11键，填充颜色（C：20；M：80；K：20）。使用【形状工具】 在字母上单击，并向左侧拖动右下角的控制锚点，使文字向左压缩，使字体笔划重叠在一起。效果如图07-9所示。

（11）按 Ctrl+Q 键，将字体转换为曲线。按 Ctrl+K 键，将字母拆分。用【选择工具】 框选拆分后的图形，执行【合并】 将字母合并为一个整体。在【视图】｜【线框】模式下，可以看到合并后的线框图，如图 07-10 所示。

图 07-9 调节字体间距

图 07-10 合并后线框显示

（12）使用【多边形工具】 绘制一个三角形，边数可以在属性栏中设置。按住 Ctrl 键，按住鼠标左键向上拖动下方中间的控制点，然后右击，可以垂直向上复制一个三角形，如图 07-11 所示。

（13）使用【选择工具】框选图形，然后在中心位置单击，四周会出现旋转锚点，如图 07-12 所示。

图 07-11　镜像复制

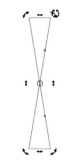
图 07-12　出现旋转锚点

（14）将鼠标放在右上角位置，旋转图形至水平位置右击，创建一个副本，如图 07-13 所示。使用同样的方法继续旋转，创建其他副本，如图 07-14 所示。

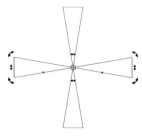
图 07-13　创建副本

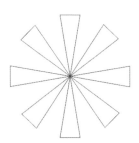
图 07-14　创建其他副本

（15）按住 Ctrl 键，使用【椭圆形工具】在外围绘制一个正圆形，按 Ctrl+L 键，将圆形与之前的图形合并。按 Shift+F11 键，填充颜色（C：20；M：80；K：20），然后右击调色板上的⊠去除轮廓，如图 07-15 所示。

（16）和之前制作的字母图形排列在一起。使用【文本工具】在下方输入文字，使用【形状工具】调节文字之间的间距，最后将它们整合在一起。效果如图 07-16 所示。

图 07-15　合并图形

图 07-16　图形整合

（17）使用【文本工具】输入文字，按 F11 键，打开【渐变填充】对话框，设置线性渐变，颜色调和从（C：20；M：80；K：20）到（M：100）。其他设置如图 07-17 所示。

（18）文字应用渐变效果如图 07-18 所示。

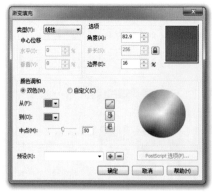
图 07-17　渐变设置

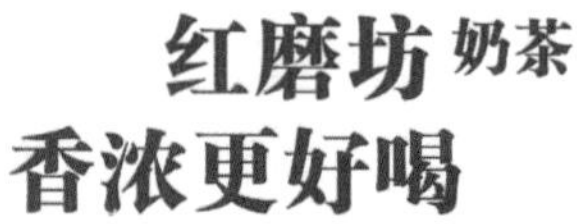

红磨坊 奶茶
香浓更好喝

图 07-18　应用渐变填充

（19）按 F12 键，为文字添加 1.5mm 的白色描边效果。设置如图 07-19 所示。

（20）选择文字，按 "+" 键复制对象，并填充黑色，按 F12 键，将轮廓设置为黑色。按 Ctrl+PgDn 键，将对象向下移动一层，按方向键，为文字添加黑色阴影效果，如图 07-20 所示。

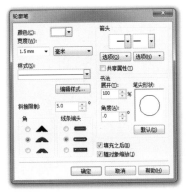

图 07-19 轮廓笔设置　　　　图 07-20 添加阴影

（21）运用同样的方法处理其他的文本效果。最后使用【文本工具】字输入其他的文本内容，完成单页的制作。最终效果如图 07-21 所示。

图 07-21 最终效果

实例 **08** | **红酒单页**

♥ 1. 实例特点

该实例构图与配色上采用欧式风格,适用于红酒、葡萄酒等酒品介绍商业应用中。

📍 2. 注意事项

使用【矩形工具】□制作【倒棱角】注意属性栏中【圆角半径】的控制。

💬 3. 操作思路

使用【透明度工具】为黑色背景添加透明度,形成红酒的色彩质感。使用【文本属性】泊坞窗来处理段落文本对齐方式、首行缩进、段落间距等。

最终效果图

路径：光盘 :\Charter 07\ 红酒单页 .cdr

具体步骤如下：

（1）执行【文件】|【新建】命令，新建一个空白文件，在属性栏中设置页面尺寸为 210mm×285mm。

（2）双击工具箱中的【矩形工具】🔲，按当前页面大小生成一个矩形框，并填充黑色。使用【透明度工具】🔲在图形上单击，在属性栏中设置开始透明度为 15，如图 08-1 所示。

（3）填充的黑色矩形应用透明度之后的效果如图 08-2 所示。

图 08-1　透明度设置　　　　图 08-2　应用透明度

（4）使用【矩形工具】🔲绘制矩形框，在属性栏中选择【倒棱角】🔲，半径设置为 4mm，如图 08-3 所示。

（5）按 Crl+I 键，导入素材图，执行【效果】|【图框精确剪裁】|【置于图文框内部】将素材置入到框架中，置入之后在图像上右击，在弹出的菜单中选择【编辑 PowerClip】，可对置入的图像进行编辑。最后去除轮廓线🔲。最终效果如图 08-4 所示。

图 08-3　设置倒棱角　　　　图 08-4　图框精确剪裁

（6）按 "+" 键，复制图形，创建一个副本。然后在图像上单击，下方会出现 4 个选项按钮，单击第三个【提取内容】，将内置的图像提取出来，然后按 Del 键删除掉，如图 08-5 所示。

（7）将留下来的框架填充黑色，按 Ctrl+PgDn 键，将黑色矩形置于下方，形成阴影效果，如图 08-6 所示。

图 08-5　提取内容　　　　图 08-6　添加阴影

（8）按 Ctrl+I 键，导入矢量素材，放置在画面右上角位置。按 Shift+F11 键，填充颜色（M：60；Y：100），如图 08-7 所示。

（9）执行【文本】|【插入符号字符】命令，打开【插入字符】泊坞窗口，在字体选项中找到 Wingdings，在图形库里面找到雪花，然后拖动到工作区中，如图 08-8 所示。

图 08-7 导入矢量素材

图 08-8 【插入字符】坞泊窗

（10）使用【矩形工具】绘制一条矩形，并填充颜色（M：20；Y：60；K：20），去除轮廓线后，将雪花填充白色去除轮廓线，缩小后放在矩形的右侧位置，如图 08-9 所示。

（11）使用【选择工具】框选对象，在属性中选择【移除前面对象】，使雪花与矩形条结合为一起。按 "+" 键，复制对象，填充黑色，按 Ctrl+PgDn 键，置于下方，形成阴影效果，如图 08-10 所示。

图 08-9 矩形和雪花的处理

图 08-10 添加阴影

（12）使用【文本工具】输入文字信息，完成标题栏的制作，如图 08-11 所示。

（13）按 Ctrl+I 键，导入红酒 psd 素材，按 "+" 键，创建一个副本，缩小后在属性栏中单击【水平镜像】，如图 08-12 所示。

怎样饮用及保存红酒
How to drink and preserve icewine

图 08-11 制作标题栏

图 08-12 创建副本

（14）使用【文本工具】拖动绘制文本，然后输入文字信息。按 Ctrl+T 键，打开【文本属性】泊坞窗口，设置对齐方式为【两端对齐】，首行缩进为 6mm，行距为 140%。设置如图 08-13 所示。应用后的效果如图 08-14 所示。

图 08-13 设置文本属性

图 08-14 应用文本属性

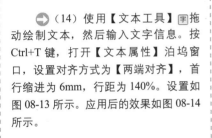

（15）使用同样的方法处理其他文本效果。按住 Ctrl 键，使用【手绘工具】在工作区中单击，水平拖动绘制分割线，然后在属性栏中选择一种虚线样式，如图 08-15 所示。

（16）按 Ctrl+I 键，导入四角的装饰花纹，在属性栏上设置不同的角度值进行旋转，放置在四个角位置。最终效果如图 08-16 所示。

图 08-15　处理其他文本属性　　　图 08-16　最终效果

实例 09　飞鸟培训

最终效果图

💚 1. 实例特点
该实例以绿色系为主，辅助搭配辐射渐变，结构以圆弧形为主，适用于教育培训、招生等商业应用中。

📍 2. 注意事项
执行【文本】｜【使文本适合路径】命令，为文本创建弧形效果，当鼠标成为十字光标后，将会自动吸附预览文字适合路径后的效果，单击后确定最终效果。

💬 3. 操作思路
使用【图框精确剪裁】命令，将椭圆形置入到图框中。使用【文本适合路径】创建弧形文本。使用【文本工具】创建段落文本。使用【表格工具】创建表格，然后使用【文本属性】修改表格中的文字大小与对齐方式。

路径：光盘 :\Charter 07\ 飞鸟培训 .cdr

具体步骤如下：

（1）执行【文件】|【新建】命令，新建一个 A4 大小的新文件，在属性栏中设置当前页面尺寸为 210mm×285mm。

⮕（2）使用【椭圆形工具】◯绘制椭圆形，按 F11 键，设置【辐射渐变】，颜色调和从（C：100；M：60；Y：100；K：45）到（Y：60）。具体设置如图 09-1 所示。应用后的效果如图 09-2 所示。

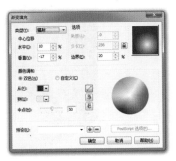

图 09-1 渐变设置

图 09-2 应用渐变效果

⮕（3）使用【椭圆形工具】◯绘制椭圆形，按 Shift+F11 键，填充颜色（M：60；Y：100），按 Ctrl+PgDn 键置于下方。使用【选择工具】� 框选刚才绘制的椭圆形，右击调色板右上角的⊠，去除轮廓边，如图 09-3 所示。

⮕（4）使用【文本工具】字输入文字，执行【文本】|【使文本适合路径】命令，然后将鼠标移动到椭圆形边缘位置，单击确定位置，为文字创建弧形效果，如图 09-4 所示。

图 09-3 创建副本并去除轮廓边

图 09-4 使文本适合路径

⮕（5）按 Shift+F11 键，给文字填充黄色（Y：100）。按 F12 键，设置轮廓笔，轮廓颜色为黑色、轮廓宽度为 1.5mm。具体设置如图 09-5 所示。应用后的效果如图 09-6 所示。

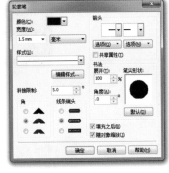

图 09-5 轮廓笔设置

图 09-6 应用轮廓笔

图 09-7 属性栏设置

⮕（6）选择【轮廓图工具】▤，在属性栏中设置【外部偏移】，角类型选择【圆角】，轮廓颜色为白色。具体设置如图 09-7 所示。

⮕（7）应用轮廓图之后，按"+"键，创建副本，填充黑色。按 Ctrl+PgDn 键，置入下方，添加阴影效果，如图 09-8 所示。

图 09-8 应用轮廓图并创建阴影

（8）双击【矩形工具】🔲，生成矩形框，按住 Shift 键，选择两个椭圆形，执行【效果】|【图框精确剪裁】|【置入图文框内部】命令，将椭圆形置入到矩形框中。使用【效果】|【图框精确剪裁】|【编辑 PowerClip】命令，可对置入的图像进行编辑，如图 09-9 所示。

（9）执行【文本】|【插入符号字符】命令，打开【插入字符】泊坞窗，在字体类型中找到 Wingdings，单击需要的图形拖动到工作区，如图 09-10 所示。

图 09-9　置入图文框内部

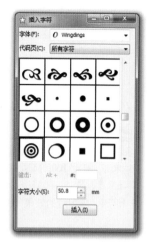
图 09-10　【插入字符】泊坞窗

图 09-11　整合 logo

（10）给图形填充红色（M：100；Y：100），并去除轮廓⊠。使用【文本工具】🅣输入文字，并进行整合，如图 09-11 所示。

（11）使用【文本工具】🅣和轮廓笔工具处理其他的文字，如图 09-12 所示。

图 09-12　处理其他文字

（12）使用【文本工具】🅣拖动，绘制段落文本框，并输入文字。按 Ctrl+T 键，打开【文本属性】泊坞窗，对齐方式选择【两端对齐】、首行缩进为 8.5mm、行距为 140%，具体设置如图 09-13 所示。

（13）应用文本属性后的效果如图 09-14 所示。

图 09-13　【文本属性】泊坞窗

图 09-14　应用文本属性

（14）选择【表格工具】📊，在属性栏上设置行数为 5、列数为 3，然后在工作区中拖动绘制表格，如图 09-15 所示。

（15）在属性栏中设置表格的边框宽度为 0.5mm，边框颜色（M：60；Y：100），如图 09-16 所示。

图 09-15　绘制表格

图 09-16　改变边框颜色和宽度

（16）用【选择工具】🔲单击表格，在属性栏上设置表格背景（Y：20），然后在左上角单元格双击，将光标插入并向右拖动，可选择第一排三个单元格，然后在表格工具属性栏中改变表格的背景颜色（M：60；Y：100），如图 09-17 所示。

（17）在单元格中双击，输入文字信息，如图 09-18 所示。

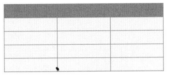

图 09-17　设置表格背景色

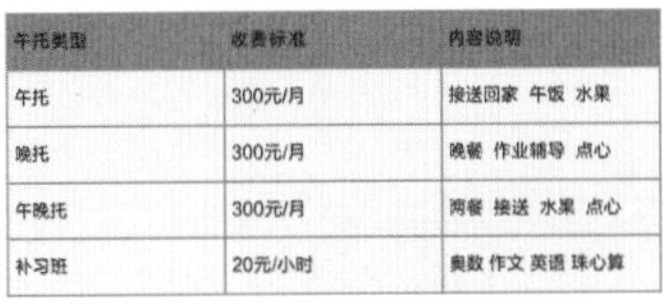

午托类型	收费标准	内容说明
午托	300元/月	接送回家 午饭 水果
晚托	300元/月	晚餐 作业辅导 点心
午晚托	300元/月	两餐 接送 水果 点心
补习班	20元/小时	奥数 作文 英语 珠心算

图 09-18　输入文字信息

（18）按 Ctrl+T 键，打开【文本属性】泊坞窗，在段落中选择【居中】对齐，在图文框中选择【居中垂直对齐】。设置如图 09-19 所示，应用后的效果如图 09-20。

图 09-19　文本属性设置

午托类型	收费标准	内容说明
午托	300元/月	接送回家 午饭 水果
晚托	300元/月	晚餐 作业辅导 点心
午晚托	300元/月	两餐 接送 水果 点心
补习班	20元/小时	奥数 作文 英语 珠心算

图 09-20　表格文本处理

（19）进一步处理标题文字的大小和颜色，如图 09-21 所示。

（20）按住 Ctrl 键，使用【手绘工具】✏在工作区中单击，然后水平拖动绘制直线。按 F12 键，设置轮廓宽度为 0.3mm、轮廓颜色为（M：60；Y：100）。使用【文本工具】🔤输入文字并填充颜色（M：60；Y：100）。最终效果如图 09-22 所示。

午托类型	收费标准	内容说明
午托	300元/月	接送回家 午饭 水果
晚托	300元/月	晚餐 作业辅导 点心
午晚托	300元/月	两餐 接送 水果 点心
补习班	20元/小时	奥数 作文 英语 珠心算

图 09-21　标题的处理

招生对象：1～3年级学生　报名热线：60606060 01010101

地址在：西工区纱厂路与南华路交叉口（飞鸟教育艺术培训中心）

图 09-22　底部文字的处理

➡ （21）版面最终效果如图 09-23 所示。

图 09-23　最终完成效果

第**8**章

VI 应用设计 I

VI 即（Visual Identity），通译为视觉识别系统，是 CIS 系统最具传播力和感染力的部分。是将 CI 的非可视内容转化为静态的视觉识别符号，以无比丰富多样的应用形式，在最为广泛的层面上，进行最直接的传播。本章将主要讲解在公共符号以及办公用品方面的 VI 应用设计。

实例 01 | 公共符号

🖤 1. 实例特点

该实例颜色大气、结构简单，适用于 VI 公共符号应用设计、公共符号标牌设计等商业应用中。

📍 2. 注意事项

本例提供的尺寸仅供参考，制作前请了解后期制作工艺。

💬 3. 操作思路

通过控制【矩形工具】▢左上角和左下角的【圆角半径】值，来制作弧形边。使用【椭圆形工具】◯绘制圆形。符号图形的绘制使用【贝塞尔工具】✎来完成，也可以通过【插入字符】泊坞窗，来使用图形库中的图形。使用【文本工具】图输入中文和英文字母。

最终效果图

路径：光盘 :\Charter 08\ 公共符号 .cdr

具体步骤如下：

（1）执行【文件】|【新建】命令，新建一个空白文件。

➡（2）在属性栏中设置当前页面的尺寸，如图 01-1 所示。

➡（3）双击【矩形工具】▢，系统会自动生成以页面尺寸为基准的矩形框，如图 01-2 所示。

图 01-1　设置页面尺寸

图 01-2　生成矩形框

➡（4）按 Shift+F11 键，填充红色。填充对话框如图 01-3 所示。

➡（5）在【矩形工具】▢属性栏中设置左上角和左下角的【圆角半径】，单击中间的小锁图标🔒，解锁后可单独设置任意一角，如图 01-4 所示。

图 01-3　填充红色

图 01-4　设置圆角半径

（6）应用圆角半径后，右击调色板中的⊠，去除黑色轮廓边，如图01-5所示。

（7）按住 Ctrl 键，使用【椭圆形工具】◎绘制圆形。在属性栏中设置轮廓宽度为 12mm，效果如图01-6所示。

图 01-5　应用圆角半径

图 01-6　绘制圆形

（8）执行【文本】|【插入符号字符】，打开【插入字符】泊坞窗，在【字体】列表中找到 Wingdings，在下方的图形库中找到箭头图形，然后单击【插入】或者直接将其拖动到工作区中，如图01-7和图01-8所示。

图 01-7　【插入字符】泊坞窗

图 01-8　插入图形

（9）将图形填充白色，右击调色板中的⊠，去除黑色轮廓边。执行【窗口】|【泊坞窗】|【对齐与分布】，打开【对齐与分布】泊坞窗。使用【选择工具】配合 Shift 键，加选白色椭圆形，单击【水平居中对齐】、【垂直居中对齐】，其他设置如图01-9所示。

（10）对齐后的效果如图01-10所示。

图 01-9　对齐与分布设置

图 01-10　对齐后的效果

（11）使用【文本工具】字输入中文和英文字母，在属性栏中选择一种字体，如图01-11所示。

（12）填充白色，使用【选择工具】框选文本，按 C 键，居中文字，如图01-12所示。

图 01-11　选择字体

图 01-12　居中文本

（13）按"+"键，创建副本。使用【贝塞尔工具】绘制闪电的图形，然后修改文字信息，如图 01-13 所示。

（14）执行【文本】|【插入符号字符】，打开【插入字符】泊坞窗，在【字体】列表中找到 Webdings，在下方的图形库中找到禁止吸烟的图形，然后单击【插入】或者直接拖动到工作区中，如图 01-14 所示。

图 01-13　闪电符号

图 01-14　插入吸烟图形

（15）拖入到工作区中的初始状态如图 01-15 所示。

（16）将图形填充白色，右击调色板中的⊠，去除图形的黑色轮廓线。复制图 01-12，将禁止吸烟图形放于左侧位置，然后修改文字信息，如图 01-16 所示。

图 01-15　初始状态

图 01-16　禁止吸烟

（17）运用同样的方法，制作其他的公共符号标牌，如图 01-17 和图 01-18 所示。

图 01-17　公共符号

图 01-18　公共符号

实例 02　信封设计

💗 1. 实例特点

该实例颜色接近传统信封牛皮纸颜色，结构简洁，适用于信封制作、信封规范设计参考等商业应用中。

📍 2. 注意事项

本例信封颜色仅供计算机显示参考。最终制作规格请以邮政局印刷规范为准。

🗨 3. 操作思路

使用【矩形工具】绘制矩形。使用【形状工具】编辑圆角。使用【步长与重复】制作顶部方格图形。使用【微调距离】移动图形。使用 F12 轮廓笔工具制作虚线描边效果。使用【文本工具】输入文本信息。使用【阴影工具】制作阴影效果。

最终效果图

路径：光盘 :\Charter 08\ 信封设计 .cdr

具体步骤如下：

（1）执行【文件】｜【新建】命令或者按 Ctrl+N 键，新建一个空白文件。

➡ （2）使用【矩形工具】▢绘制矩形框，在属性栏中设置矩形框的尺寸，如图 02-1 和图 02-2 所示。

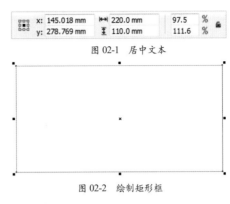

图 02-1 居中文本

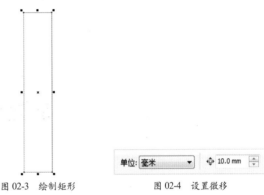

图 02-2 绘制矩形框

➡ （3）使用【矩形工具】▢绘制矩形框，在属性栏中设置尺寸为 20mm×110mm，如图 02-3 所示。

➡ （4）按 Ctrl+Q 键，转换为曲线。在属性栏中设置微调距离为 10mm，如图 02-4 所示。

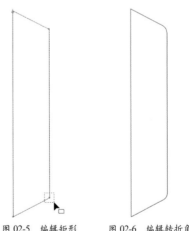

图 02-3 绘制矩形 　　图 02-4 设置微移

➡ （5）使用【形状工具】▨，框选右上角的节点，按向下方向键↓，然后框选右下角的节点，按向上方向键↑，如图 02-5 所示。

➡ （6）使用【形状工具】▨，编辑转折处，使之圆滑，如图 02-6 所示。

图 02-5 编辑矩形 　　图 02-6 编辑转折角

➡ （7）按 Ctrl+ 空格键切换当前输入法。按 B 键和 R 键，将图 02-6 与图 02-2 居右对齐，如图 02-7 所示。

➡ （8）在属性栏中设置微调距离为 20mm，然后按向右方向键→，向右移动 20mm，如图 02-8 所示。

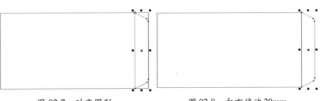

图 02-7 对齐图形 　　图 02-8 向右移动 20mm

（9）按 Ctrl+I 键，导入素材图像。在工具箱中选择【颜色滴管工具】 🖊，然后鼠标箭头会变成一个滴管的形状，将其放在图像上面，会显示出该图像的 RGB 颜色和网页颜色值，如图 02-9 所示。

（10）在图像上面单击，可以吸取该图像的颜色，吸取颜色后滴管形状会改变为油漆桶形状。在矩形框上面单击，则会将 RGB 颜色填充到矩形框中，如图 02-10 所示。

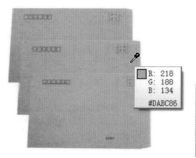

图 02-9 吸取颜色

图 02-10 填充颜色

（11）按 Shift+F11 键，打开【均匀填充】对话框，在【模型】中选择 CMYK，然后调整数值，如图 02-11 所示。

（12）右击调色板中的⊠，去除矩形的轮廓线，如图 02-12 所示。

图 02-11 设置 CMYK

图 02-12 去除轮廓

（13）按住 Ctrl 键，使用【矩形工具】□绘制正方形。按 F12 键，设置矩形的轮廓宽度，轮廓颜色为（M：100；Y：100）。具体设置如图 02-13 所示。

（14）应用轮廓笔后的效果如图 02-14 所示。

图 02-13 轮廓笔设置

图 02-14 绘制正方形

（15）执行【编辑】｜【步长和重复】命令，打开【步长和重复】泊坞窗口，设置水平偏移距离和份数，如图 02-15 所示。

（16）单击【应用】。效果如图 02-16 所示。

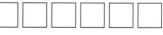

图 02-15 步长和重复

图 02-16 创建副本

（17）将图形放置于信封版面上，如图 02-17 所示。

（18）按 Ctrl+I 键，导入企业 logo 图形，使用【文本工具】字输入文本信息，如图 02-18 所示。

图 02-17　版面效果　　　　图 02-18　导入 logo

（19）使用【矩形工具】□绘制两个矩形框，按 F12 键，设置轮廓宽度，虚线样式与轮廓颜色（M：100；Y：100）。具体设置如图 02-19 所示。

（20）应用后的效果如图 02-20 所示。

图 02-19　轮廓笔设置　　　　图 02-20　应用虚线样式

（21）使用【文本工具】字输入文字信息，填充红色（M：100；Y：100）。使用【形状工具】来调节文字的间距，如图 02-21 所示。

（22）版面效果如图 02-22 所示。

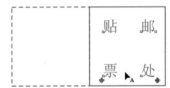

图 02-21　调节文字

图 02-22　版面效果

（23）复制图形，制作出信封背面效果。最后使用【阴影工具】添加阴影。完成效果如图 02-23 所示。

图 02-23　最终效果

03 | 记事簿

最终效果图

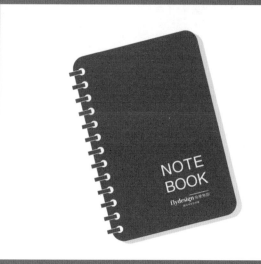

💗 **1. 实例特点**

　　该实例颜色采用标准大红色，适用于记事本、记事簿、便签本制作等商业应用中。

📍 **2. 注意事项**

　　使用【步长和重复】调节对象时，应注意对象之间的距离。

🗨 **3. 操作思路**

　　通过设置【矩形工具】□属性栏中的【圆角半径】来制作圆角矩形。使用【椭圆形工具】◯绘制正圆形。使用 F12 键，打开轮廓笔工具，设置白色描边效果。使用【步长和重复】泊坞窗复制图形。使用【文本工具】字处理文本。

路径：光盘 :\Charter 08\ 记事簿 .cdr

具体步骤如下：

　　（1）执行【文件】|【新建】命令，新建一个空白文件。

　🔵（2）使用【矩形工具】□绘制矩形，在属性栏中设置矩形的尺寸，如图 03-1 和图 03-2 所示。

| x: 118.62 mm | ↔ 72.5 mm | 173.5 % |
| y: 174.116 mm | ↕ 105.0 mm | 78.6 % |

图 03-1　设置矩形尺寸

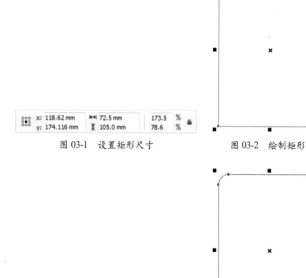

图 03-2　绘制矩形

　🔵（3）在【矩形工具】□属性栏中设置【圆角半径】，如图 03-3 所示。

　🔵（4）应用圆角半径后，如图 03-4 所示。

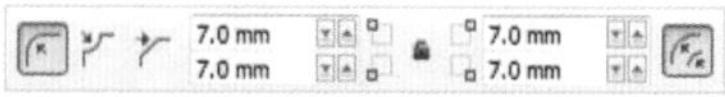

| 7.0 mm | 7.0 mm |
| 7.0 mm | 7.0 mm |

图 03-3　设置圆角半径

图 03-4　圆角矩形

（5）按 Shift+F11 键，设置颜色填充，如图 03-5 所示。

（6）颜色填充后，右击调色板中的⊠，去除黑色轮廓，如图 03-6 所示。

图 03-5　颜色填充　　　　　图 03-6　去除轮廓

（7）按住 Ctrl 键，使用【椭圆形工具】◎绘制正圆形。使用【矩形工具】▢绘制矩形条。然后将两个图形叠加在一起，如图 03-7 所示。

（8）圆形填充白色，去除黑色轮廓⊠。矩形条填充红色（M：100;Y：100），放在版面左上角位置。局部如图 03-8 所示。

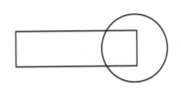

图 03-7　绘制图形　　　　　图 03-8　填充颜色

（9）使用【选择工具】▨选择矩形条，按 F12 键，设置轮廓颜色为白色，轮廓宽度为 0.5mm。其他设置如图 03-9 所示。

（10）应用后的局部效果如图 03-10 所示。

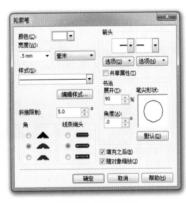

图 03-9　轮廓笔设置　　　　图 03-10　局部效果

（11）使用【选择工具】▨框选圆形和矩形条。执行【编辑】|【步长和重复】，打开【步长和重复】泊坞窗。具体设置如图 03-11 所示。

（12）单击【应用】。垂直复制后的效果如图 03-12 所示。

图 03-11　步长和重复属性设置　　　图 03-12　垂直复制

（13）按 "+" 键，复制红色封面，填充灰度颜色。按 Ctrl+PgDn 键，置于下一层，按方向键偏移，如图 03-13 所示。

（14）使用【文本工具】字输入文字，填充白色。按 Ctrl+I 键，导入 logo，放在左上角位置，如图 03-14 所示。

 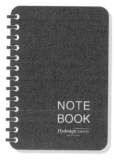

图 03-13　制作阴影　　　图 03-14　输入文字

（15）整体旋转图形。最终效果如图 03-15 所示。

图 03-15　记事簿效果图

实例 04 旗帜

♥ 1. 实例特点

该实例颜色欢快活泼，结构简洁，适用于旗帜广告制作等商业应用中。

📍 2. 注意事项

使用【形状工具】⬚调节矩形边缘时，可拖曳锚点控制曲线走向。

💬 3. 操作思路

使用【椭圆形工具】⬚绘制椭圆形。使用【矩形工具】⬚绘制矩形条。使用 F11 键，打开【渐变填充】对话框，制作辐射渐变和线性渐变效果。按 Shift+F11 键，进行颜色填充。按 Ctrl+I 键，导入标志 logo。在属性栏中设置【将文字更改为垂直方向】▥制作垂直文本。

最终效果图

路径：光盘 :\Charter 08\ 旗帜 .cdr

具体步骤如下:

（1）执行【文件】|【新建】命令，新建一个空白文件。

➡（2）使用【矩形工具】▢绘制矩形条，在属性栏中设置矩形的尺寸，如图 04-1 所示。

➡（3）矩形效果如图 04-2 所示。

图 04-1　设置矩形尺寸

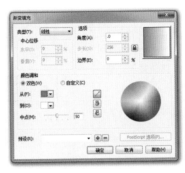

图 04-3　渐变设置

➡（4）按 F11 键，设置线性渐变填充，颜色调和从灰度（K：60）到白色。具体设置如图 04-3 所示。

➡（5）应用渐变填充后，按 F12 键，设置轮廓颜色（K：70），如图 04-4 所示。

图 04-2　矩形条

图 04-4　渐变填充

➡（6）按住 Ctrl 键，使用【椭圆形工具】◯绘制正圆形。按 F11 键，设置辐射渐变，颜色调和从灰度（K：60）到白色，如图 04-5 所示。

➡（7）应用辐射渐变后，使用【选择工具】▣框选对象，按 C 键，使椭圆形在居中矩形条上，如图 04-6 所示。

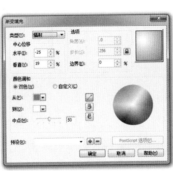

图 04-5　渐变设置

图 04-6　辐射渐变填充

➡（8）使用【矩形工具】▢绘制矩形。按 F11 键，设置线性渐变填充，颜色调和从灰度（K：80）到白色，如图 04-7 和图 04-8 所示。

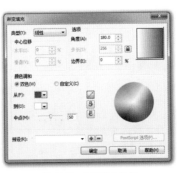

图 04-7　渐变填充设置

图 04-8　填充矩形

（9）使用【矩形工具】□绘制矩形，并填充颜色（K：20），如图04-9所示。

（10）使用【矩形工具】□绘制矩形，使用【椭圆形工具】◯在两侧绘制圆形。按住 Ctrl 键，使用【手绘工具】绘制直线，如图04-10所示。

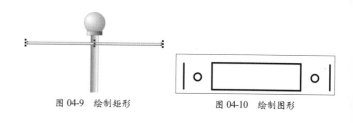

图 04-9　绘制矩形　　　　图 04-10　绘制图形

（11）按 Shift+F11 键，给圆形和矩形填充颜色（K：50），如图04-11所示。

（12）按 Ctrl+Q 键将矩形转换为曲线。使用【形状工具】在上下边缘上右击，在弹出的菜单中选择【到曲线】，如图04-12所示。

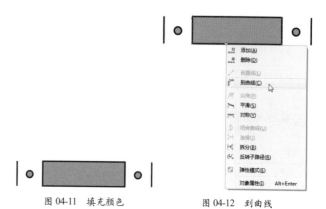

图 04-11　填充颜色　　　　图 04-12　到曲线

（13）使用【形状工具】进行编辑，如图04-13所示。

（14）应用效果如图04-14所示。

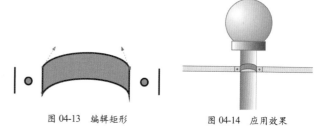

图 04-13　编辑矩形　　　　图 04-14　应用效果

（15）复制图形，并向下移动，如图04-15所示。

（16）使用【矩形工具】□绘制矩形条，填充颜色（M：60；Y：100）。并去除轮廓线⊠。按 Ctrl+PgDn 键，将矩形置于下一层，如图04-16所示。

（17）按 Ctrl+I 键，导入标志 logo。单击属性栏中的【将文字更改为垂直方向】。最终效果如图04-17所示。

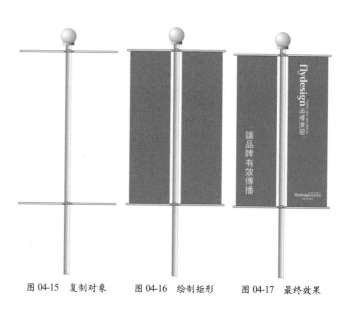

图 04-15　复制对象　　图 04-16　绘制矩形　　图 04-17　最终效果

最终效果图

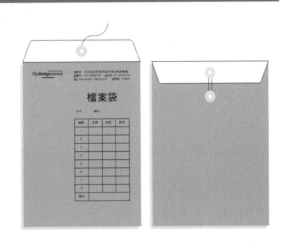

1. 实例特点

该实例颜色仿常用档案袋牛皮纸颜色，适用于档案袋、文件袋、资料袋制作等商业应用中。

2. 注意事项

该实例颜色仅供展示，印刷请参考档案袋常用纸张，如牛皮纸等。

3. 操作思路

使用【矩形工具】□绘制主体框架。使用【形状工具】绘编辑矩形转折位置，使之过渡平滑。使用【椭圆形工具】○绘制椭圆形。使用【贝塞尔工具】绘制档案袋的绳结。使用【表格工具】□制作表格。使用【文本工具】字输入文字。

路径：光盘 :\Charter 08\ 档案袋 .cdr

具体步骤如下：

（1）执行【文件】|【新建】命令，新建一个空白文件。

（2）使用【矩形工具】□绘制矩形框，然后在属性栏中设置矩形的尺寸，如图 05-1 和图 05-2 所示。

图 05-1　设置矩形尺寸

图 05-2　绘制矩形

（3）按 Shift+F11 键设置填充颜色，如图 05-3 所示。

（4）应用颜色填充后，右击工作区右侧调色板中的⊠，去除轮廓线，如图 05-4 所示。

图 05-3　颜色填充设置

图 05-4　去除轮廓线

➡（5）使用【矩形工具】□绘制矩形框，设置尺寸为 40mm×220mm。按住 Shift 键，使用【选择工具】⬚加选填色矩形，按 C 键、T 键，顶部居中，如图 05-5 所示。

➡（6）在属性栏中设置微调距离为 40mm，如图 05-6 所示。

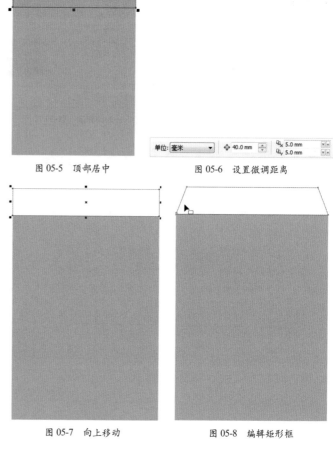

图 05-5　顶部居中　　　　　　　图 05-6　设置微调距离

➡（7）按向上方向键↑，向上移动 40mm，如图 05-7 所示。

➡（8）按 Ctrl+Q 键，将矩形转换为曲线。设置微调距离为 15mm，使用【形状工具】⬚框选左上节点，向右移动 15mm，框选右上节点，向左移动 15mm，如图 05-8 所示。

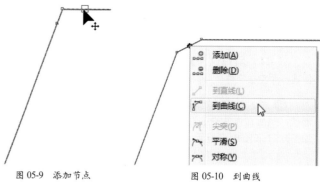

图 05-7　向上移动　　　　　　　图 05-8　编辑矩形框

➡（9）使用【形状工具】⬚在转折处双击，添加两个节点，如图 05-9 所示。

➡（10）在中间的节点上双击或者按 Del 键，删除该节点，然后右击，在弹出的菜单中选择【到曲线】，如图 05-10 所示。

图 05-9　添加节点　　　　　　　图 05-10　到曲线

➡（11）使用【形状工具】⬚进行曲线调节，使转折处平滑过渡。调节后的效果如图 05-11 所示。

➡（12）使用同样的方法，调节右侧，如图 05-12 所示。

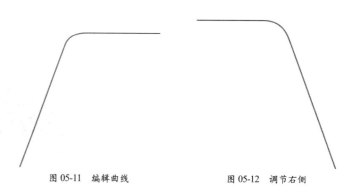

图 05-11　编辑曲线　　　　　　　图 05-12　调节右侧

（13）整体效果如图 05-13 所示。

（14）按 Ctrl+I 键，导入标志 logo。使用【文本工具】⊞输入文本，如图 05-14 所示。

图 05-13　整体效果

图 05-14　文本处理

（15）在工具箱中选择【表格工具】⊞，在属性栏中设置表格初始值为 10 行、4 列，如图 05-15 所示。

（16）拖动绘制表格，如图 05-16 所示。

图 05-15　表格属性

图 05-16　绘制表格

（17）在单元格中双击，使用【文本工具】⊞输入文字。初始效果如图 05-17 所示。

（18）按 Ctrl+T 键，打开【文本属性】泊坞窗，设置字体类型与字体大小，如图 05-18 所示。

图 05-17　初始效果

图 05-18　字符设置

（19）在【文本属性】泊坞窗的【段落】选项中设置【居中】，【图文框】选项设置为【居中垂直对齐】，如图 05-19 所示。

（20）应用设置后的效果如图 05-20 所示。

图 05-19　段落与图文框设置

图 05-20　应用设置后

（21）在表格的最后一行，第二个单元格位置双击，插入光标，然后向右侧拖动，选中三个单元格。选中状态如图 05-21 所示。

（22）按 Ctrl+M 键，合并单元格，或者执行【表格】|【合并单元格】命令，将三个单元格合并，如图 05-22 所示。

图 05-21　选择单元格　　图 05-22　合并单元格

（23）按住 Ctrl 键，使用【椭圆形工具】绘制两个椭圆形，填充颜色（K:20），去除轮廓，如图 05-23 所示。

（24）使用【贝塞尔工具】绘制档案袋的绳结。完成档案袋的正面制作，如图 05-24 所示。

图 05-23　绘制椭圆形　　图 05-24　正面效果

（25）运用同样的方法，制作档案袋的背面，如图 05-25 所示。

（26）使用【矩形工具】绘制矩形条，按 Ctrl+PgDn 键，将矩形置于下一层，如图 05-26 所示。

图 05-25　档案袋背面　　图 05-26　背面效果

（27）最终效果如图 05-27 所示。

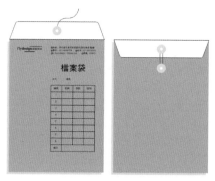

图 05-27　最终效果图

实例 **06** | **工作证**

最终效果图

1. 实例特点

　　该实例颜色活泼欢快，结构简单，适用于工作证、员工证制作等商业应用中。

2. 注意事项

　　工作证的外封套可以购买成品，内插资料信息可以通过打印机来输出完成。

3. 操作思路

　　本例风格颜色以辅助色橙色为主。通过设置【矩形工具】□属性栏中的【圆角半径】来制作圆角矩形；使用【透明度工具】□为图形添加透明高光效果；使用【阴影工具】□添加阴影；使用【插入字符】泊坞窗来插入笑脸图形；使用【贝塞尔工具】□绘制挂绳；使用【文本工具】字输入文字。

路径：光盘 :\Charter 08\ 工作证 .cdr

具体步骤如下：

　　（1）执行【文件】|【新建】命令，新建一个空白文件。

　　（2）使用【矩形工具】□，绘制矩形框，在属性栏中设置【圆角半径】。属性设置如图 06-1 所示。

　　（3）应用后的圆角矩形，如图 06-2 所示。

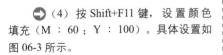

图 06-1　设置圆角半径

图 06-2　圆角矩形

　　（4）按 Shift+F11 键，设置颜色填充（M：60；Y：100）。具体设置如图 06-3 所示。

　　（5）应用颜色填充后，去除黑色轮廓线⊠，如图 06-4 所示。

图 06-3　填充设置

图 06-4　颜色填充

（6）按"+"键，复制图形。使用【贝塞尔工具】绘制不规则路径，如图 06-5 所示。

（7）按住 Shift 键，使用【选择工具】加选矩形，在属性栏中选择【修剪】，如图 06-6 所示。

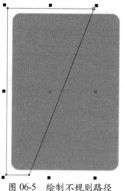

图 06-5　绘制不规则路径　　　　图 06-6　修剪后

（8）修剪的图形填充白色，执行【窗口】|【泊坞窗】|【对齐与分布】，打开【对齐与分布】泊坞窗口。使用【选择工具】选择图 06-4 和图 06-6，然后在【对齐与分布】泊坞窗中选择【右对齐】、【顶端对齐】，如图 06-7 和图 06-8 所示。

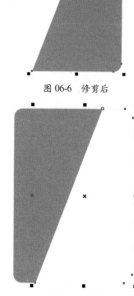

图 06-7　【对齐与分布】泊坞窗　　　　图 06-8　对齐后

（9）使用【透明度工具】在白色图形上面拖动，制作透明高光效果，如图 06-9 所示。

（10）使用【阴影工具】添加阴影效果，阴影颜色设置灰度（K：40），如图 06-10 所示。

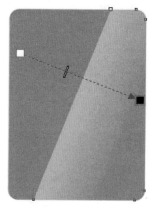

图 06-9　添加透明度　　　　图 06-10　阴影设置

（11）添加阴影后的效果如图 06-11 所示。

（12）使用【矩形工具】绘制矩形，并设置【圆角半径】，填充白色，去除轮廓，如图 06-12 所示。

图 06-11　添加阴影　　　　图 06-12　圆角矩形

（13）按 Ctrl+I 键，导入标志图形，使用【文本工具】🇹输入文字，并调节版式，如图 06-13 所示。

（14）使用【矩形工具】▢绘制矩形框。按 Ctrl+Q 键将矩形转换为曲线，然后在属性栏中选择一种虚线样式，如图 06-14 所示。

图 06-13　输入文本

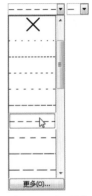

图 06-14　虚线样式

（15）在属性栏中设置轮廓宽度为 0.35mm，如图 06-15 所示。

（16）使用【形状工具】🖐在右上角转折位置上下双击，各添加一个节点。然后将转折点删除掉，如图 06-16 所示。

图 06-15　虚线样式

图 06-16　编辑矩形

（17）按 F12 键，设置轮廓颜色（K：60）。执行【文本】|【插入符号字符】，在【字体】列表中选择 Wingdings，在下方的图形库中找到笑脸图形。拖动到工作区中，填充灰度，去除轮廓，如图 06-17 所示。

（18）使用【阴影工具】🔲给中间的白色背景添加阴影效果，如图 06-18 所示。

图 06-17　笑脸图形

图 06-18　添加阴影

（19）使用【矩形工具】▢在顶侧绘制三个矩形，然后叠加在一起，如图 06-19 所示。

（20）使用【贝塞尔工具】🖊绘制线条。按 F12 键，设置轮廓宽度为 2.5mm，轮廓颜色设置灰度（K：50）。最终完成效果如图 06-20 所示。

图 06-19　绘制矩形

图 06-20　完成效果

实例 07 | 文件夹

💗 1. 实例特点

该实例颜色以灰度中性为主，适用于文件夹等商业应用中。

📍 2. 注意事项

本例颜色仅供展示参考，最终制作请以印刷厂提供的制作材料为准。

💬 3. 操作思路

使用【贝塞尔工具】 来构建造型框架。通过设置【矩形工具】 属性栏中的【圆角半径】来绘制圆角矩形。按 Shift+F11 键，打开【均匀填充】对话框，设置颜色填充。使用【形状工具】 编辑矩形曲线。使用【步长和重复】命令，复制对象。

最终效果图

路径：光盘 :\Charter 08\ 文件夹 .cdr

具体步骤如下：

（1）执行【文件】|【新建】命令，新建一个空白文件。

➡ （2）使用【贝塞尔工具】 绘制封底图形框架，如图 07-1 所示。

➡ （3）继续绘制出封面的图形框架，如图 07-2 所示。

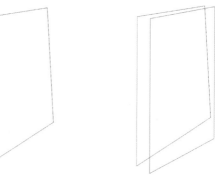

图 07-1　绘制封底框架　　　　图 07-2　绘制封面框架

➡ （4）绘制出书脊的框架，如图 07-3 所示。

➡ （5）按 Shift+F11 键，打开【均匀填充】对话框，设置灰度填充颜色，如图 07-4 所示。

图 07-3　书脊框架　　　　图 07-4　【均匀填充】对话框

（6）分别填充封底图形框架颜色（K：85），封面图形框架颜色（K：75），书脊的框架颜色（K：90），如图 07-5 所示。

（7）右击调色板中的⊠，去除黑色的轮廓线，如图 07-6 所示。

图 07-5　灰度填充　　　　图 07-6　去除轮廓线

（8）使用【矩形工具】▢在书脊位置绘制矩形，填充白色，然后去除轮廓线，如图 07-7 所示。

（9）按 Ctrl+Q 键，将矩形转换为曲线。使用【形状工具】▨框选右侧节点，并按向下方向键↓移动，与书脊的透视吻合，如图 07-8 所示。

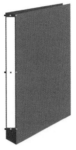 

图 07-7　绘制矩形　　　　图 07-8　编辑矩形

（10）使用【矩形工具】▢绘制矩形，通过在属性栏中设置【圆角半径】制作出圆角矩形。转为曲线后，使用【形状工具】▨进行编辑。效果如图 07-9 所示。

（11）按 Shift+F11 键，设置填充颜色（M：60；Y：100）。填充颜色后，去除轮廓，如图 07-10。

图 07-9　编辑矩形框　　　图 07-10　颜色填充

（12）按 Ctrl+I 键，导入标志 logo，在属性栏中设置 -90°，旋转 logo，然后调整至如图 07-11 所示的状态。

（13）使用【文本工具】▣输入字母。使用【选择工具】▨框选文字，然后在文字上面单击，在四周出现旋转锚点后，进行调节。最终效果如图 07-12 所示，版面效果如图 07-13 所示。

图 07-11　logo 处理　　　　图 07-12　调节字母

（14）按住 Ctrl 键，使用【椭圆形工具】◯绘制正圆形，颜色由外到内依次为 K：70、白色、K：70、K：90，然后叠加在一起，如图 07-14 所示。

图 07-13　文字处理　　　　图 07-14　椭圆形叠加

➲ （15）变形处理后的效果，如图 07-15 所示。

➲ （16）使用【矩形工具】▣制作三个圆角矩形，然后将其叠加在一起，如图 07-16 所示。

图 07-15　椭圆形处理　　　图 07-16　圆角矩形

➲ （17）变形处理后效果如图 07-17 所示。

➲ （18）使用【手绘工具】▨在封面的左侧边缘位置绘制一个线段，按 F12 键，设置轮廓宽度为 0.15mm、轮廓颜色为（K：50），如图 07-18 所示。

图 07-17　别针效果　　　图 07-18　绘制线段

➲ （19）执行【编辑】|【步长和重复】，设置垂直复制，对象之间的距离设置为 5mm，如图 07-19 所示。

➲ （20）单击【应用】，效果如图 07-20 所示。

图 07-19　步长和重复　　　图 07-20　复制对象

➲ （21）按"+"键，复制图形。叠加后的效果如图 07-21 所示。

图 07-21　最终效果

第 **9** 章

VI 应用设计 II

VI 设计是传播企业经营理念、建立企业知名度、塑造企业形象的快速便捷之途。通过 VI 设计，可以很明显地将该企业与其他企业区分开开来，同时也可以确立该企业明显的行业特征，确保该企业在经济活动当中的独立性和不可替代性。本章将主要讲解服装、手提袋、导视系统等 VI 应用设计。

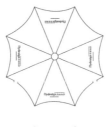

实例 01 | 广告笔

最终效果图

1. 实例特点
该实例颜色以红色为主，辅助搭配橙色系，适用于 VI 办公用品设计、广告笔、手绘专用笔、工作用笔等商业应用中。

2. 注意事项
本例提供的尺寸仅供参考，制作前请与制作单位沟通确定最终规格。

3. 操作思路
使用【矩形工具】□绘制矩形。使用【多边形工具】○配合【图框精确剪裁】制作铅笔头。使用【文本工具】字输入中文和英文字母。使用 F11 渐变填充功能来制作渐变效果。使用【贝塞尔工具】绘制笔帽。

路径：光盘 :\Charter 09\ 广告笔 .cdr

具体步骤如下：

（1）执行【文件】|【新建】命令，新建一个空白文件。

➡（2）使用【矩形工具】□绘制矩形。按 Shift+F11 键，设置颜色填充（M：60；Y：100），右击调色板右上角的⊠，去除轮廓线，如图 01-1 和图 01-2 所示。

图 01-1　【均匀填充】对话框

图 01-2　填充颜色并去除轮廓

➡（3）选择【多边形工具】○，在属性栏中设置【边数】，如图 01-3 所示。

➡（4）在工作区中拖动，绘制三角形。初始效果如图 01-4 所示。

图 01-3　设置边数

图 01-4　绘制三角形

（5）在属性栏中单击【垂直镜像】，将三角形翻转，如图 01-5 所示。

（6）按 "+" 键，复制一个副本。然后将其中一个三角形放在图 01-2 下方，按 C 键居中对齐，如图 01-6 所示。

（7）使用【选择工具】框选图 01-6，在属性栏中选择，将三角形和矩形焊接为一个整体，如图 01-7 所示。

（8）选择之前复制的三角形，按 Ctrl+Q 键，转换为曲线。使用【形状工具】在上侧曲线上双击，添加节点。拖动节点改变路径的走向深度，如图 01-8 所示。

（9）按 Shift+F11 键，填充颜色（M：20；Y：40；K：20），然后去除轮廓线，如图 01-9 所示。

（10）使用【矩形工具】绘制矩形，填充红色（M：100；Y：100），在三角形上面绘制矩形，填充灰度（K：90），如图 01-10 所示。

（11）使用【选择工具】全选对象，执行【效果】|【图框精确剪裁】|【置于图文框内部】。当箭头成为时，在图 01-7 上面单击，将图 01-10 置入。置入后，在图形上面右击，在弹出的菜单中选择【编辑 PowerClip】，可以对置入的对象进行编辑。编辑后的效果如图 01-11 所示。

（12）使用【文本工具】输入文本信息，在属性栏中设置 90°，如图 01-12 所示。

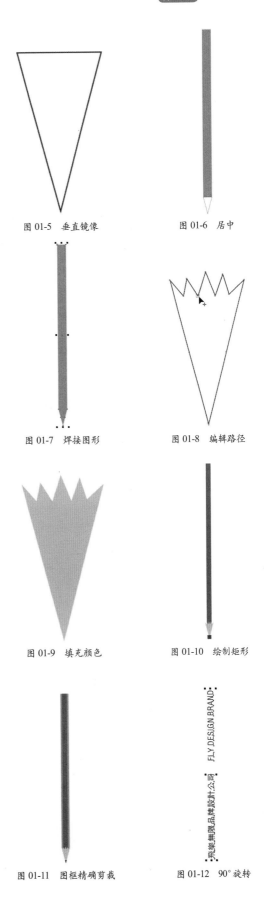

图 01-5　垂直镜像　　　图 01-6　居中

图 01-7　焊接图形　　　图 01-8　编辑路径

图 01-9　填充颜色　　　图 01-10　绘制矩形

图 01-11　图框精确剪裁　　　图 01-12　90°旋转

（13）文字填充白色，放在铅笔的中间位置。完成铅笔的制作，如图 01-13 所示。

（14）使用【矩形工具】绘制矩形，按 F11 键，设置线性渐变，颜色调和以灰度为主。具体设置如图 01-14 所示。

图 01-13　完成铅笔制作　　　　图 01-14　渐变设置

（15）单击【确定】，应用渐变填充，然后去除轮廓，如图 01-15 所示。

（16）使用【矩形工具】绘制矩形，按 F11 键，设置线性渐变，颜色调和从左到右依次为 M：100；Y：100、M：60；Y：100、M：60；Y：100 与 M：70；Y：100。其他设置如图 01-16 所示。

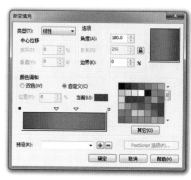

图 01-15　灰度渐变填充　　　　图 01-16　渐变设置

（17）应用渐变填充，去除轮廓，如图 01-17 所示。

（18）使用【矩形工具】在上下位置绘制矩形，填充红色，去除轮廓，如图 01-18 所示。

图 01-17　应用渐变填充　　　　图 01-18　绘制矩形

（19）应用【贝塞尔工具】绘制路径，在属性栏中设置粗细为 0.35mm，如图 01-19 所示。

（20）按 Ctrl+I 键，导入标题 logo，旋转设为 90°，填充白色。效果如图 01-20 所示。

图 01-19　绘制路径　　　　图 01-20　完成效果

实例 **02** | 广告伞

最终效果图

💗 **1. 实例特点**

该实例颜色以红色为主色调，搭配简洁灰，结构简洁，适用于广告伞、企业伞设计制作等商业应用中。

📍 **2. 注意事项**

本例广告伞的制作仅提供样式的制作参考，具体制作规格请以制作单位规定的为准。

💬 **3. 操作思路**

使用【多边形工具】○绘制多边形。使用【手绘工具】绘制直线，使用【变换】泊坞窗再制副本。使用【形状工具】制作弧形边。使用【智能填充工具】建立扇形路径，填充颜色。按 Ctrl+I 键，导入标志图形。使用【椭圆形工具】○绘制正圆形。

路径：光盘 :\Charter 09\ 广告伞 .cdr

具体步骤如下：

（1）执行【文件】|【新建】命令或者按 Ctrl+N 键，新建一个空白文件。

➡ （2）选择【多边形工具】○，在属性栏中设置初始边数为 8，如图 02-1 所示。

➡ （3）按住 Ctrl 键，使用【多边形工具】○绘制多边形，如图 02-2 所示。

图 02-1　设置多边形边数　　　　图 02-2　绘制多边形框

➡ （4）按 Ctrl+J 键，打开【选项】对话框，设置贴齐对象，勾选【贴齐对象】、【显示贴齐位置标记】、【节点】，如图 02-3 所示。

➡ （5）选择【手绘工具】绘制直线，在交叉节点位置，会自动显示节点状态，如图 02-4 所示。

图 02-3　贴齐对象设置　　　　图 02-4　绘制直线

（6）执行【窗口】|【泊坞窗】|【变换】|【旋转】，打开【变换】泊坞窗，设置旋转角度为45°，份数为3，如图02-5所示。

（7）单击【应用】，旋转复制线条，如图02-6所示。

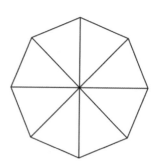

图02-5　【变换】泊坞窗　　　图02-6　复制线条

（8）选择多边形，使用【形状工具】双击中间的节点，删除所有边数中间部分的节点，如图02-7所示。

（9）使用【形状工具】在任意一边上右击，在弹出的菜单中选择【到曲线】，如图02-8所示。

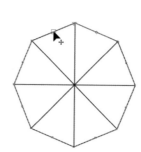

图02-7　删除节点　　　图02-8　到曲线

（10）使用【形状工具】，拖动边缘至弧形，所有的边会一起改变形状，如图02-9所示。

（11）选择【智能填充工具】，在属性栏中设置填充颜色（M：100；Y：100），如图02-10所示。

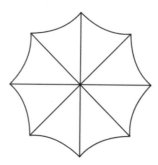

图02-9　制作弧形　　　图02-10　设置填充颜色

（12）使用【智能填充工具】在需要填充颜色的扇形上面单击，填充红色，如图02-11所示。

（13）在【智能填充工具】属性栏中设置填充颜色（K：20）。在空白扇形处单击，填充灰度，如图02-12所示。

图02-11　填充红色　　　图02-12　填充灰度

➡ （14）使用【选择工具】框选对象，在属性栏中设置旋转角度值为360/16，将图形扭正，如图 02-13 和图 02-14所示。

图 02-13　旋转角度设置　　　图 02-14　扭正图形

➡ （15）按 Ctrl+I 键，导入标志图形，填充白色，使用镜像和旋转，将 logo 放置在红色扇形位置。按 Ctrl 键，使用【椭圆形工具】绘制正圆形，并居中，如图 02-15 所示。

➡ （16）复制图形，将对象填充白色，标志填充红色。得到反白效果，如图 02-16 所示。

 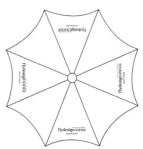

图 02-15　标志处理　　　　图 02-16　反白效果

实例 03 | 户外指示牌

最终效果图

❤ **1. 实例特点**

该实例颜色采用主色与辅助色搭配的渐变色调为主，适用于导向牌、标示牌、指示牌制作等商业应用中。

📍 **2. 注意事项**

本例设计规格和制作形式仅供参考。

💬 **3. 操作思路**

使用【矩形工具】构建造型框架，通过设置【圆角半径】来制作圆角矩形。使用【多边形工具】，通过属性栏设置边数，制作灯座。使用【渐变填充】工具对对象填充渐变色。使用【形状工具】编辑矩形，制作底座。使用【插入字符】泊坞窗来导入箭头符号图形。按 Ctrl+I 键，导入标志图形。使用【文本工具】处理文本。

路径：光盘 :\Charter 09\ 户外指示牌 .cdr

具体步骤如下：

（1）执行【文件】|【新建】命令，新建一个空白文件。

➡（2）使用【矩形工具】▢绘制矩形，按 F11 键，设置线性渐变，颜色调和从灰度（K：40）到白色，如图 03-1 和图 03-2 所示。

图 03-1 渐变填充设置   图 03-2 绘制矩形

➡（3）右击调色板中的灰度颜色（K：30），改变当前轮廓线的颜色，如图 03-3 所示。

➡（4）在属性栏中设置轮廓粗细为 0.2mm，如图 03-4 所示。

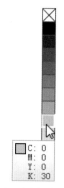

C：0
M：0
Y：0
K：30

图 03-3 改变轮廓线颜色   图 03-4 改变轮廓线颜色

➡（5）选择【多边形工具】◌，在属性栏中设置边数为 5，绘制多边形，如图 03-5 所示。

➡（6）按 F11 键，设置辐射渐变填充，颜色调和从（M：60；Y：100）到白色。其他设置如图 03-6 所示。

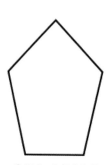

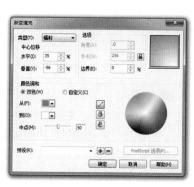

图 03-5 绘制多边形   图 03-6 渐变设置

➡（7）单击【确定】，应用渐变填充，并改变轮廓颜色（K：30），如图 03-7 所示。

➡（8）使用【矩形工具】▢绘制矩形，设置相同的渐变填充和轮廓。局部如图 03-8 所示。

图 03-7 渐变填充   图 03-8 绘制矩形

➡（9）使用【矩形工具】▭绘制矩形，按 Ctrl+Q 键转换为曲线，如图 03-9 所示。

➡（10）在属性栏中设置微调距离为 2mm，使用【形状工具】⬚框选左上角节点，向右移动，如图 03-10 所示。

图 03-9　转换为曲线

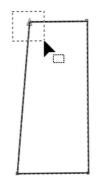

图 03-10　向右移动节点

➡（11）使用【形状工具】⬚框选右上角节点，向左移动，如图 03-11 所示。

➡（12）按 F11 键，设置线性渐变填充，颜色调和从（K：80）到（K：40）。设置轮廓颜色（K：30），轮廓宽度为 0.2mm，如图 03-12 所示。

图 03-11　调节编辑矩形

图 03-12　灰度渐变填充

➡（13）整体的效果图，如图 03-13 所示。

➡（14）使用矩形工具▭绘制矩形，填充灰度为（K：10），设置轮廓颜色为（K：40），轮廓粗细为 0.2mm，如图 03-14 所示。

图 03-13　柱子效果

图 03-14　绘制矩形

➡（15）按"+"键，复制矩形，去除轮廓，填充灰度（K：30）。按 Ctrl+PgDn 键，置于下一层。按方向键偏移，制作出阴影效果，效果如图 03-15 所示。

➡（16）使用【矩形工具】▭绘制矩形，填充颜色（M：60；Y：100），如图 03-16 所示。

图 03-15　制作阴影

图 03-16　绘制矩形

（17）右击调色板中的⊠，去除轮廓。使用【椭圆形工具】◯在下方绘制椭圆形，如图 03-17 所示。

（18）按住 Shift 键，使用【选择工具】加选矩形，在属性栏中选择【修剪】，如图 03-18 所示。

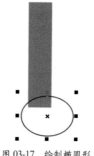

图 03-17　绘制椭圆形

图 03-18　修剪图形

图 03-19　对齐图形

图 03-20　导入标志

（19）使用【选择工具】辅助 Shift 键，选择矩形与修剪图形，按 T 键、L 键，对齐图形，如图 03-19 所示。

（20）按 Ctrl+I 键，导入标志 logo，如图 03-20 所示。

（21）选择【矩形工具】，绘制矩形。在属性栏中设置【圆角半径】，单击小锁图标，解锁后，可以对任意一角设置。设置如图 03-21 所示。

（22）应用圆角半径后，如图 03-22 所示。

图 03-21　圆角半径设置

图 03-22　应用圆角半径后

（23）按 F11 键，打开【渐变填充】对话框，选择线性渐变，设置渐变角度为-90°，颜色调和从（M：100；Y：100；K：30）到（M：60；Y：100）。其他设置如图 03-23 所示。

（24）去除轮廓，效果如图 03-24 所示。

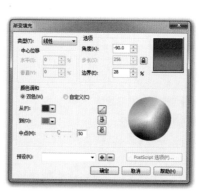

图 03-23　渐变设置

图 03-24　渐变效果

（25）执行【文本】|【插入符号】，打开【插入字符】泊坞窗，在【字体】列表中选择 Wingdings，在下方的图形库中找到箭头符号，如图 03-25 所示。

（26）箭头符号填充白色，并去除轮廓。使用【文本工具】⬚输入文字和字母，如图 03-26 所示。

图 03-25 插入箭头符号　　　　图 03-26 输入文字和字母

（27）按住 Ctrl 键，使用【手绘工具】⬚绘制直线，设置轮廓颜色为白色，轮廓宽度为 0.3mm，如图 03-27 所示。

（28）使用【矩形工具】⬚，绘制三个矩形，弧形位置设置【圆角半径】，如图 03-28 所示。

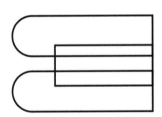

图 03-27 绘制直线　　　　图 03-28 绘制矩形

（29）在属性栏中单击⬚，将对象焊接为一个整体，如图 03-29 所示。

（30）按 F11 键，设置灰度线性渐变，具体设置如图 03-30 所示。

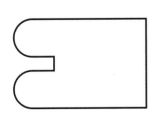

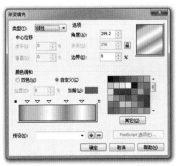

图 03-29 焊接图形　　　　图 03-30 渐变设置

（31）单击【确定】按钮，应用渐变填充，然后设置轮廓颜色（K：60），如图 03-31 所示。

（32）按住 Ctrl 键，使用【椭圆形工具】⬚绘制正圆形，填充白色，如图 03-32 所示。

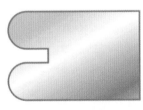

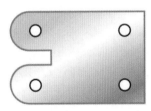

图 03-31 渐变填充　　　　图 03-32 绘制圆形

➡ （33）最终效果如图 03-33 所示。

图 03-33　最终效果

实例 **04** | **台历**

最终效果图

💗 **1. 实例特点**

　　该实例颜色素雅，结构简洁，适用于小型台历、桌面台历制作等商业应用中。

📍 **2. 注意事项**

　　本例台历制作工艺和尺寸仅供参考。

💬 **3. 操作思路**

　　使用【矩形工具】▢绘制矩形。使用【图框精确剪裁】将图像置入矩形框中。按 F11 键，打开【渐变填充】对话框，制作线性渐变效果。按 Shift+F11 键，进行颜色填充。使用【步长和重复】泊坞窗，复制副本。使用【文本工具】字处理文本。

路径：光盘 :\Charter 09\ 台历 .cdr

具体步骤如下:

（1）执行【文件】|【新建】命令，新建一个空白文件。

（2）使用【矩形工具】□ 绘制矩形条，在属性栏中设置尺寸为150mm×90mm，如图04-1和图04-2所示。

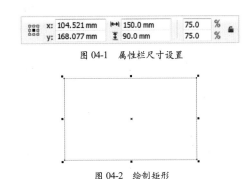

图 04-1 属性栏尺寸设置

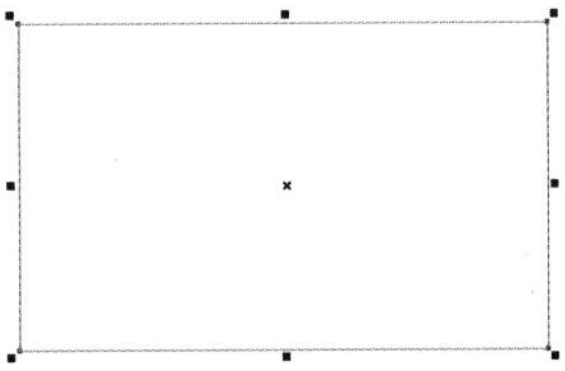

图 04-2 绘制矩形

（3）按 Shift+F11 键，设置颜色填充，如图04-3所示。

（4）应用颜色填充后，右击调色板中的⊠，去除轮廓线，如图04-4所示。

图 04-3 均匀填充设置

图 04-4 颜色填充

（5）使用【矩形工具】□ 绘制矩形条，在属性栏中设置尺寸为150mm×12mm。按F11键，设置线性渐变，颜色调和从左到右依次为（C：35；M：45；Y：90）、（C：5；M：10；Y：40）、（C：20；M：45；Y：90；K：45）、（C：15；M：10；Y：45）、（C：35；M：45；Y：90）。应用渐变填充后，其他设置如图04-5所示。

（6）应用渐变填充后，右击调色板上的⊠，去除轮廓线，如图04-6所示。

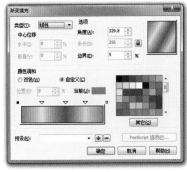

图 04-5 渐变设置

图 04-6 渐变填充

（7）执行【窗口】|【泊坞窗】|【对齐与分布】，打开【对齐与分布】泊坞窗。按住 Shift 键，使用【选择工具】□ 加选图04-4。在对齐与分布泊坞窗中选择【水平居中对齐】和【顶端对齐】，如图04-7所示。

（8）对齐后的效果如图04-8所示。

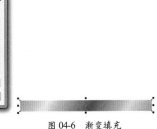

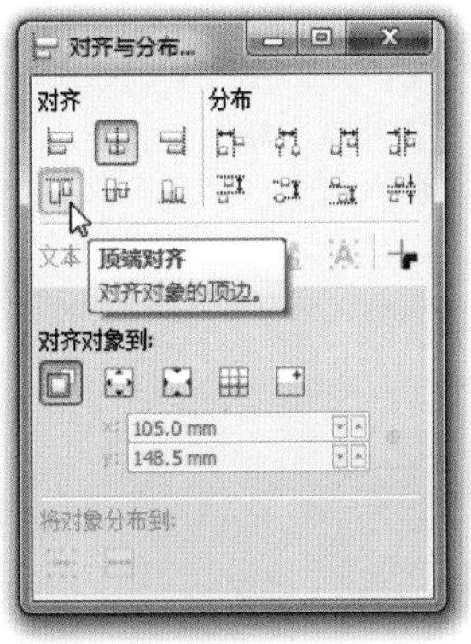

图 04-7 【对齐与分布】泊坞窗

图 04-8 对齐后的效果

(9) 按 Ctrl+I 键，导入素材图像。执行【效果】|【图框精确剪裁】|【置入图文框内部】，当鼠标箭头成为➡时，在背景图形上面单击，将素材置入。置入后的初始效果如图 04-9 所示。

(10) 单击图形下方出现的第一个按钮【编辑 PowerClip】，对置入的图像进行编辑，如图 04-10 所示。

图 04-9　图框精确剪裁

图 04-10　编辑 PowerClip

(11) 单击下方中间位置【停止编辑内容】按钮，则会退出编辑，如图 04-11 所示。

(12) 使用【文本工具】字输入字母和文字。选择【属性滴管工具】，在属性栏中勾选【填充】选项，其他选项全部取消。在图 04-6 上单击，吸取渐变属性，当箭头成为油漆桶形状时，在文字上面单击，将渐变色应用到文字上面，如图 04-12 所示。

图 04-11　退出编辑

图 04-12　应用渐变属性

(13) 按"+"键，复制副本，填充黑色。按 Ctrl+PgDn 键，置于下一层，按方向键偏移，制作出阴影效果，如图 04-13 所示。

(14) 按住 Ctrl 键，使用【椭圆形工具】绘制正圆形，使用【属性滴管工具】复制渐变属性并填充。去除轮廓线，使用【文本工具】字输入文字，填充白色，如图 04-14 所示。

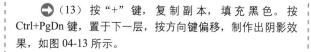

图 04-13　制作阴影

图 04-14　椭圆形及文字处理

（15）使用【文本工具】⬚输入文字，并调节字间距。最终效果如图 04-15 所示。

（16）使用【文本工具】⬚输入文字，设置填充颜色（C：20；M：30;Y：70），按 Ctrl+PgDn 键，置于下一层。应用效果如图 04-16 所示。

图 04-15　输入文字

图 04-16　底纹效果

（17）使用【椭圆形工具】⬚绘制正圆形，使用【矩形工具】⬚绘制矩形，然后叠加在一起，如图 04-17 所示。

（18）使用矩形修剪圆形⬚，得到一个半圆形，如图 04-18 所示。

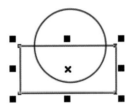

图 04-17　绘制图形

图 04-18　修剪后

（19）按住 Ctrl 键，使用【手绘工具】⬚绘制一条直线，在属性栏中设置长度为 150mm、轮廓粗细为 1mm，如图 04-19 所示。

（20）使用【选择工具】⬚选择半圆图形，在属性栏中设置轮廓粗细为 1mm。按 C 键和 B 键，和直线对齐，如图 04-20 所示。

图 04-19　绘制直线

图 04-20　对齐图形

⬇（21）复制半圆图形，在属性栏中单击垂直镜像，填充白色，去除轮廓，如图 04-21 所示。

⬇（22）使用【矩形工具】绘制如图 04-22 所示的图形。下面矩形填充灰度（K：10）。

图 04-21　垂直镜像

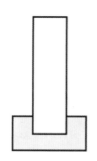

图 04-22　绘制矩形

⬇（23）执行【编辑】|【步长和重复】，打开【步长和重复】泊坞窗，设置水平复制，距离为 2mm、份数为 23，其他设置如图 04-23 所示。

⬇（24）单击【应用】。效果如图 04-24 所示。

图 04-23　【步长和重复】泊坞窗

图 04-24　复制后效果

➡（25）删除中间的图形。复制背景图形，填充灰度，导入标志，如图 04-25 所示。

图 04-25　最终效果

实例 05 服装设计

最终效果图

❤ **1. 实例特点**

该实例颜色仅供展示，服饰结构偏传统，适用于企业员工服装、单位个人服装制作等商业应用中。

📍 **2. 注意事项**

重点掌握【贝塞尔工具】✏️与【形状工具】🔺的使用方法与技巧。

💬 **3. 操作思路**

服装造型主要使用【贝塞尔工具】✏️与【形状工具】🔺搭配使用来完成绘制。使用【矩形工具】▭绘制皮带。使用【多边形工具】⬡制作领带。

路径：光盘 :\Charter 09\ 服装设计 .cdr

具体步骤如下：

（1）执行【文件】|【新建】命令，新建一个空白文件。

➡️ （2）使用【矩形工具】▭绘制矩形框，然后在属性栏中设置矩形的尺寸，如图 05-1 和图 05-2 所示。

图 05-1 设置矩形尺寸

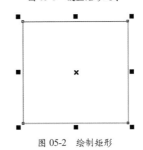

图 05-2 绘制矩形

➡️ （3）在【矩形工具】▭属性栏中设置【圆角半径】，单击中间的🔒，解锁后可对任意一角设置半径值，如图 05-3 所示。

➡️ （4）左上角与右上角保持直角不变，改变左下角与右下角的半径值，如图 05-4 所示。

图 05-3 圆角半径设置

图 05-4 圆角半径效果

（5）按 Ctrl+Q 键转换为曲线。在属性栏中设置微调距离为 4.3mm，如图 05-5 所示。

（6）选择【形状工具】框选左下角的节点，按方向键→向右移动；框选右下角的节点，按方向键←向左移动，如图 05-6 所示。

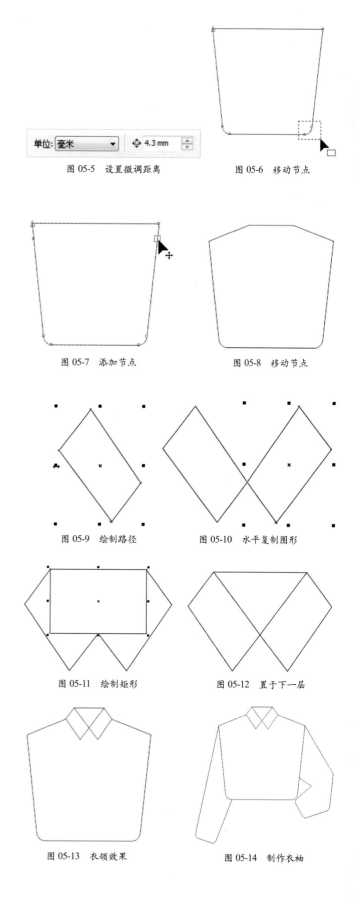

图 05-5 设置微调距离　　图 05-6 移动节点

（7）使用【形状工具】在左右两侧曲线上双击，添加节点，如图 05-7 所示。

（8）在属性栏中设置微调距离为 15mm。使用【形状工具】框选左上角的节点，按方向键→向右移动 15mm；框选右上角的节点，按方向键←向左移动 15mm，如图 05-8 所示。

图 05-7 添加节点　　图 05-8 移动节点

（9）使用【贝塞尔工具】绘制路径。将鼠标放在左侧中心锚点位置，鼠标会成为左右伸缩箭头，如图 05-9 所示。

（10）按住 Ctrl 键，向右侧拖动，右击水平复制图形，如图 05-10 所示。

图 05-9 绘制路径　　图 05-10 水平复制图形

（11）使用【矩形工具】绘制矩形，填充白色，如图 05-11 所示。

（12）按 Ctrl+PgDn 键，将矩形置于下一层。两侧的图形填充白色，如图 05-12 所示。

图 05-11 绘制矩形　　图 05-12 置于下一层

（13）衣领效果如图 05-13 所示。

（14）使用【贝塞尔工具】绘制衣袖，使用【形状工具】编辑，如图 05-14 所示。

图 05-13 衣领效果　　图 05-14 制作衣袖

（15）使用【矩形工具】▢、【手绘工具】ᛊ与【椭圆形工具】◯制作衣袖的其他细节部分图形，如图 05-15 所示。

（16）使用【矩形工具】绘制皮带效果，如图 05-16 所示。

图 05-15　制作衣袖图形

图 05-16　绘制皮带

（17）使用【矩形工具】▢绘制两个矩形。按 Ctrl+Q 键，转换为曲线，使用【形状工具】ᛊ编辑调节，如图 05-17 所示。

（18）使用【选择工具】ᛊ框选图形，在属性栏中单击▢，焊接图形，效果如图 05-18 所示。

图 05-17　编辑矩形

图 05-18　焊接合并

（19）使用【形状工具】ᛊ继续调整图形，并填充颜色（K：70），如图 05-19 所示。

（20）使用【手绘工具】ᛊ与【贝塞尔工具】ᛊ绘制线条。效果如图 05-20 所示。

图 05-19　添加节点编辑图形

图 05-20　绘制线条

（21）组合图形。整体效果如图 05-21 所示。

（22）选择【多边形工具】◯，在属性栏中设置边数为 6，绘制六边形，如图 05-22 所示。

图 05-21　整体效果

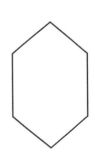

图 05-22　绘制六边形

（23）按 Ctrl+Q 键转换为曲线。使用【形状工具】ᛊ删除多余的节点，框选下方三个节点，按住 Ctrl 键，垂直向下拖动，如图 05-23 所示。

（24）在属性栏中设置【微调距离】，辅助使用【形状工具】ᛊ编辑调节图形，如图 05-24 所示。

图 05-23　编辑路径

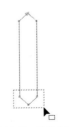

图 05-24　领带效果

（25）按 Shift+F11 键，填充红色（M：100；Y：100），去除轮廓，导入字母图形，如图 05-25 所示。

（26）制作出口袋。整体效果如图 05-26 所示。

图 05-25　领带效果　　　　　图 05-26　整体效果

（27）按照同样的方法，举一反三，绘制服装二效果，如图 05-27 所示。

（28）为便于理解，分解步骤如图 05-28 所示。

图 05-27　服装二　　　　　图 05-28　分解步骤

实例 06　手提袋

1. 实例特点

该实例颜色古朴，版式简洁，适用于手提袋制作等商业应用中。

2. 注意事项

本例提供的尺寸仅供参考。

3. 操作思路

使用【矩形工具】□创建造型框架。使用【形状工具】⚬编辑矩形，来制作手提袋的侧面效果。按 Shift+F11 键，填充颜色。使用【图框精确剪裁】将矢量花纹素材置入矩形框中。使用【文本工具】图输入文字。使用【椭圆形工具】○绘制圆孔。使用【贝塞尔工具】⚬制作绳结。

最终效果图

路径：光盘 :\Charter 09\ 手提袋 .cdr

具体步骤如下：

（1）执行【文件】|【新建】命令，新建一个空白文件。

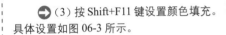（2）使用【矩形工具】□绘制矩形框，在属性栏中设置尺寸，如图 06-1 和图 06-2 所示。

图 06-1　尺寸设置

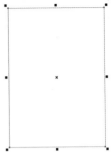

图 06-2　绘制矩形

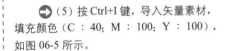（3）按 Shift+F11 键设置颜色填充。具体设置如图 06-3 所示。

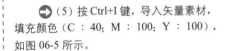（4）应用颜色填充后，去除黑色轮廓线⊠，如图 06-4 所示。

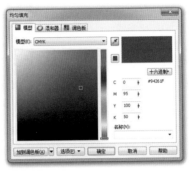

图 06-3　填充设置

图 06-4　颜色填充

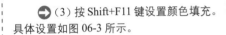（5）按 Ctrl+I 键，导入矢量素材，填充颜色（C：40；M：100；Y：100），如图 06-5 所示。

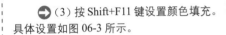（6）执行【效果】|【图框精确剪裁】|【置于图文框内部】，当鼠标箭头成为➡时，在矩形上单击，将矢量花纹置入到矩形中。置入后初始效果如图 06-6 所示。

图 06-5　导入素材

图 06-6　图框精确剪裁

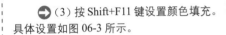（7）单击矩形下方中间的第一个按钮【编辑 PowerClip】，对置入的矢量花纹进行编辑。编辑后的效果如图 06-7 所示。

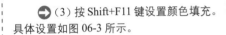（8）按 Ctrl+I 键，导入标志，输入文字，如图 06-8 所示。

图 06-7　编辑图形

图 06-8　输入文字

（9）使用【矩形工具】绘制矩形框，按 Ctrl+Q 键，转换为曲线。使用【形状工具】调节节点，编辑形状，如图 06-9 所示。

（10）按 F11 键，设置线性渐变填充，如图 06-10 所示。

图 06-9　编辑矩形　　　　图 06-10　渐变设置

（11）两个图形应用渐变填充后，去除轮廓，组合在一起。版面效果如图 06-11 所示。

（12）使用【贝塞尔工具】在底部绘制三角形，填充颜色（K：40），去除轮廓，如图 06-12 所示。

图 06-11　版面效果　　　　图 06-12　绘制三角形

（13）使用【矩形工具】配合【形状工具】制作侧面和背面效果，如图 06-13 所示。

（14）按住 Ctrl 键，使用【椭圆形工具】绘制正圆形。按 F12 键，设置轮廓宽度为 0.5mm，如图 06-14 所示。

图 06-13　左侧面和背面　　　　图 06-14　绘制圆孔

（15）使用【贝塞尔工具】绘制绳结，如图 06-15 所示。

（16）制作出侧面图形，如图 06-16 所示。

图 06-15　绳结　　　　图 06-16　侧面图形

第10章

广告设计

广告设计是基于计算机平面设计技术应用的基础上，随着广告行业发展所形成的一个新职业。该职业的主要特征是对图像、文字、色彩、版面、图形等表达广告的元素，结合广告媒体的使用特征，在计算机上通过相关设计软件来为实现表达广告目的和意图，所进行平面艺术创意的一种设计活动或过程。本章将带领读者一起了解和制作平面广告。

实例 01 | 楼盘广告

1. 实例特点

　　该实例颜色以楼盘天蓝色为主，辅助使用橙色边框，适用于新楼盘广告、楼盘开业广告、楼盘报纸广告、杂志广告等商业应用中。

2. 注意事项

　　本例提供的设计参考尺寸以杂志版面为准，报纸广告仅供参考。

3. 操作思路

　　使用【矩形工具】绘制矩形。使用 F12 轮廓笔工具与【轮廓工具】制作标题文字效果。使用【形状工具】改变文字的字间距。通过设置【矩形工具】属性栏中的【圆角半径】来绘制地图图形。使用【图框精确剪裁】功能将图像素材置入图形框中。使用【文本工具】输入中文和英文字母。使用【插入符号字符】功能，打开【插入字符】泊坞窗，找到需要的图形，使用 F11 键，打开【渐变填充】对话框，制作渐变填充效果。

最终效果图

路径：光盘 :\Charter 10\ 楼盘广告 .cdr

具体步骤如下：

　　（1）执行【文件】|【新建】命令，新建一个空白文件。

　　（2）使用【矩形工具】绘制矩形，在属性栏中设置尺寸为 180mm×140mm，如图 01-1 和图 01-2 所示。

图 01-1　设置尺寸

图 01-2　绘制矩形

　　（3）按 Shift+F11 键，设置填充颜色（M：40；Y：100），如图 01-3 所示。

　　（4）单击【确定】，应用颜色填充，并去除轮廓线。初始效果如图 01-4 所示。

图 01-3　颜色填充设置

图 01-4　填充颜色

（5）使用【矩形工具】▢绘制矩形，填充白色，在属性栏中设置尺寸为170mm×130mm。使用【选择工具】▣全选对象，按 C 键、E 键，居中图形，最后去除轮廓，如图 01-5 所示。

（6）按 Ctrl+I 键，导入图像素材。在属性栏中设置尺寸为 160mm×100mm。居中对齐，如图 01-6 所示。

图 01-5　绘制矩形　　　　图 01-6　导入素材并居中

（7）使用【文本工具】字输入文本，在属性栏中设置字体类型和字号，如图 01-7 所示。

（8）使用【形状工具】在文字上面单击，将鼠标放在右下角控制点位置，当鼠标状态成为十字形状时，拖动鼠标，改变文字的字间距，如图 01-8 所示。

图 01-7　设置文字属性

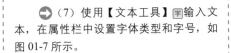

图 01-8　改变字间距

（9）按 Shift+F11 键，给文字填充颜色（M：60；Y：100）。版面效果如图 01-9 所示。

（10）使用【文本工具】字输入标题文本，填充颜色（M：60；Y：100）。按 F12 键，设置轮廓笔描边效果，如图 01-10 所示。

图 01-9　版面效果　　　　图 01-10　轮廓笔设置

（11）单击【确定】，应用轮廓笔效果，如图 01-11 所示。

（12）选择【轮廓工具】为文字添加轮廓效果。属性栏设置如图 01-12 所示。

图 01-11　轮廓笔效果

图 01-12　轮廓工具属性栏

（13）应用轮廓工具后。效果如图 01-13 所示。

（14）使用【文本工具】输入字母，填充黑色。按 F12 键，设置白色描边、轮廓宽度为 1mm，如图 01-14 所示。

图 01-13　应用轮廓工具　　　图 01-14　白色描边效果

（15）绘制地图。使用【矩形工具】绘制矩形，在属性栏中设置矩形的【圆角半径】。单击小锁图标，解锁后可对任意一角设置圆角半径，如图 01-15 所示。

（16）对矩形左上角设置圆角半径后。效果如图 01-16 所示。

图 01-15　设置圆角半径　　　图 01-16　圆角半径效果

（17）运用同样的方法，制作其他的矩形效果，如图 01-17 所示。

（18）按 Shift+F11 键，设置填充颜色（C：55；M：85；Y：100；K：30），并去除轮廓线，如图 01-18 所示。

图 01-17　绘制其他矩形　　　图 01-18　颜色填充

（19）使用【文本工具】输入文字，在属性栏中单击【将文本更改为水平方向】或【将文本更改为垂直方向】，制作水平和垂直文字，如图 01-19 所示。

（20）使用【形状工具】改变文字的字间距，如图 01-20 所示。

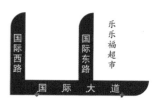

图 01-19　处理文本效果　　　图 01-20　调节字间距

（21）按住 Ctrl 键，使用【手绘工具】绘制直线，如图 01-21 所示。

（22）按 F12 键，设置线条的颜色（C：55；M：85；Y：100；K：30）。调整后的效果如图 01-22 所示。

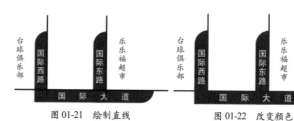

图 01-21　绘制直线　　　图 01-22　改变颜色

➡ （23）执行【文本】|【插入符号
字符】，打开【插入字符】泊坞窗，在【字
体】类型中选择 Webdings。初始效果如
图 01-23 所示。

➡ （24）在下方的图形库中找到需
要的图形，拖动到工作区中。初始效果如
图 01-24 所示。

图 01-23　【插入字符】泊坞窗

图 01-24　初始图形

➡ （25）按 F11 键，设置线性渐变
填充，颜色调和从 M：100；Y：100；
K：30 到 M：60；Y：100。其他设置
如图 01-25 所示。

➡ （26）应用渐变填充后，去除轮廓
线，使用【文本工具】输入文字。完成
地图绘制，如图 01-26 所示。

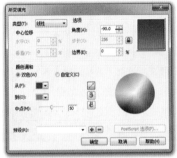

图 01-25　渐变填充设置

图 01-26　地图

➡ （27）使用【矩形工具】绘制矩
形，并设置矩形的圆角半径。按 Ctrl+L 键，
将三个矩形【结合】，如图 01-27 所示。

➡ （28）按 Ctrl+I 键，导入图像素
材。执行【效果】|【图框精确剪裁】|【置
于图文框内部】，将图像置入矩形中，如
图 01-28 所示。

图 01-27　绘制矩形

图 01-28　图框精确剪裁

➡ （29）使用【文本工具】输入文字，
并调节版式。最终效果如图 01-29 所示。

图 01-29　最终完成效果图

实例 02 | 创意广告

1. 实例特点

该实例颜色以橙色系为主，适用于创意广告、杂志整版广告、报纸整版广告等商业应用中。

2. 注意事项

本例中灯泡的颜色会随着背景色的改变而改变，可适应不同风格的广告需求。

3. 操作思路

使用【矩形工具】▢绘制矩形。使用【文本工具】字输入文字。使用【形状工具】◣编辑图形。按住 Ctrl 键，使用【椭圆形工具】◯绘制正圆形，使用【调和工具】◣制作调和效果。使用【手绘工具】◣绘制直线，在属性栏中设置起始和终止箭头样式。

最终效果图

路径：光盘 \Charter 10\ 创意广告 .cdr

具体步骤如下：

（1）执行【文件】|【新建】命令或者按 Ctrl+N 键，新建一个空白文件。

➡（2）使用【矩形工具】▢绘制矩形，在属性栏中设置尺寸为 210mm×285mm，如图 02-1 所示。

➡（3）在工作区右侧的调色板中单击灰度（K：10），填充颜色，然后去除轮廓线，如图 02-2 所示。

图 02-1　设置矩形尺寸　　　　图 02-2　填充灰度

➡（4）使用【矩形工具】▢ 在灰度图形上面绘制矩形，尺寸设为 200mm×270mm。填充白色。按 F12 键，设置轮廓宽度为 1.5mm、轮廓颜色为（M：60；Y：100），如图 02-3 所示。

➡（5）使用【选择工具】◣框选对象，按 C 键、E 键，使两个矩形居中对齐，如图 02-4 所示。

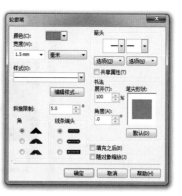

图 02-3　轮廓笔属性设置　　　　图 02-4　居中对齐

（6）使用【矩形工具】□绘制矩形，设置尺寸为190mm×260mm，并填充颜色（M：60；Y：100），如图02-5所示。

（7）按Ctrl+I键，导入图像素材。使用【透明工具】🔲在图像上拖动，添加透明效果，如图02-6所示。

图 02-5 绘制矩形填充颜色　　　　图 02-6 添加透明度

（8）使用【文本工具】字输入文字，按住Ctrl键，使用【椭圆形工具】○绘制正圆形，如图02-7所示。

（9）按住Ctrl键，使用【矩形工具】□绘制正方形。按Ctrl+Q键转换为曲线。使用【形状工具】🔧双击右上角的节点，删除该节点。填充红色，去除轮廓，如图02-8所示。

图 02-7 文字处理　　　　　图 02-8 绘制三角形

（10）按住Ctrl键，使用【椭圆形工具】○绘制正圆形。一个填充橙色（M：60；Y：100），一个填充黄色（Y：100），如图02-9所示。

图 02-9 制作圆形

（11）选择【调和工具】，自红色圆形向黄色圆形拖动，创建调和效果。在属性栏中设置调和数量为5，效果如图02-10所示。

图 02-10 调和效果

（12）右击工作区右侧调色板最上方的⊠，去除轮廓。版面效果如图02-11所示。

（13）使用【文本工具】字输入字母与标题文字。后面的句号图形可以单独输入，然后放置在上部位置，如图02-12所示。

图 02-11 版面效果　　　　图 02-12 标题的处理

（14）使用【文本工具】字输入其他文字，在属性栏中设置文本对齐方式为【居中】，如图02-13和图02-14所示。

图 02-13 居中对齐　　　　图 02-14 对齐效果

（15）按 Ctrl+I 键，导入图像素材，版面居中，如图 02-15 所示。

（16）按住 Ctrl 键，使用【手绘工具】绘制直线。在属性栏中设置起始箭头样式和终止箭头样式。属性栏设置如图 02-16 所示。

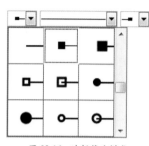

图 02-15　导入图像素材　　　　图 02-16　选择箭头样式

（17）应用箭头样式后的直线，如图 02-17 所示。

（18）使用【文本工具】输入文字，并调节版式，完成制作，如图 02-18 所示。

图 02-17　应用箭头样式　　　　图 02-18　完成效果图

实例 03　美甲广告

❤ 1. 实例特点

该实例颜色采用粉色系，适用于美甲广告、女性美容广告、报纸通栏广告、杂志通栏广告等商业应用中。

📍 2. 注意事项

本例制作形式仅供参考，具体尺寸请以杂志或报纸规定的尺寸为主。

💬 3. 操作思路

使用【矩形工具】构建造型框架，通过设置【圆角半径】来制作标志图形中的圆角矩形效果。按 Ctrl+I 键，导入图像素材，通过【图框精确剪裁】功能，将素材置于到矩形框中。使用 F12 轮廓笔工具与【轮廓工具】制作文字的描边效果。使用【文本工具】处理文本。

最终效果图

路径：光盘 :\Charter 10\ 美甲广告 .cdr

具体步骤如下：

（1）执行【文件】|【新建】命令，新建一个空白文件。

（2）使用【矩形工具】□ 绘制矩形，在属性栏中设置尺寸为 160mm×60mm，如图 03-1 和图 03-2 所示。

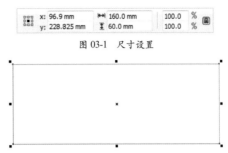
图 03-1 尺寸设置

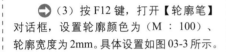
图 03-2 绘制矩形

（3）按 F12 键，打开【轮廓笔】对话框，设置轮廓颜色为（M：100）、轮廓宽度为 2mm。具体设置如图 03-3 所示。

（4）单击【确定】，应用后的效果如图 03-4 所示。

图 03-3 轮廓笔设置

图 03-4 应用后的效果

（5）按 Ctrl+I 键，导入图像素材。执行【效果】|【图框精确剪裁】>【置于图文框内部】，将素材置入矩形框中。置入后的初始效果如图 03-5 所示。

（6）单击下方第一个按钮【编辑 PowerClip】，可进入矩形框中，对置入的图像进行编辑。编辑后单击下方出现的按钮【停止编辑内容】可退出编辑，如图 03-6 所示。

图 03-5 置入后初始效果

图 03-6 编辑后的效果

（7）执行【排列】|【将轮廓转换为对象】，将矩形框转换为可填充颜色的路径对象。按 Ctrl+I 键导入图像素材，放置于左侧位置，如图 03-7 所示。

（8）按住 Ctrl 键，使用【矩形工具】□ 绘制 4 个正方形，如图 03-8 所示。

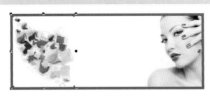
图 03-7 导入图像素材

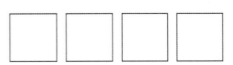
图 03-8 绘制正方形

（9）按 Shift+F11 键，进行颜色填充，从左到右颜色依次为（M：100）、（M：60；Y：100）、（C：100）、（C：40；Y：100），如图 03-9 所示。

（10）右击工作区右侧调色板最上方的⊠，去除轮廓线，如图 03-10 所示。

图 03-9　颜色填充

图 03-10　去除轮廓线

（11）使用【选择工具】⬚选择第一个正方形，在矩形工具属性栏中设置右上角的【圆角半径】。如果不能单独修改圆角半径，单击中间的小锁🔒，解锁后即可修改，如图 03-11 所示。

（12）应用圆角半径后的效果如图 03-12 所示。

图 03-11　设置圆角半径

图 03-12　圆角半径效果

（13）设置其他图形的圆角半径，如图 03-13 所示。

（14）使用【文本工具】🄰输入文字，填充白色，如图 03-14 所示。

图 03-13　其他效果

图 03-14　输入文字

（15）按 CapsLock 键，激活大写输入，使用【文本工具】🄰输入字母，如图 03-15 所示。

（16）版面效果如图 03-16 所示。

图 03-15　输入字母

图 03-16　版面效果

（17）使用【文本工具】🄰在左下方输入文字，填充颜色（M：100）。按 F12 键，设置轮廓宽度为 0.5mm 的白色描边，下方文字使用【形状工具】⬚拖动调节扩大字间距，如图 03-17 所示。

（18）使用【文本工具】输入文本信息，在属性栏中选择一种字体类型，如图 03-18 所示。

图 03-17　文本处理

图 03-18　选择文字

（19）调整文字之间的大小关系，如图 03-19 所示。

（20）按 F12 键，设置轮廓颜色（K：10）、轮廓宽度（2mm）。按 Ctrl+Q 键，将文本转换为曲线，在属性栏中单击，将对象合并，如图 03-20 所示。

图 03-19　调整文字大小

图 03-20　描边并合并

（21）使用【轮廓工具】为文字添加 0.3mm 的轮廓边。具体设置如图 03-21 所示。

（22）添加轮廓后的效果如图 03-22 所示。

图 03-21　轮廓工具属性设置

图 03-22　添加轮廓

（23）使用【文本工具】输入下方的文字，版面效果如图 03-23 所示。

（24）使用【文本工具】输入文字，填充颜色（M：100）。按 Ctrl+K 键打散文字，然后重新进行大小排列，如图 03-24 所示。

图 03-23　轮廓工具属性设置

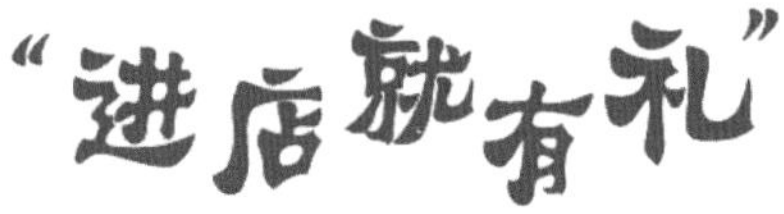

图 03-24　文字处理

（25）按 F12 键，设置轮廓颜色（K：10）、轮廓宽度（1mm），如图 03-25 所示。

（26）按"+"键，复制当前文本，然后将复制的文本轮廓和填充颜色都设置灰度（K：70）。按向下方向键↓微移，制作出阴影效果，如图 03-26 所示。

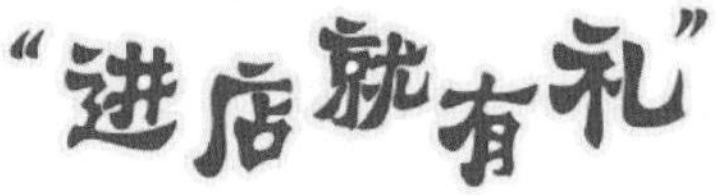

图 03-25　灰度描边

图 03-26　阴影效果

（27）使用【文本工具】处理其他的文本。最终完成效果如图 03-27 所示。

图 03-27　完成效果

实例 04 | 地产广告

1. 实例特点

该实例颜色以红色为主，适用于地产广告、别墅广告、报纸通栏广告、杂志通栏广告等商业应用中。

2. 注意事项

本例制作形式仅供参考，具体尺寸请以杂志或报纸规定的尺寸为主。

3. 操作思路

使用【矩形工具】□绘制矩形，通过设置【圆角半径】制作圆角矩形。使用【图框精确剪裁】将图像置入矩形框中。使用 F12 键，为标题添加白色描边。按 F11 键，打开【渐变填充】对话框，制作线性渐变效果。使用【插入字符】插入电话图形。按 Shift+F11 键，进行颜色填充。使用【文本工具】字处理文本。

最终效果图

路径：光盘 :\Charter 10\ 地产广告 .cdr

具体步骤如下：

（1）执行【文件】|【新建】命令，新建一个空白文件。

➡ （2）使用【矩形工具】□绘制矩形条，在属性栏中设置尺寸为 230mm×80mm，如图 04-1 所示，绘制矩形如图 04-2 所示。

| | x: 115.0 mm | ↔ 230.0 mm | 100.0 | % |
| | y: 40.0 mm | ↕ 80.0 mm | 100.0 | % |

图 04-1 尺寸设置

图 04-2 绘制矩形

➡ （3）按 F12 键，打开【轮廓笔】对话框，设置轮廓颜色为（M：100；Y：100）、轮廓粗细为 2.5mm，如图 04-3 所示。

➡ （4）应用轮廓笔后的效果如图 04-4 所示。

图 04-3 轮廓笔设置

图 04-4 轮廓颜色

（5）按 F11 键，打开【渐变填充】对话框，设置线性渐变，颜色调和从（M：10；Y：20）到白色。其他设置如图 04-5 所示。

（6）应用渐变填充后，效果如图 04-6 所示。

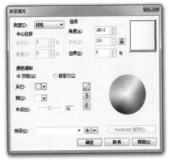

图 04-5　渐变设置

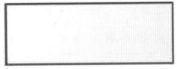

图 04-6　渐变填充

（7）按 Ctrl+I 键，导入图像素材。执行【效果】|【图框精确剪裁】|【置于图文框内部】，当鼠标箭头成为➡，在矩形上面单击，将素材置于矩形中。置入后的初始效果如图 04-7 所示。

（8）单击图形下方的第一个按钮【编辑 PowerClip】，对矩形框中的图像进行编辑，如图 04-8 所示。

图 04-7　图框精确剪裁

图 04-8　编辑内容

（9）单击图形下方的【停止编辑内容】按钮，退出编辑，如图 04-9 所示。

（10）使用【文本工具】字输入文字，填充黑色，如图 04-10 所示。

图 04-9　退出编辑

图 04-10　输入文字

（11）使用【文本工具】字拖动，选择数字 2。按 Ctrl+T 键，打开【文本属性】泊坞窗，在段落选项中设置【上标】，如图 04-11 所示。

（12）应用【上标】后的效果如图 04-12 所示。

图 04-11　设置【上标】

图 04-12　上标效果

（13）使用【文本工具】输入文字，按F11键，设置线性渐变填充，颜色调和从（M：100；Y：100；K：40）到（M：60；Y：100），其他设置如图04-13所示。

（14）应用渐变填充后的效果如图04-14所示。

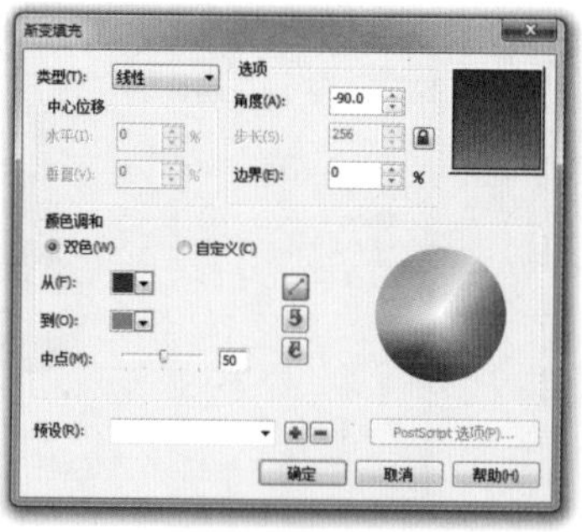
图04-13　渐变填充设置

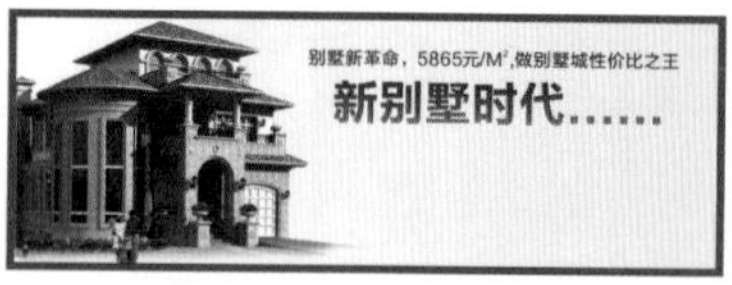

图04-14　应用渐变填充

（15）按F12键，打开【轮廓笔】对话框，设置轮廓宽度和轮廓颜色，如图04-15所示。

（16）应用白色描边后的效果如图04-16所示。

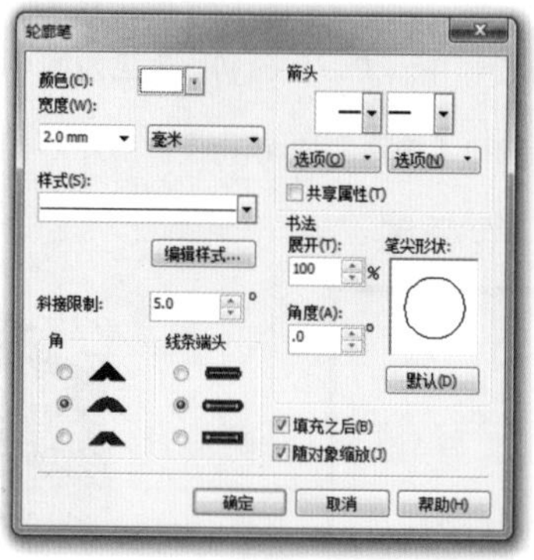
图04-15　轮廓笔设置

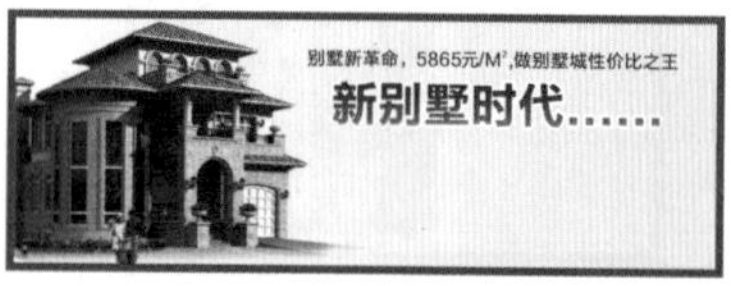

图04-16　白色描边效果

（17）使用【文本工具】输入文字。使用【矩形工具】绘制矩形条，如图04-17所示。

（18）使用【形状工具】拖动矩形任意一角，改变矩形的圆角半径，如图04-18所示。

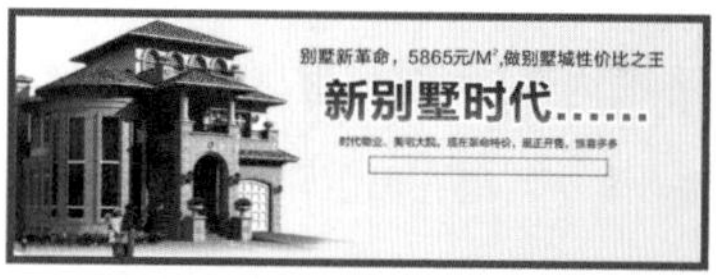

图04-17　绘制矩形

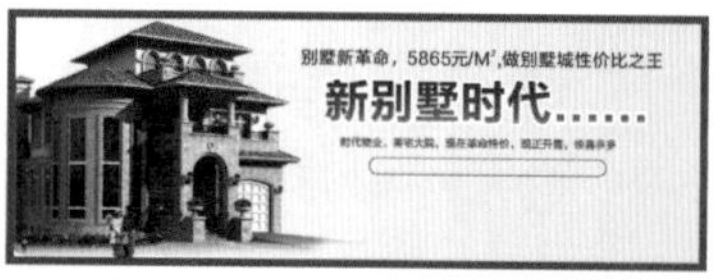

图04-18　圆角矩形

（19）选择【属性滴管工具】，在属性栏中勾选【填充】选项，其他选项全部取消，如图04-19所示。

（20）当鼠标箭头成为滴管形状时，在“新别墅时代”上面单击，吸取渐变色，然后鼠标箭头会成为油漆桶形状，这时候在圆角矩形上面单击，可将渐变色填充到圆角矩形中，如图04-20所示。

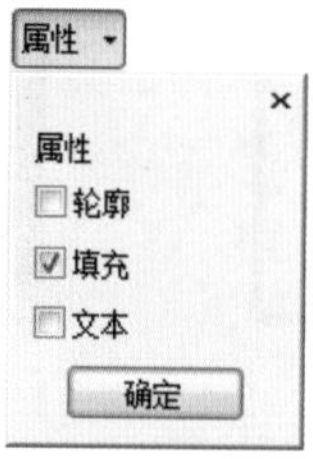

图04-19　勾选“填充”

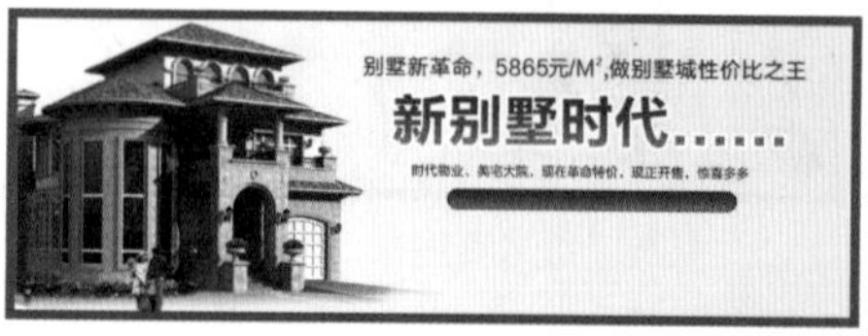

图04-20　复制渐变属性

（21）右击调色板中的☒，去除轮廓线，使用【文本工具】输入文字，填充白色，如图04-21所示。

（22）执行【文本】|【插入符号字符】，打开【插入字符】泊坞窗，在【字体】下拉列表中选择Wingdings，如图04-22所示。

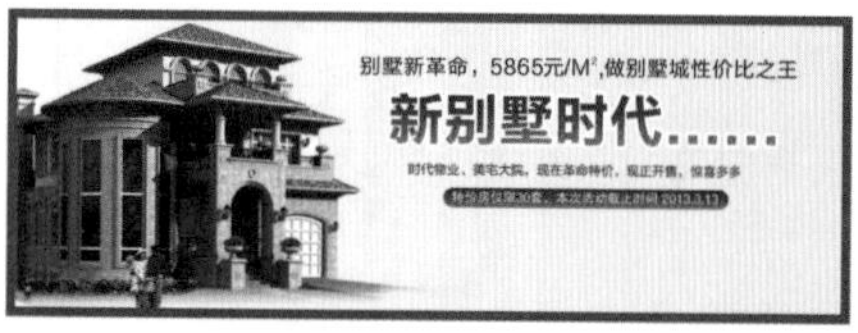

图04-21　白色文字

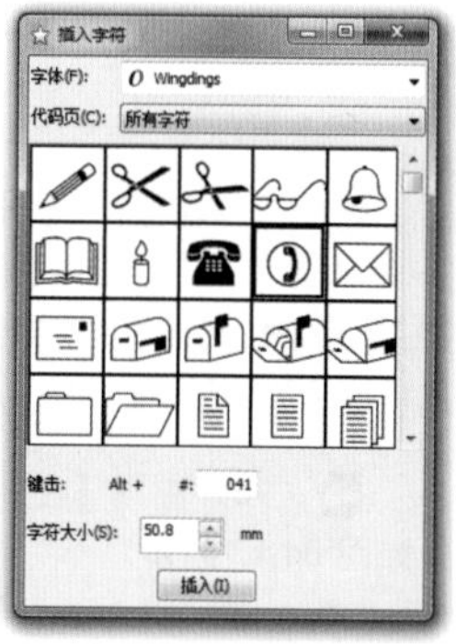

图04-22　【插入字符】泊坞窗

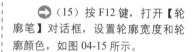

（23）在下方的图形库中找到电话的图形，拖动到工作区中的初始状态如图 04-23 所示。

（24）按 Shift+F11 键，打开【均匀填充】对话框，设置红色填充（M：100；Y：100），然后去除轮廓线，如图 04-24 所示。

图 04-23 初始状态　　　图 04-24 填充红色

（25）使用【文本工具】⬚输入其他文字，将电话图形放置于电话号码前面并缩小。按 Ctrl+I 键，导入 logo。按住 Ctrl 键，使用【矩形工具】⬚绘制正方形，填充黑色。最终完成效果如图 04-25 所示。

图 04-25 完成效果

实例 05 ｜ 网页 banner 广告

♥ 1. 实例特点

该实例颜色以暖色系为主，适用于网页 banner 广告、网页竖式广告、卖场广告等商业应用中。

📍 2. 注意事项

重点掌握 F11【渐变填充】对话框的使用方法与操作技巧。注意区分【轮廓工具】◻与 F12 轮廓笔的作用。

💬 3. 操作思路

使用【矩形工具】◻绘制矩形。使用【多边形工具】◻绘制三角形，通过【变换】泊坞窗中的【旋转】命令复制多个图形。使用 F11 键，设置【辐射】渐变效果。使用【图框精确剪裁】功能将图形置入到矩形框中。使用【阴影工具】◻添加阴影效果。使用【封套工具】◻制作文字弧形效果。使用【轮廓工具】◻与 F12 轮廓笔制作文字多层描边效果。

最终效果图

路径：光盘 :\Charter 10\ 网页 banner 广告 .cdr

具体步骤如下：

（1）执行【文件】|【新建】命令，新建一个空白文件。

➡ （2）在属性栏中设置单位【像素】，如图 05-1 所示。

➡ （3）使用【矩形工具】□绘制矩形，在属性栏中设置矩形的尺寸为 150px×460px，如图 05-2 所示。

图 05-1　设置单位　　　　图 05-2　尺寸设置

➡ （4）绘制的矩形效果如图 05-3 所示。

➡ （5）按 Shift+F11 键，设置颜色填充，如图 05-4 所示。

图 05-3　绘制矩形　　　　图 05-4　颜色填充设置

➡ （6）填充颜色后，右击调色板上的⊠，去除轮廓线，如图 05-5 所示。

➡ （7）选择【多边形工具】○，在属性栏中设置边数，如图 05-6 所示。

图 05-5　填充颜色　　　　图 05-6　设置边数

➡ （8）使用【多边形工具】○在工作区中拖动，绘制三角形，如图 05-7 所示。

➡ （9）执行【窗口】|【泊坞窗】|【变换】|【旋转】菜单命令，打开【旋转】泊坞窗，设置旋转角度，旋转位置和复制份数，如图 05-8 所示。

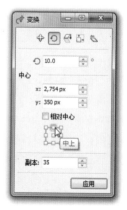

图 05-7　绘制三角形　　　　图 05-8　旋转设置

（10）单击【应用】，旋转复制图形，如图 05-9 所示。

（11）使用【选择工具】框选对象，按 Ctrl+L 键，结合图形。在属性栏中重新定义图形的尺寸为 248px×640px，改变尺寸后的效果如图 05-10 所示。

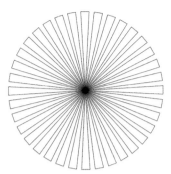
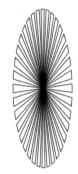

图 05-9　旋转复制　　　　　图 05-10　改变尺寸后

（12）按 F11 键，打开【渐变填充】对话框，设置【辐射】渐变，颜色调和从（M：80；Y：100）到（M：60；Y：100）。具体设置如图 05-11 所示。

（13）应用渐变填充效果后，去除轮廓线，如图 05-12 所示。

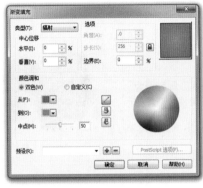

图 05-11　渐变设置　　　　　图 05-12　渐变填充效果

（14）执行【效果】|【图框精确剪裁】|【置于图文框内部】菜单命令。当鼠标箭头成为➡，在图 05-5 上单击，将图形置入其中。置入后在图框上面右击，选择【编辑 PowerClip】，可对图框中的对象进行编辑，如图 05-13 所示。

（15）按住 Ctrl 键，使用【椭圆形工具】绘制圆形，复制多个圆形，放大缩小然后叠加在一起，如图 05-14 所示。

图 05-13　图框精确剪裁　　　　　图 05-14　绘制圆形

（16）使用【选择工具】框选对象，在属性栏中单击，将对象焊接为一个可填充路径。如图 05-15 所示。

（17）按 F11 键，设置【辐射】渐变填充，起始颜色为（C：100；M：100），终止颜色为（M：60；Y：100），如图 05-16 所示。

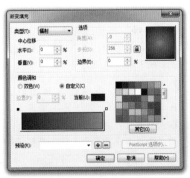

图 05-15　焊接图形　　　　　图 05-16　渐变填充设置

（18）应用渐变填充后的效果如图 05-17 所示。

（19）按 F12 键，重新定义轮廓颜色和轮廓宽度。具体设置如图 05-18 所示。

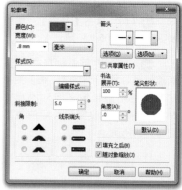

图 05-17　渐变填充　　　　　图 05-18　轮廓笔设置

（20）应用轮廓笔描边后的效果如图 05-19 所示。

（21）选择【阴影工具】□为图形添加黑色阴影效果，属性栏设置如图 05-20 所示。

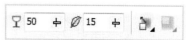

图 05-19　轮廓笔效果　　　　图 05-20　阴影属性设置

（22）应用阴影工具后的效果如图 05-21 所示。

（23）使用【选择工具】□，单击阴影对象，按 Ctrl+K 键，使阴影与图形分离。执行【位图】|【转换为位图】命令，将阴影转换为灰度图像。具体设置如图 05-22 所示。

图 05-21　添加阴影　　　　　图 05-22　转换为位图

（24）使用【选择工具】□框选对象，执行【效果】|【图框精确剪裁】|【置于图文框内部】，当鼠标箭头成为➡，在矩形背景上单击，将对象置入到矩形中。置入后的初始效果如图 05-23 所示。

（25）将鼠标放在图形上，在下方会出现一列按钮，单击【编辑 PowerClip】，可对置入的图形进行编辑。也可以在图形上右击，选择【编辑 PowerClip】，如图 05-24 所示。

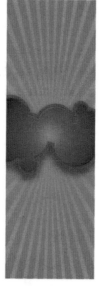

图 05-23　置入后初始效果　　　图 05-24　编辑 PowerClip

（26）编辑后的效果如图 05-25 所示。

（27）使用【贝塞尔工具】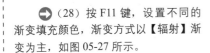绘制路径。使用【星形工具】绘制三角形，可以在属性栏中设置星形的边数，如图 05-26 所示。

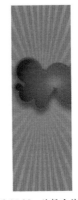

图 05-25　编辑后效果　　　图 05-26　绘制星形效果

（28）按 F11 键，设置不同的渐变填充颜色，渐变方式以【辐射】渐变为主，如图 05-27 所示。

（29）使用【阴影工具】为添加阴影效果，如图 05-28 所示。

图 05-27　辐射渐变填充　　　图 05-28　添加阴影

（30）按住 Ctrl 键，使用【椭圆形工具】绘制正圆形。按 F11 键，设置辐射渐变，颜色调和由红色到黄色。按"+"键，创建多个副本，放大缩小排列关系，效果如图 05-29 所示。

（31）按 Ctrl+I 键，导入 logo，放在上部居中位置，如图 05-30 所示。

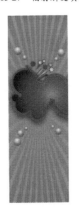

图 05-29　椭圆形效果　　　图 05-30　导入 logo

（32）使用【文本工具】输入文字，缩小文字，排列大小关系。按 F12 键，设置 0.5mm 的红色（M：100；Y：100）描边。按 Shift+PgDn 键或 Shift+PgUp 键，可改变文字的上下叠加顺序。效果如图 05-31 所示。

（33）使用【文本工具】输入文字，填充黄色，按 F12 键，设置 0.3mm 的蓝色（C：100；M：100）描边，如图 05-32 所示。

图 05-31　文字效果处理　　　图 05-32　文字描边

273

（34）使用【封套工具】 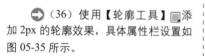 制作文字变形效果，然后使用【阴影工具】制作阴影效果，如图 05-33 所示。

（35）使用【文本工具】 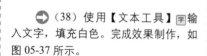 输入文字，填充白色。按 F12 键，设置轮廓宽度为 0.3mm、轮廓颜色为（C：100；M：100），效果如图 05-34 所示。

图 05-33　文字效果处理

图 05-34　文字描边

（36）使用【轮廓工具】添加 2px 的轮廓效果，具体属性栏设置如图 05-35 所示。

（37）使用轮廓工具添加效果，如图 05-36 所示。

图 05-35　轮廓工具属性栏

图 05-36　添加轮廓

（38）使用【文本工具】输入文字，填充白色。完成效果制作，如图 05-37 所示。

图 05-37　完成效果

274

实例 06 | 吊旗广告

1. 实例特点

该实例颜色以红色为主，大气喜庆，适用于店庆活动广告、吊旗广告等商业应用中。

2. 注意事项

本例制作尺寸仅供参考。应重点掌握旋转复制图形的技巧与描边文字的处理。

3. 操作思路

通过设置【矩形工具】□属性栏中的【圆角半径】来制作圆角效果。使用【多边形工具】○，绘制三角形，通过旋转复制，使三角形按 15°角环形排列。使用【图框精确剪裁】将对象置入矩形中。按 F11 键，打开【渐变填充】对话框，制作辐射渐变效果。按 F12 键，设置文字描边效果，叠加在一起，制作出标题文字效果。使用【文本工具】字输入其他文本。

最终效果图

路径：光盘 :\Charter 10\ 吊旗广告 .cdr

具体步骤如下：

（1）执行【文件】|【新建】命令，新建一个空白文件。

（2）使用【矩形工具】□，绘制矩形框，按 F11 键，设置【辐射】渐变填充，颜色调和从（M：100；Y：100；K：60）到（M：100；M：100），其他设置如图 06-1 所示。

（3）应用渐变填充后，右击调色板中的⊠，去除轮廓线，如图 06-2 所示。

图 06-1 制作造型

图 06-2 填充颜色

（4）在【矩形工具】□属性栏中设置左下角与右下角的【圆角半径】，单击中间的图标🔒，解锁后可对任意一角设置圆角半径，如图 06-3 所示。

（5）应用圆角半径后的效果如图 06-4 所示。

图 06-3 圆角半径设置

图 06-4 圆角半径效果

（6）选择【多边形工具】，在属性栏中设置边数为3，拖动绘制三角形，如图06-5所示。

（7）将鼠标箭头放在顶端中心节点的位置，当箭头成为上下箭头状态时，按住Ctrl键，垂直向下拖动，单击右键松左键，完成垂直复制，如图06-6所示。

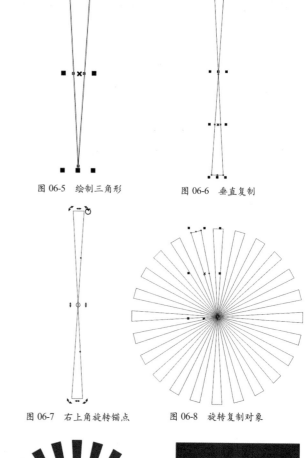

图 06-5　绘制三角形　　　　图 06-6　垂直复制

（8）使用【选择工具】框选对象，然后在对象上单击，四周会出现旋转锚点，如图06-7所示。

（9）将鼠标放在右上角会出现旋转手柄，按住Ctrl键，向右拖动会以15°旋转，单击右键松左键，复制图形。连续按Ctrl+R键，创建更多副本，如图06-8所示。

图 06-7　右上角旋转锚点　　　图 06-8　旋转复制对象

（10）按Ctrl+L键，结合对象。使用【属性滴管工具】，在属性栏中勾选【填充】，取消其他选项。当鼠标箭头成为吸管状态时，在图06-4上面单击，吸取渐变颜色。鼠标成为油漆桶后，在新对象上面单击，将渐变属性填充到新的对象中，如图06-9所示。

（11）右击调色板中的☒，去除轮廓线。执行【效果】|【图框精确剪裁】|【置于图文框内部】，将对象置入圆角矩形中。置入后的初始效果如图06-10所示。

图 06-9　渐变填充　　　　图 06-10　置入后效果

（12）在图形上面右击，选择【编辑PowerClip】，对置入的图形进行编辑。编辑后的效果如图06-11所示。

（13）按Ctrl+I键导入素材图像，按R键、T键与吊旗居上对齐。使用【透明度工具】在图像上面拖动，添加透明度效果，使图像边缘虚化。效果如图06-12所示。

图 06-11　编辑对象　　　　图 06-12　添加透明度

（14）使用【轮廓图工具】，添加 5mm 的外部轮廓。按 Ctrl+I 键，导入其他素材图像，如图 06-13 所示。

（15）使用【文本工具】输入文字，并设置渐变色，按 F12 键，设置黑色描边。复制副本，填充颜色为（Y：40）、设置轮廓颜色为（Y：40）、轮廓宽度为 20mm。 复制副本，填充黑色，设置轮廓颜色为（K：100）、轮廓宽度为 30mm。三次制作分解如图 06-14 所示。

（16）使用【选择工具】框选三个文本对象，按 C 键、E 键居中对齐，叠加在一起，如图 06-15 所示。

（17）使用【文本工具】输入底部文字，排列关系，完成效果制作，如图 06-16 所示。

图 06-13　导入素材

图 06-14　文字效果

图 06-15　文字效果

图 06-16　完成效果

第11章
海报设计

海报设计是一种信息传递艺术，是一种大众化的宣传工具。优秀的海报设计必须要有相当的号召力与艺术感染力，要调动形象、色彩、构图、形式感等因素形成强烈的视觉效果，它的画面应有较强的视觉中心，应力求新颖、单纯，还必须具有独特的艺术风格和设计特点。本章将带领读者一起来认识和了解海报设计的制作过程。

实例 01 单位招聘海报

最终效果图

路径：光盘 :\Charter 11\ 单位招聘海报 .cdr

💗 **1. 实例特点**

　　该实例颜色古朴，适用于羊皮卷风格海报、招聘广告海报等商业应用中。

📍 **2. 注意事项**

　　绘制方格图形之前请激活【贴齐对象】功能。

💬 **3. 操作思路**

　　使用【矩形工具】□绘制矩形，使用【形状工具】◮进行造型调节。使用【透明度工具】⬚制作四周的颜色淡化效果。按 Ctrl+J 键，设置【贴齐对象】功能，使用【矩形工具】□与【手绘工具】✎绘制方格图形，按 F12 键，设置虚线样式。使用【修剪】功能◳制作字体图形。使用【文本工具】字处理文本效果。

具体步骤如下：

　　（1）执行【文件】|【新建】命令，新建一个空白文件。

　➡（2）使用【矩形工具】□，绘制矩形框，按 Ctrl+Q 键，将矩形转换为曲线。使用【形状工具】◮编辑添加节点，编辑曲线造型。最终调节好的效果如图 01-1 所示。

　➡（3）按 Shift+F11 键，设置颜色填充（M：15；Y：50；K：15）。右击调色板中的⊠，去除轮廓线，如图 01-2 所示。

图 01-1　制作造型

图 01-2　填充颜色

　➡（4）按 "+" 键复制图形。使用【矩形工具】□在图形上面绘制矩形框，如图 01-3 所示。

　➡（5）按住 Shift 键，使用【选择工具】▯加选背景图形，在属性栏中单击◳修剪。修剪之后得到一个新的图形，如图 01-4 所示。

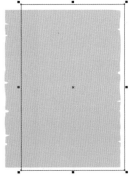

图 01-3　绘制矩形框

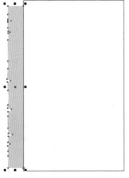

图 01-4　修剪图形

(6) 按Shift+F11键，打开【均匀填充】对话框，设置颜色填充（M：40；Y：85；K：55）。填充颜色后的效果如图01-5所示。

(7) 执行【窗口】|【泊坞窗】|【对齐与分布】，打开【对齐与分布】泊坞窗。按住 Shift 键，使用【选择工具】选择图01-5 与图01-2，在【对齐与分布】泊坞窗中单击【左对齐】与【底端对齐】，如图01-6 所示。

图 01-5　填充颜色

图 01-6　左对齐、底端对齐

(8) 对齐后的效果如图 01-7 所示。

(9) 使用【透明度工具】自左到右拖动，创建透明度效果，如图01-8 所示。

图 01-7　对齐图形

图 01-8　添加透明度

(10) 复制图 01-2，参考步骤（4），使用修剪制作出其他三个面，如图01-9 所示。

(11) 按 Shift+F11 键，应用新的填充颜色（M：40；Y：85；K：55），如图 01-10 所示。

图 01-9　修剪后得到的图形

图 01-10　填充颜色

(12) 使用【对齐与分布】泊坞窗，分别居上、居右、居底对齐源对象（图06-8），如图 01-11 所示。

(13) 使用【透明度工具】拖动，为三个面添加透明度效果。效果如图 01-12 所示。

图 01-11　对齐

图 01-12　添加透明度

（14）使用【矩形工具】□绘制矩形，转换为曲线后使用【形状工具】编辑调节曲线。最终造型如图 01-13 所示。

（15）按 F11 键，设置线性渐变填充，颜色调和自左到右依次为（M：15；Y：50；K：20）、（M：10；Y：40；K：15）、（M：35；Y：75；K：40）、（M：30；Y：75；K：30）。具体设置如图 01-14 所示。

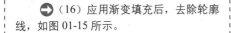

图 01-13　调节造型

图 01-14　渐变设置

（16）应用渐变填充后，去除轮廓线，如图 01-15 所示。

（17）按 "+" 键复制对象，缩小后，按 Ctrl+PgDn 键，置于下一层。版面效果如图 01-16 所示。

图 01-15　渐变填充效果　　　　图 01-16　版面效果

（18）复制对象，然后【水平镜像】，放置在下方，如图 01-17 所示。

（19）按住 Ctrl 键，使用【椭圆形工具】○绘制正圆形。按 F11 键，设置【辐射】渐变，颜色调和从（M：15；Y：50；K：15）到（M：25；Y：65；K：30），如图 01-18 所示。

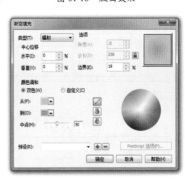

图 01-17　复制后水平镜像　　　　图 01-18　渐变填充设置

（20）应用辐射渐变填充后，去除轮廓线，如图 01-19 所示。

（21）创建复制更多的副本图形，并缩小排列在版面中，如图 01-20 所示。

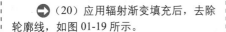

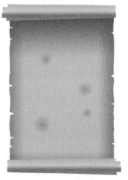

图 01-19　渐变填充效果　　　　图 01-20　版面效果

（22）按 Ctrl+J 键，打开【选项】对话框，设置【贴齐对象】，如图 01-21 所示。

（23）按 Ctrl 键，使用【矩形工具】绘制正方形，使用【手绘工具】交叉绘制线条，如图 01-22 所示。

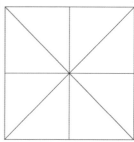

图 01-21 贴齐对象设置　　　　　图 01-22 绘制图形

（24）按 F12 键，打开【轮廓笔】对话框，设置轮廓宽度为 0.3mm，并选择一种虚线样式，如图 01-23 所示。

（25）使用【文本工具】输入文字，按 Ctrl+Q 键，转为曲线。使用【矩形工具】在以下部位绘制矩形框，如图 01-24 所示。

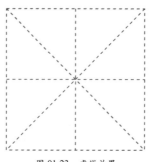

图 01-23 虚线效果　　　　　图 01-24 绘制矩形框

（26）按住 Shift 键，使用【选择工具】选择文字，在属性栏中单击【修剪】，用矩形框修剪文字，修剪后使用【形状工具】删除多余的节点。得到如图 01-25 所示的效果。

（27）继续修剪其他图形部分，如图 01-26 所示。

图 01-25 修剪图形　　　　　图 01-26 继续修剪图形

（28）按"+"键，复制图 01-24，继续修剪图形，得到如图 01-27 所示的效果。

（29）删除左侧的结构，保留"人"字形。将"人"字形与图 01-26 组合在一起，填充红色，如图 01-28 所示。

图 01-27 修剪图形　　　　　图 01-28 组合文字图形

（30）与之前绘制的方格图组合。版面效果如图 01-29 所示。

（31）使用【文本工具】字处理文本。最终效果如图 01-30 所示。

图 01-29　组合图形

图 01-30　最终效果

实例 02　时尚广场海报

1. 实例特点

该实例颜色以洋红为主，时尚前卫，适用于时尚行业宣传海报等商业应用中。

2. 注意事项

全选文字，在文字上面单击，四周出现旋转锚点后，使用鼠标拖动任意一角的锚点，可以旋转当前对象。

3. 操作思路

使用【矩形工具】□绘制矩形，通过设置左下角与右下角的【圆角半径】制作出圆角矩形。使用【插入字符】制作 logo 图形。在属性中设置旋转角度，控制文字倾斜效果。使用【文本工具】字处理其他文本。

最终效果图

路径：光盘 :\Charter 11\ 时尚广场海报 .cdr

具体步骤如下：

（1）执行【文件】|【新建】命令或者按 Ctrl+N 键，新建一个空白文件。

（2）使用【矩形工具】□绘制矩形，在属性栏中设置尺寸为 290mm×420mm，如图 02-1 所示。

（3）在工作区右侧的调色板中单击灰度（K：10），填充颜色，或者按 Shift+F11 键，设置填充颜色，如图 02-2 所示。

| | x: 215.559 mm | ↔ 290.0 mm | 69.0 | % |
| | y: 312.75 mm | ↕ 420.0 mm | 70.7 | % |

图 02-1　设置矩形尺寸

图 02-2　填充灰度

➡ （4）使用【矩形工具】▢ 在灰度图形上面绘制矩形，尺寸为 255mm×335mm。在矩形工具属性栏中设计左下角和右下角的【圆角半径】。具体设置如图 02-3 所示。

➡ （5）应用【圆角半径】后的效果如图 02-4 所示。

图 02-3　圆角半径设置

图 02-4　圆角半径效果

➡ （6）按 Ctrl+I 键，导入图像素材。执行【效果】|【图框精确剪裁】|【置于图文框内部】，将素材置入到矩形中，如图 02-5 所示。

➡ （7）使用【文本工具】字输入文字，在属性栏中选择一种字体，如图 02-6 所示。

图 02-5　图框精确剪裁

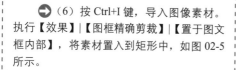

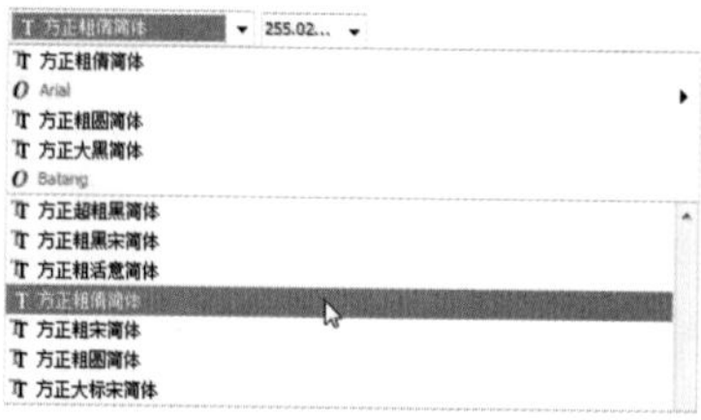

图 02-6　选择字体

➡ （8）按 Shift+F11 键，给字体填充颜色（M：100）或者在工作区右侧的调色板上单击颜色（M：100）直接填充，如图 02-7 所示。

➡ （9）使用【选择工具】▢框选文本，在属性栏中角度值中输入"8°"，将字体整体倾斜，如图 02-8 所示。

图 02-7　填充颜色

图 02-8　倾斜文字

➡ （10）执行【效果】|【图框精确剪裁】|【置于图文框内部】，当鼠标箭头成为 ➡ ，在背景上单击，将文字置入到矩形背景中。置入后的初始效果如图 02-9 所示。

➡ （11）在图形上右击选择【编辑 PowerClip】或者单击下方第一个按钮【编辑 PowerClip】，进入矩形框中编辑文字的位置。调整后的效果如图 02-10 所示。

图 02-9　置入后的初始效果

图 02-10　编辑后的效果

（12）按 Ctrl+F11 键，或者执行【文本】|【插入符号字符】命令，打开【插入字符】泊坞窗，在字体选项中选择 Webdings，在下方的图形库中找到房子图形，如图 02-11 所示。

（13）使用鼠标拖动图形到工作区。初始线框效果如图 02-12 所示。

图 02-11　【插入字符】泊坞窗

图 02-12　线框效果

（14）按 Shift+F11 键，设置颜色填充，如图 02-13 所示。

（15）填充颜色后，右击调色板中的⊠，去除轮廓线，如图 02-14 所示。

图 02-13　颜色设置

图 02-14　去除轮廓线

（16）使用【文本工具】🔤输入文字信息，填充颜色（C：100；M：100）使用【形状工具】调节文字的字间距，如图 02-15 所示。

（17）应用到版面中的效果，如图 02-16 所示。

图 02-15　图形标志处理

图 02-16　版面效果

（18）使用【文本工具】🔤输入文字，设置文字居中对齐，如图 02-17 所示。

（19）处理其他的文本。最终完成如图 02-18 所示。

图 02-17　居中对齐

图 02-18　完成效果图

实例 03 | 鲜花宣传海报

❤ 1. 实例特点

该实例颜色以红色系为主，搭配渐变色，适用于鲜花、婚庆海报等商业应用中。

📍 2. 注意事项

可通过【阴影工具】□属性栏来控制花瓣图形的晕染效果。

💬 3. 操作思路

使用【矩形工具】□构建框架，使用修剪功能 □得到新的矩形造型，使用 F11 键，设置渐变填充效果。使用【阴影工具】□为花瓣图形添加晕染效果。使用【插入字符】中的图形库结合【文本工具】⬚ 制作 logo。通过设置【矩形工具】□属性栏中的【圆角半径】制作圆角矩形。按 F12 键，设置圆角矩形的虚线效果。使用【文本工具】⬚处理文本。

最终效果图

路径：光盘 :\Charter 11\ 鲜花宣传海报 .cdr

具体步骤如下：

（1）执行【文件】|【新建】命令，新建一个空白文件。

➡ （2）使用【矩形工具】□绘制矩形，在属性栏中设置尺寸为 290mm×420mm。按 F11 键，设置【辐射】渐变填充，颜色调和从（M：10；Y：20）到白色，如图 03-1 所示。

➡ （3）应用【辐射】渐变后，去除轮廓线，如图 03-2 所示。

图 03-1　渐变设置

图 03-2　渐变填充

(4) 使用【矩形工具】□绘制矩形，在属性栏中设置尺寸为 290mm×50mm。按 F11 键，设置【辐射】渐变填充，颜色调和从左到右依次为（M：100；Y：100）、（C：25；M：100；Y：100）、（C：45；M：100；Y：100；K：30）与（C：45；M：100；Y：100；K：30）。其他设置如图 03-3 所示。

(5) 单击【确定】，应用后的效果如图 03-4 所示。

图 03-3　辐射渐变设置

图 03-4　辐射渐变效果

(6) 按"+"键，复制图形，填充灰度，使用【形状工具】▶，拖动任意一个节点，将直角矩形改变为圆角矩形，也可以通过属性栏设置【圆角半径】来完成，如图 03-5 所示。

(7) 按住 Shift 键，使用【选择工具】▶加选渐变图形，在属性栏中单击□，修剪渐变图形，得到新的效果，如图 03-6 所示。

图 03-5　圆角矩形

图 03-6　修剪后的效果

(8) 执行【窗口】|【泊坞窗】|【对齐与分布】，打开【对齐与分布】泊坞窗。使用【选择工具】▶选择图 03-2 与图 03-6，然后单击【水平居中对齐】、【顶端对齐】，如图 03-7 所示。

(9) 对齐后的效果如图 03-8 所示。

图 03-7　【对齐与分布】泊坞窗　　　图 03-8　对齐后的效果

(10) 复制顶侧的渐变图形，使用【形状工具】▶框选上面的节点，按Ctrl键，垂直向下拖动，如图 03-9 所示。

(11) 在属性栏中单击【垂直镜像】图。使用【对齐与分布】泊坞窗，对齐图形，如图 03-10 所示。

图 03-9　改变高度　　　　　图 03-10　底部对齐

➡️（12）使用【文本工具】🅣输入文字，如图 03-11 所示。

➡️（13）执行【文本】|【插入符号字符】，打开【插入字符】泊坞窗，在字体选项中找到 Wingdings，在下方的图形库中找到花瓣图形，如图 03-12 所示。

图 03-11　输入文字

图 03-12　【插入字符】泊坞窗

➡️（14）拖动图形到工作区中，填充白色，并去除轮廓，如图 03-13 所示。

➡️（15）按Ctrl+I键，导入素材，使用【阴影工具】◻添加红色（M：100；Y：100）阴影效果，属性栏设置如图03-14所示。

图 03-13　logo 图形的处理

图 03-14　阴影属性设置

➡️（16）添加阴影后的效果如图 03-15 所示。

➡️（17）导入其他素材，使用【文本工具】🅣输入文字，调节版式，如图 03-16 所示。

图 03-15　制作阴影

图 03-16　处理文本关系

⬇️（18）使用【矩形工具】◻绘制矩形，使用【形状工具】🖉，拖动任意一角的节点，将直角矩形改变为圆角矩形，如图 03-17 所示。

⬇️（19）按 F12 键，设置轮廓宽度为 0.4mm，并选择一种虚线样式，如图 03-18 所示。

图 03-17　圆角效果

图 03-18　虚线样式

(20) 按 Ctrl+I 键，导入图形 logo。使用【文本工具】输入文字，填充颜色（M ： 60; Y ： 100、M ： 20; Y ： 60; K ： 30），然后调节文字大小与版式关系，如图 03-19 所示。

(21) 按 Ctrl+I 键，导入礼包图像素材。使用【形状工具】框选下方的两个节点，按住 Ctrl 键，向上垂直拖动至虚线位置，如图 03-20 所示。

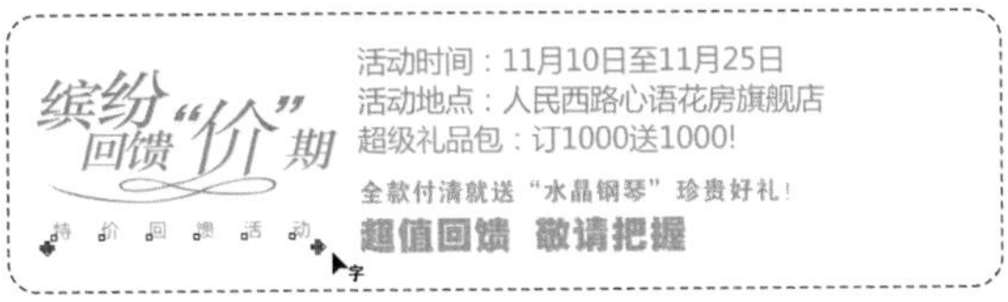

缤纷回馈“价”期
特 价 回 馈 活 动
活动时间：11月10日至11月25日
活动地点：人民西路心语花房旗舰店
超级礼品包：订1000送1000!
全款付清就送“水晶钢琴”珍贵好礼！
超值回馈 敬请把握
图 03-19 文字关系处理

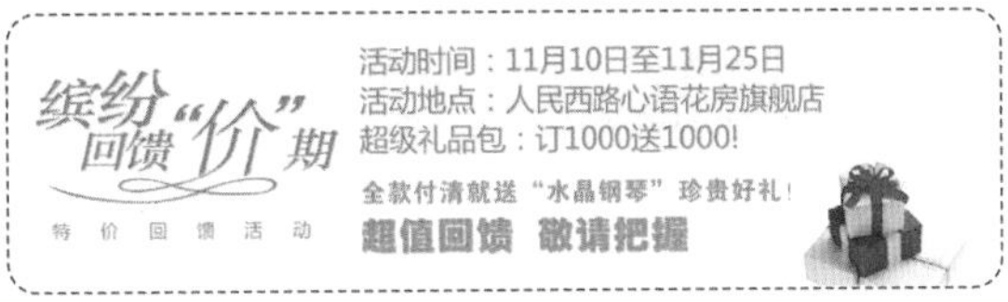

缤纷回馈“价”期
特 价 回 馈 活 动
活动时间：11月10日至11月25日
活动地点：人民西路心语花房旗舰店
超级礼品包：订1000送1000!
全款付清就送“水晶钢琴”珍贵好礼！
超值回馈 敬请把握
图 03-20 调节图像

(22) 使用【文本工具】输入英文字体，填充红色（M ： 100; Y ： 100），如图 03-21 所示。

(23) 使用【文本工具】输入地址信息。完成效果制作，如图 03-22 所示。

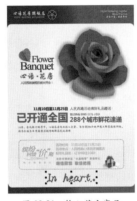

Flower Banquet
心语·花房
已开通全国 288个城市鲜花速递
In heart.
图 03-21 输入英文字母

Flower Banquet
心语·花房
已开通全国 288个城市鲜花速递
In heart.
图 03-22 完成效果

实例 04 新年活动海报

1. 实例特点

该实例背景以渐变色为主，喜庆而不张扬，适用于新年活动海报、广告宣传海报等商业应用中。

2. 注意事项

花瓣图形如果是手绘草图，可以使用扫描仪导入计算机，使用【贝塞尔工具】勾线绘制出来。

3. 操作思路

使用【矩形工具】绘制矩形，按 F11 键，设置渐变填充。使用【贝塞尔工具】结合【形状工具】绘制花瓣图形，使用【图框精确剪裁】将图形置入矩形框中。使用 F12 键，为文字添加描边效果。使用【表格工具】制作表格效果，可通过属性栏控制表格的背景颜色。使用【文本工具】处理文本。

最终效果图

新年快乐
Happy New Year

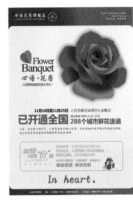

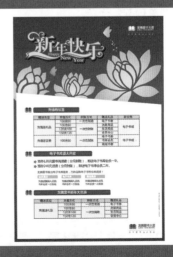

路径：光盘 :\Charter 11\ 新年活动海报 .cdr

具体步骤如下：

（1）执行【文件】|【新建】命令，新建一个空白文件。

➡（2）使用【矩形工具】▢绘制矩形条，在属性栏中设置尺寸为 290mm×420mm，如图 04-1 和图 04-2 所示。

图 04-1 尺寸设置   图 04-2 绘制矩形

➡（3）按 F11 键，打开【渐变填充】对话框，设置线性渐变，自定义颜色调和，色值从左到右依次为（C：40；M：100）、（M：100）、（M：100）、（C：40；M：100），其他设置如图 04-3 所示。

➡（4）应用渐变填充后，去除轮廓线，如图 04-4 所示。

图 04-3 轮廓笔设置   图 04-4 轮廓颜色

➡（5）使用【贝塞尔工具】✎结合【形状工具】✎绘制花瓣图形，如图 04-5 所示。

➡（6）使用同样的方法，绘制其他花瓣图形，如图 04-6 所示。

图 04-5 花瓣轮廓图   图 04-6 花瓣轮廓图

➡（7）使用【选择工具】▯，分别框选图形，按 Ctrl+L 键，结合图形。按 F11 键，打开【渐变填充】对话框，设置辐射渐变，颜色调和从（M：20；Y：60；K：20）到（Y：60），其他设置如图 04-7 所示。

➡（8）应用辐射渐变填充后，去除轮廓线，如图 04-8 所示。

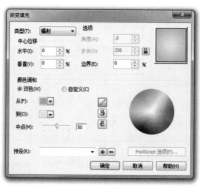

图 04-7 辐射渐变   图 04-8 渐变效果

（9）其他图形应用同样的渐变填充效果，如图 04-9 所示。

（10）将图形排列在一起，执行【效果】|【图框精确剪裁】|【置于图文框内部】，将花瓣图形置入图 04-4 中，右击选择【编辑 PowerClip】，可对置入的图形进行编辑，最终效果如图 04-10 所示。

图 04-9　渐变填充　　　　图 04-10　置入后的效果

（11）按 Ctrl+I 键导入矢量素材，如图 04-11 所示。

（12）按 F12 键，设置轮廓颜色为（C：20；M：80；K：20）、轮廓宽度为 50mm，效果如图 04-12 所示。

图 04-11　导入素材

图 04-12　描边效果

（13）按 Shift+F11 键，给文字填充黄色（Y：100），如图 04-13 所示。

（14）按 "+" 键复制图 04-12，设置轮廓颜色为黑色，按 Shift+PgDn 键，置于下一层，效果如图 04-14 所示。

图 04-13　填充黄色

图 04-14　阴影效果

（15）按 Ctrl+I 键，导入标志及其他素材，版面整合效果如图 04-15 所示。

（16）使用【矩形工具】绘制矩形，在属性栏中设置尺寸为 280mm×270mm。按 Ctrl+Q 键转换为曲线，使用【形状工具】框选右上角节点，按住 Ctrl 键，垂直向下拖动，如图 04-16 所示。

图 04-15　版面效果　　　　图 04-16　调节矩形

（17）按 Ctrl+I 键导入素材，填充渐变色。使用【矩形工具】绘制矩形条，使用【形状工具】拖动任意一角的节点，改变为圆角矩形，如图 04-17 所示。

（18）参考之前的步骤，填充渐变色。使用【文本工具】输入文字，填充白色，如图 04-18 所示。

图 04-17　圆角矩形

图 04-18　填充颜色

（19）选择【表格工具】，在属性栏中设置行数与列数，如图 04-19 所示。

（20）在工作区中拖动，绘制表格。初始状态如图 04-20 所示。

图 04-19　表格工具设置

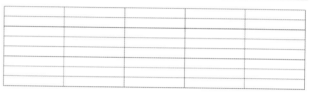

图 04-20　绘制表格

（21）在任意单元格中双击，将光标箭头插入单元格，然后拖动，选择单元格。选择后的状态如图 04-21 所示。

（22）按 Ctrl+M 或者执行【表格】|【合并单元格】，将 4 个单元格合并为一个单元格，如图 04-22 所示。

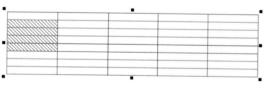

图 04-21　选择单元格

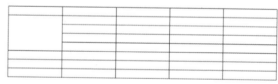

图 04-22　合并单元格

（23）运用同样的方法，合并其他的单元格，如图 04-23 所示。

（24）在表格工具属性栏中单击【背景】旁边的小箭头，弹出颜色方格库，单击下方的【更多】，输入数值（Y：20），设置背景颜色，如图 04-24 所示。

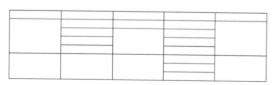

图 04-23　合并单元格

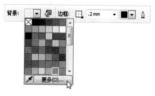

图 04-24　设置背景颜色

(25) 填充背景颜色后的效果如图 04-25 所示。

(26) 将光标插入左上角，向右拖动鼠标，选择顶侧 5 个单元格，在属性栏中设置颜色（C：20；Y：60），如图 04-26 所示。

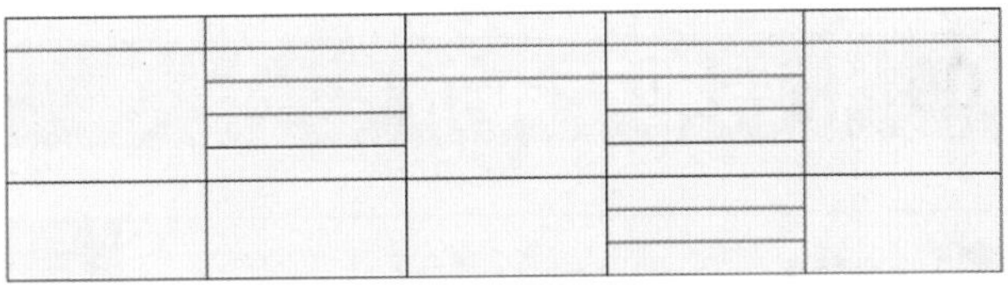

图 04-25　填充背景颜色

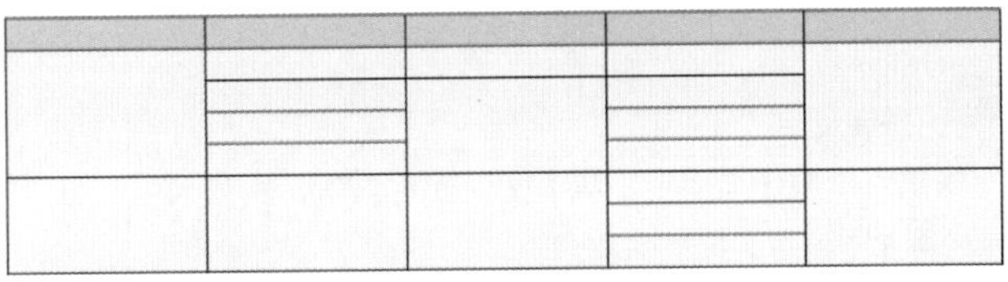

图 04-26　填充颜色

(27) 使用【选择工具】在表格上单击。按 Ctrl+T 键，打开【文本属性】泊坞窗，设置字体类型、字体大小，在【图文框】选项中设置对齐方式。设置之后，在表格中输入文本就会按此格式进行规范，如图 04-27 所示。

(28) 输入文本后的效果如图 04-28 所示。

图 04-27　文本属性设置

赠送类型	充值方式	到账方式	赠送礼品	新业务
充值送礼品	100含80	一次性到账	电子书券	电子书城
	100含80		洗漱用品	
	120含100	一次性到账	生活用品	
	150含120		会员中心	
充值送话费	100含80	一次性到账	电子书券	电子书城
			书库会员	
			商城书券	

图 04-28　输入文本后的效果

(29) 版面效果如图 04-29 所示。

(30) 参考以上步骤，制作其他的版面。最终效果如图 04-30 所示。

图 04-29　表格完成效果

图 04-30　最终完成效果

实例 05 房地产海报

♥ 1. 实例特点

该实例颜色以红色系为主，寓意开业喜庆，适用于楼盘开盘海报、地产行业海报等商业应用中。

📍 2. 注意事项

重点掌握【透明度工具】的使用方法，例如属性栏中【开始透明度】的控制。

💬 3. 操作思路

使用【矩形工具】绘制矩形。使用【步长和重复】泊坞窗垂直创建多个矩形副本。使用【透明度工具】设置多个矩形的透明度，形成层次感。通过设置矩形工具的【圆角半径】来制作圆角矩形，通过设置旋转角度，制作菱形效果。使用【图框精确剪裁】功能将图形置入菱形的各个图形中，按F12键设置虚线效果。使用【形状工具】添加节点，编辑圆角矩形。使用【阴影工具】添加阴影效果。最后使用【文本工具】输入文字。

最终效果图

路径：光盘 :\Charter 11\ 房地产海报 .cdr

具体步骤如下：

（1）执行【文件】|【新建】命令，新建一个空白文件。

➡（2）使用【矩形工具】绘制矩形框，在属性栏中设置尺寸为 290mm×420mm，如图 05-1 和图 05-2 所示。

图 05-1 尺寸设置

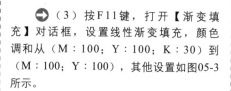

图 05-2 绘制矩形

➡（3）按F11键，打开【渐变填充】对话框，设置线性渐变填充，颜色调和从（M：100；Y：100；K：30）到（M：100；Y：100），其他设置如图05-3所示。

➡（4）应用渐变填充后，去除轮廓线，如图 05-4 所示。

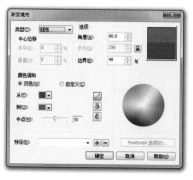

图 05-3 线性渐变设置

图 05-4 渐变填充

（5）使用【矩形工具】▢绘制矩形，设置尺寸为 280mm×375mm，填充白色，居中图形后去除轮廓线，如图 05-5 所示。

（6）继续绘制一个矩形条，填充红色，设置尺寸为 7mm×37.5mm，如图 05-6 所示。

图 05-5 绘制矩形

图 05-6 绘制矩形条

（7）执行【编辑】|【步长和重复】，打开【步长和重复】泊坞窗，设置垂直向下复制，【份数】为 9，如图 05-7 所示。

（8）复制后的效果如图 05-8 所示。

图 05-7 垂直复制

图 05-8 复制 9 份

（9）选择【透明度工具】🔍，单击第二个矩形条，在属性栏中设置透明度。具体设置如图 05-9 所示。

（10）分别设置其他矩形的透明度，之后去除轮廓线。最终效果如图 05-10 所示。

图 05-9 透明度设置

图 05-10 不同的透明度

（11）使用【选择工具】选择第一个矩形与最后一个矩形，按 Ctrl+Q 键，转换为曲线，使用【形状工具】调节节点，如图 05-11 所示。

（12）使用【选择工具】框选对象，按 Ctrl+G 键群组图形，按住 Shift 键加选图 05-5 中的白色矩形。打开【对齐与分布】对话框，单击【左对齐】、【顶端对齐】，如图 05-12 所示。

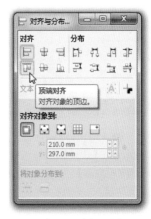
图 05-11 调节矩形

图 05-12 对齐与分布

（13）对齐后的效果如图 05-13 所示。

（14）按 "+" 键，复制图 05-11，改变图形的宽度，然后单击【水平镜像】，与白色矩形居右对齐，如图 05-14 所示。

 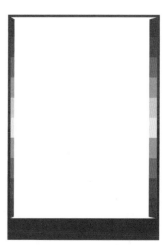

图 05-13　居左对齐效果　　　　图 05-14　居右对齐效果

（15）按住 Ctrl 键，使用【矩形工具】绘制正方形，在属性栏中设置矩形左上角的【圆角半径】，如图 05-15 所示。

（16）圆角半径效果如图 05-16 所示。

图 05-15　设置圆角半径　　　　图 05-16　圆角效果

（17）使用【步长和重复】泊坞窗，水平、垂直复制图形。初始效果如图 05-17 所示。

（18）使用属性栏中的【水平镜像】与【垂直镜像】，处理图形关系，如图 05-18 所示。

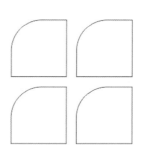 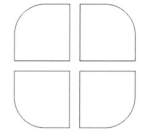

图 05-17　复制图形　　　　　　图 05-18　镜像处理

（19）使用【选择工具】框选对象，在属性栏的角度值中输入 "45°"，旋转图形，如图 05-19 所示。

（20）按 Ctrl+I 键，导入素材图像。执行【效果】|【图框精确剪裁】|【置于图文框内部】，将素材置入图文框中，如图 05-20 所示。

图 05-19　45° 旋转　　　　　　图 05-20　置于图文框内部

（21）按 F12 键，设置轮廓虚线样式与轮廓宽度为 0.6mm，如图 05-21 所示。

（22）应用虚线样式后，使用【文本工具】输入文字，如图 05-22 所示。

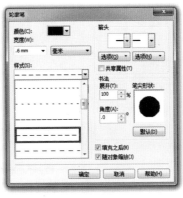

图 05-21　设置虚线样式

图 05-22　输入文字

（23）使用【矩形工具】绘制矩形，使用【形状工具】拖动任意一角的节点，改变为圆角矩形，如图 05-23 所示。

（24）按 F12 键设置轮廓宽度与轮廓颜色，如图 05-24 所示。

图 05-23　圆角矩形

图 05-24　轮廓设置

（25）按 Ctrl+Q 键将矩形转换为曲线。使用【形状工具】在下方矩形边上双击，分布添加三个节点，向下拖动中间的节点。效果如图 05-25 所示。

（26）选择【阴影工具】，在图形上面拖动。属性栏设置如图 05-26 所示。

图 05-25　编辑图形

图 05-26　阴影工具属性栏设置

（27）应用阴影效果后如图 05-27 所示。

（28）使用【选择工具】单击阴影，按 Ctrl+K 键，打散。执行【位图】|【转换为位图】，将阴影转换为图像。具体设置如图 05-28 所示。

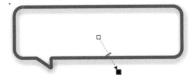

图 05-27　添加阴影

图 05-28　转换为位图

297

（29）使用【文本工具】字输入文字，如图 05-29 所示。

（30）整合图形，版面整体效果如图 05-30 所示。

图 05-29 输入文字　　　　　　图 05-30 版面效果

（31）复制图 05-19，填充颜色，结合 F11 渐变工具与【文本工具】字，制作出 logo 图形，如图 05-31 所示。

（32）放在版面右上位置，如图 05-32 所示。

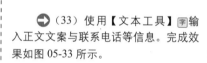

图 05-31　logo 制作　　　　　图 05-32　版面效果

（33）使用【文本工具】字输入正文文案与联系电话等信息。完成效果如图 05-33 所示。

图 05-33　最终效果

06 | POP 海报

1. 实例特点

该实例颜色清新，版式简洁，适用于手绘 POP 海报制作等商业应用中。

2. 注意事项

本例 POP 风格仅供参考，一般传统的 POP 海报都是使用颜料笔手工绘制的。

3. 操作思路

使用【矩形工具】□绘制矩形。使用【手绘工具】绘制直线，在属性栏中设置虚线样式。按住 Ctrl 键，使用【椭圆形工具】○绘制圆形，并调节大小排列关系。按 Ctrl+I 键，导入素材图形。使用【标注工具】绘制标注图形。使用【文本工具】输入文字。

最终效果图

路径：光盘 :\Charter 11\ POP 海报 .cdr

具体步骤如下：

（1）执行【文件】|【新建】命令，新建一个空白文件。

（2）使用【矩形工具】□，绘制矩形框，如图 06-1 所示。

（3）继续在内侧绘制矩形，按 Shift+F11 键，设置颜色填充（C：20；Y：20），如图 06-2 所示。

图 06-1　绘制矩形　　　　图 06-2　填充颜色

（4）按 F12 键，设置轮廓颜色为 C：100；Y：100、轮廓宽度为 3mm，如图 06-3 所示。

（5）按住 Ctrl 键，使用【手绘工具】绘制直线。在属性栏中设置虚线样式与线条粗细，如图 06-4 所示。

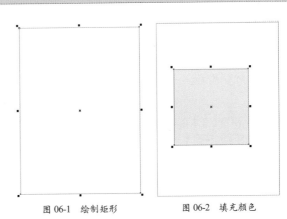

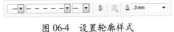

图 06-3　轮廓属性设置　　　　图 06-4　设置轮廓样式

（6）应用轮廓样式效果如图 06-5 所示。

（7）按住 Ctrl 键，向下拖动线条，单击右键松左键，复制一个对象，如图 06-6 所示。

图 06-5　绘制线条

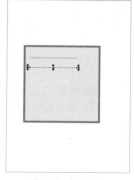
图 06-6　复制线条

（8）连续按 Ctrl+R 键，复制其他线条，如图 06-7 所示。

（9）使用【文本工具】字输入文字，使用【形状工具】调节文字的行距，如图 06-8 所示。

图 06-7　创建更多副本

图 06-8　调节行距

（10）按住 Ctrl 键，使用【椭圆形工具】绘制正圆形，填充颜色（C：40；Y：100），然后调节大小关系，如图 06-9 所示。

（11）使用【文本工具】字输入文字，在属性栏中单击，将文本更改为垂直方向，如图 06-10 所示。

图 06-9　绘制圆形

图 06-10　垂直文字

（12）按 Ctrl+I 键，导入素材图形，如图 06-11 所示。

（13）选择【标注工具】，在属性栏中选择一种形状，在工作区中拖动绘制出来，如图 06-12 所示。

图 06-11　导入素材图形

图 06-12　绘制形状

(14) 填充颜色（M：60；Y：100），使用【文本工具】字输入文字，填充白色，如图 06-13 所示。

(15) 放在爆米花上。最终效果如图 06-14 所示。

图 06-13　输入文字

图 06-14　最终效果

第12章

包装设计

包装设计是品牌理念、产品特性、消费心理的综合反映，它直接影响到消费者的购买欲。包装作为实现商品价值和使用价值的手段，在生产、流通、销售和消费领域中，发挥着极其重要的作用。包装的功能是保护商品、传达商品信息、方便使用、方便运输、促进销售、提高产品附加值。本章将带领读者一起来认识和了解包装设计，体验不同的包装造型给我们带来的乐趣。

实例 01 | 天然美肤面膜

最终效果图

路径：光盘 :\Charter 12\ 天然美肤面膜 .cdr

❤ 1. 实例特点

该实例颜色以粉色系为主，颜色淡雅，适用于美容、养颜、女性化妆品行业包装设计等商业应用中。

📍 2. 注意事项

包装尺寸应以提供的标准规格为准，本例提供的尺寸仅供参考。

💬 3. 操作思路

使用【图框精确剪裁】将花纹素材、矩形等对象置入图框中；使用【文本工具】⟦字⟧与【文本属性】泊坞窗来处理段落文本；使用【手绘工具】📈和轮廓笔工具来处理线条效果。

具体步骤如下：

（1）执行【文件】|【新建】命令，新建一个 A4 大小的文件，在属性栏设置页面为【横向】显示。

➡ （2）使用【矩形工具】▢绘制矩形框，在属性栏中设置该包装的成品尺寸为 100mm×140mm，如图 01-1 所示。

➡ （3）按 Ctrl+I 键，导入矢量花纹素材，如图 01-2 所示。

图 01-1　设置矩形框尺寸

图 01-2　导入花纹素材

图 01-3　透明度设置

➡ （4）按 Shift+F11 键，为花纹填充颜色（M：100）。使用【透明度工具】⟐添加透明效果，具体设置如图 01-3 所示，添加透明度后的效果如图 01-4 所示。

图 01-4　透明度效果

（5）执行【效果】|【图框精确剪裁】|【置于图文框内部】命令，当箭头成为 ➡ 时，在矩形框上单击，将花纹置于矩形框中。在图框上右击，在弹出的菜单中选择【编辑 PowerClip】可对图框中的花纹进行编辑。最终效果如图 01-5 所示。

（6）使用【矩形工具】绘制两个矩形框，填充颜色分别为（C：40）和（C：15；M：70）。右击调色板去除轮廓，然后将两个图形叠加在一起，如图 01-6 所示。

图 01-5　图框精确剪裁

图 01-6　绘制矩形

（7）使用【椭圆形工具】绘制椭圆形，使用【矩形工具】绘制矩形框，放在椭圆形上面，如图 01-7 所示。

（8）按住 Shift 键加选椭圆形，在属性栏中选择【修剪】，使用矩形框修剪椭圆形，得到如图 01-8 所示的图形。

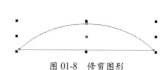

图 01-7　绘制椭圆形和矩形

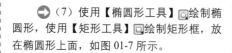

图 01-8　修剪图形

（9）按 Shift+F11 键，填充颜色（C：40；M：100；K：40），并去除轮廓，然后与图 01-6 组合在一起，如图 01-9 所示。

（10）使用【选择工具】框选图 01-9，全部选中，然后执行【效果】|【图框精确剪裁】|【置于图文框内部】命令，然后在图 01-5 上单击，将图形置入。在图框上右击，选择【编辑 PowerClip】对图框中的图形进行编辑。最终效果如图 01-10 所示。

图 01-9　填充颜色

图 01-10　置入图框

（11）使用【文本工具】输入文字，并选择一种字体，填充颜色（C：20；M：80；K：20），如图01-11 所示。

（12）按 F12 键，打开【轮廓笔】对话框，设置轮廓宽度为 1.5mm、轮廓颜色为（M：30），其他设置如图 01-12 所示。

图 01-11　输入文字并填色

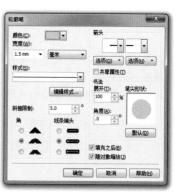

图 01-12　轮廓笔设置

（13）应用轮廓笔后的效果如图 01-13 所示。

（14）按住 Ctrl 键，使用【手绘工具】在工作区中单击，然后水平拖动，绘制二条直线，按 F12 键，设置轮廓宽度为 0.8mm、轮廓颜色为（M：50）。执行【排列】|【将轮廓转换为对象】命令，将轮廓线转换为可填充的路径图形，如图 01-14 所示。

图 01-13　应用轮廓笔

图 01-14　绘制直线

（15）按 CapsLock 键，点亮大写输入。使用【文本工具】输入大写字母，并填充颜色（M：50），如图 01-15 所示。

（16）使用【矩形工具】绘制矩形，填充颜色（M：50），并去除轮廓。按 Ctrl+Q 键转换为曲线，使用【形状工具】进行调节，如图 01-16 所示。

图 01-15　输入大写字母

图 01-16　绘制矩形并调整

（17）使用【文本工具】输入文字信息，并填充颜色（C：20；M：80；K：20），在属性栏中设置【居中对齐】，如图 01-17 所示。

（18）按住 Shift 键，输入"{"符号，并填充颜色（M：50），如图 01-18 所示。

图 01-17　输入文字并居中

图 01-18　输入"{"符号

（19）按 Ctrl+I 键导入心形矢量素材，填充颜色（C：40；M：100）。按 F12 键，设置轮廓宽度为 3mm、轮廓颜色为 M：60，如图 01-19 所示。

（20）按 Ctrl+I 键，导入脸部轮廓素材，并填充颜色（M：50），如图 01-20 所示。

图 01-19　颜色填充与描边

图 01-20　导入脸部轮廓素材

（21）使用【贝塞尔工具】🖉沿脸部轮廓绘制一个闭合路径，去除轮廓⊠后填充白色，如图 01-21 所示。

（22）执行【效果】|【图框精确剪裁】|【置入图文框内部】命令，将绘制的路径和脸部轮廓置入心形中，如图 01-22 所示。

图 01-21　绘制路径　　　　图 01-22　图框精确剪裁

（23）使用【文本工具】字输入其他的文字信息，并调整。正面效果如图 01-23 所示。

（24）复制图 01-23，删除不要的内容。使用【文本工具】字绘制文本框，输入文字。按 Ctrl+T 键，打开【文本属性】泊坞窗，设置对齐方式为【两端对齐】、文字的字号为 6.5pt，第一段文字首行缩进为 5mm、行距为 140%，然后在底部输入文字，最终效果如图 01-24 所示。

图 01-23　绘制路径　　　　图 01-24　背面文字处理

（25）使用【选择工具】单击图 01-23，填充背景色为白色，右击调色板，去除黑色轮廓边⊠。使用【矩形工具】▭在外围绘制矩形框，去除轮廓⊠后，按 F11 键，设置灰度的线性渐变填充，如图 01-25 所示。

（26）应用渐变后的效果如图 01-26 所示。

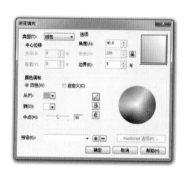 

图 01-25　渐变设置　　　　图 01-26　应用渐变填充

（27）使用【矩形工具】▭绘制矩形，并设置圆角半径。按住 Shift 键加选背景渐变图形，在属性栏中选择【修剪】▣，得到包装撕口效果。创建一个副本，应用到背面包装上。最终效果如图 01-27 所示。

图 01-27　最终效果

实例 02 花草茶包装封套

最终效果图

1. 实例特点

该实例颜色以深蓝色为主，结构简单，适用于女性养颜茶、花草茶外包装等商业应用中。

2. 注意事项

制作过程中应注意花瓣图形的排列与摆放，要有规律感。

3. 操作思路

使用【形状工具】来调节边缘，创建弧形效果；【图框精确剪裁】功能使底纹和花瓣置入图框中；使用【使文本适合路径】功能，使文字在圆形中呈弧形排列。

路径：光盘 :\Charter 12\ 美白养颜花草茶 .cdr

具体步骤如下：

（1）执行【文件】|【新建】命令或者按 Ctrl+N 键，新建一个空白文件。

（2）执行【视图】|【网格】|【文档网格】命令，以网格视图模式开始绘制。

（3）使用【矩形工具】沿网格边缘绘制矩形框，如图 02-1 所示。

（4）使用【选择工具】框选所有矩形，按 Ctrl+Q 键，将矩形转换为曲线。使用【形状工具】在需要调节的边缘上右击，选择【到曲线】，然后进行调节。最终调整后的效果如图 02-2 所示。

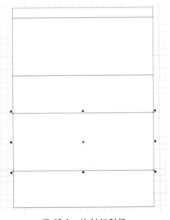

图 02-1　绘制矩形框

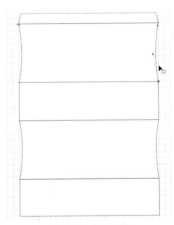

图 02-2　编辑图形

（5）按 Shift+F11 键，填充颜色（C：75；M：100），并去除黑色轮廓边□，如图 02-3 所示。

（6）按住 Shift 键不松，使用【选择工具】�选择下方两个矩形，将鼠标放在右侧的中心锚点位置，向内侧拖动，如图 02-4 所示。

图 02-3　图框精确剪裁　　　　图 02-4　向内侧拖动图形

（7）然后右击即可复制出相同的对象，填充颜色（Y：10），如图 02-5 所示。

（8）按住 Shift 键，使用【选择工具】�选择复制的图形，在属性栏上选择【合并】�，将这两个图形合并为一个整体。按 Ctrl+I 键，导入矢量花纹，并填充颜色（M：20；Y：60；K：20），如图 02-6 所示。

图 02-5　复制对象　　　　图 02-6　导入矢量花纹并填色

（9）选择【透明度工具】�在花纹上单击，在属性栏中设置透明度类型【标准】，开始透明度设为 85。执行【效果】|【图框精确剪裁】|【置于图文框内部】命令，将花纹置于刚才合并的图形当中，如图 02-7 所示。

（10）按 Ctrl+I 键，导入花瓣图像素材，按小键盘"+"，创建多个副本，并进行放大缩小，然后排列在一起。效果如图 02-8 所示。

图 02-7　图框精确剪裁　　　　图 02-8　复制花瓣并进行排列

（11）使用【选择工具】�框选所有花瓣，按 Ctrl+G 键，群组对象，执行【效果】|【图框精确剪裁】|【置于图文框内部】命令，将花瓣置于图形当中，如图 02-9 所示。

（12）使用【矩形工具】□绘制矩形条，在属性栏中设置圆角半径为 3.5mm，去除轮廓□后，填充颜色（C：100；M：100），然后使用【文本工具】�输入文字信息，如图 02-10 所示。

图 02-9　图框精确剪裁　　　　图 02-10　矩形和文字处理

➡ （13）按住 Ctrl 键，使用【椭圆形工具】◯绘制两个圆形，外圆填色（M：20；Y：40；K：60），内圆填色（M：20；Y：60；K：20），去除轮廓⊠后，按 C 键和 E 键，居中叠加在一起，如图 02-11 所示。

➡ （14）使用【文本工具】字输入字母信息，执行【文本】|【使文本适合路径】命令，将字母呈弧形贴附在圆形内侧，如图 02-12 所示。

图 02-11 叠加图形

图 02-12 文本适合路径

➡ （15）按照同样的方法，使用属性栏中的水平镜像和垂直镜像，使文字沿圆形底部排列。使用【文本工具】字输入其他文字信息，最终如图 02-13 所示。

➡ （16）运用同样的方法，处理其他的图形。最终效果如图 02-14 所示。

图 02-13 处理底侧文字

图 02-14 处理其他图形

➡ （17）运用到版面上的效果如图 02-15 所示。

➡ （18）使用【矩形工具】▢绘制矩形，填充白色，去除轮廓边⊠，在属性栏中设置【扇形角】，并设置【圆角半径】，如图 02-16 所示。

图 02-15 应用到版面

图 02-16 制作扇形角矩形

➡ （19）使用【文本工具】字输入文字信息。执行【编辑】|【插入条码】命令，制作一个条码，如图 02-17 所示。

➡ （20）按 Ctrl+I 键，导入茶杯素材，放置在右下方位置。复制花瓣，使用之前同样的方法处理上半部分的效果，然后镜像处理，如图 02-18 所示。

图 02-17 处理文字与制作条码

图 02-18 处理上半部分版面

（21）使用【矩形工具】□ 在中间位置绘制矩形，填充颜色（C：100；M：100），并去除轮廓边⊠。复制之前的文字，并进行放大和重新排列，如图 02-19 所示。

（22）复制文本，然后镜像处理，放在矩形的上部分。使用【矩形工具】□ 在中间位置绘制矩形，填充白色，制作成扇形角，最后输入文字，如图 02-20 所示。

图 02-19　处理文字与制作条码　　图 02-20　处理上半部分版面

（23）借助第三方软件制作出最终的封套效果图，如图 02-21 所示。

图 02-21　封套最终效果图

 实例 **03** ┃ 辣红油包装

最终效果图

♥ 1. 实例特点

该实例颜色以红色为主，来突出"辣"的感觉，结构稍复杂，适用于食品、餐饮、调味品包装设计等商业应用中。

⊙ 2. 注意事项

垂直文本的控制除了使用【文本属性】，还可以使用【对象属性】来控制。

💬 3. 操作思路

使用不同的颜色填充效果来表现层次感；使用【将文本更改为垂直方向】来制作垂直文本；使用【修剪】⊡ 来制作包装的撕口效果。

路径：光盘 :\Charter 12\ 辣红油 .cdr

具体步骤如下：

（1）执行【文件】|【新建】命令，新建一个空白文件。

（2）使用【矩形工具】□ 绘制两个矩形框，尺寸分别为 155mm×90mm 与 155mm×135mm，如图 03-1 所示。

（3）按 Shift+F11 键，打开【均匀填充】对话框，填充颜色分别为（Y：15）与（C：15；M：100；Y：100）。右击调色板上的⊠，去除矩形的轮廓边，如图 03-2 所示。

图 03-1　绘制矩形框

图 03-2　填充颜色

（4）使用【矩形工具】□ 在中间位置绘制矩形条，并去除轮廓边。按 Shift+F11 键，设置填充颜色（M：100；Y：100；K：50），如图 03-3 所示。

（5）按 Ctrl+I 键，导入素材，并设置填充颜色（C：15；M：100；Y：100；K：15），如图 03-4 所示。

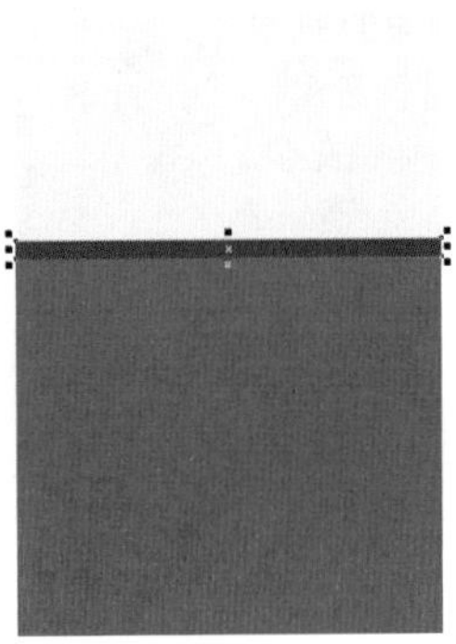

图 03-3　填充颜色

图 03-4　导入素材

（6）将图形放到版面上，形成底纹效果。按 Ctrl+I 键，导入古典花纹素材，按 F11 键，设置线性渐变填充，两种过渡颜色分别为（C：15；M：35；Y：50；K：20）与（M：10；Y：20），在自定义颜色条上面，双击可以添加一个颜色。选择一个颜色，按 Del 键，可以删除颜色。其他设置如图 03-5 所示。

（7）底纹效果和古典花纹效果如图 03-6 所示。

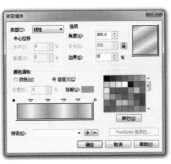

图 03-5　渐变设置

图 03-6　底纹与古典花纹效果

（8）按 Ctrl+I 键导入云纹轮廓素材，按 F12 键，设置线条颜色（C：10；M：15；Y：25），轮廓宽度为 1.5mm。其他设置如图 03-7 所示。

（9）按 Ctrl+PgDn 键，将云纹置于下一层，如图 03-8 所示。

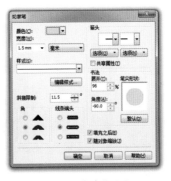

图 03-7　轮廓笔设置

图 03-8　云纹效果

（10）按 Ctrl+I 键，导入印章素材，使用【文本工具】输入文字，填充黄色（Y：100），如图 03-9 所示。

（11）使用【文本工具】拖动绘制文本框，然后输入文字，在属性栏中选择【将文本更改为垂直方向】。按 Ctrl+T 键，打开【文本属性】泊坞窗，设置【字号】为 8pt、【对齐方式】为【两端对齐】、【行距】为 220%、【字符间距】为 0%，如图 03-10 所示。

图 03-9　处理印章效果　　　图 03-10　垂直文本

（12）按住 Ctrl 键，使用【手绘工具】在工作区中单击，然后垂直拖动绘制线条，在属性栏中设置线条宽度为 0.2mm，使用【文本工具】输入标题文字，如图 03-11 所示。

（13）使用【文本工具】输入文字，设置填充色（M：85；Y：100），制作底纹效果。按 Ctrl+I 键，导入认证标志素材，最后输入其他文字信息，如图 03-12 所示。

图 03-11　导入印章并输入文本　　图 03-12　输入并设置垂直文本效果

（14）使用【矩形工具】在外部绘制矩形框，并去除轮廓边。按 F11 键，打开【渐变填充】对话框，设置线性渐变填充，颜色从（K：40）到白色过渡。设置如图 03-13 所示。

（15）应用渐变填充后的效果如图 03-14 所示。

图 03-13　【渐变填充】设置　　图 03-14　应用渐变填充

（16）按住 Ctrl 键，使用【椭圆形工具】绘制正圆形，缩小后放在外框右上位置，按 Shift 键，加选外框图形，使用【修剪】得到撕口的效果，如图 03-15 所示。

（17）复制图形，保留背面包装需要的图形元素，如图 03-16 所示。

图 03-15　制作撕口　　　图 03-16　复制图形

（18）使用【矩形工具】□绘制矩形，在属性栏中设置【圆角半径】，填充颜色（C：10；M：25；Y：60），去除轮廓线，如图 03-17 所示。

（19）使用【文本工具】字处理矩形中的文字。执行【编辑】|【插入条码】命令制作条码。完成包装的设计制作，如图 03-18 所示。

图 03-17　制作圆角矩形　　　图 03-18　完成效果图

实例 04 | 荷花养颜茶

最终效果图

1. 实例特点
该实例颜色素雅，结构简单，适用于袋装玫瑰茶、栀子茶、荷花茶等商业应用中。

2. 注意事项
在使用【贝塞尔工具】沿荷花绘制路径的时候，可配合【形状工具】属性栏来编辑和调节曲线造型。

3. 操作思路
使用【渐变填充】制作花纹与底侧矩形的渐变效果；使用【将文本更改为垂直方向】来制作垂直文本；使用【透明度工具】制作荷花的淡隐效果；使用【文本工具】字处理段落文本。

路径：光盘 :\Charter 12\ 荷花养颜茶 .cdr

具体步骤如下：

（1）执行【文件】|【新建】命令，新建一个空白文件。

➡ （2）使用【矩形工具】□绘制矩形，在属性栏中设置尺寸为100mm×140mm，如图04-1和图04-2所示。

图 04-1　设置尺寸

图 04-2　绘制矩形

➡ （3）按 Ctrl+I 键，导入一张素材底纹图片。使用【透明度工具】为图片添加透明度，杂属性栏中透明度类型选择【标准】，开始透明度设置为65，如图04-3所示。

➡ （4）执行【效果】|【图框精确剪裁】|【置入图文框内部】命令，将图像置入矩形框中，如图04-4所示。

图 04-3　透明度设置

图 04-4　图框精确剪裁

➡ （5）按 Ctrl+I 键导入荷花素材图片，使用【贝塞尔工具】配合【形状工具】，沿荷花的路径绘制线条。最终绘制效果如图04-5所示。

➡ （6）使用【选择工具】选择荷花素材，执行【效果】|【图框精确剪裁】|【置于图文框内部】命令，当鼠标箭头成为➡，在刚才绘制的路径上面单击，将图像置入路径中。初始置入效果如图04-6所示。

图 04-5　绘制路径

图 04-6　置入图文框内部

➡ （7）在图形上右击，在弹出的菜单中选择【编辑 PowerClip】，对置入的图像进行编辑，使荷花图像和绘制的路径吻合在一起，如图04-7和图04-8所示。

图 04-7　编辑 PowerClip

图 04-8　编辑内容

（8）按住 Ctrl 键，在空白处单击，退出编辑框。在调色板上右击⊠，去除轮廓线。效果如图 04-9 所示。

（9）使用【矩形工具】□在底侧绘制矩形条，按 F11 键，设置线性渐变填充，颜色调和从（C：100；Y：100；K：60）到（Y：100），其他设置如图 04-10 所示。

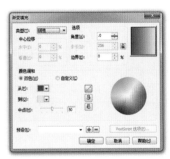

图 04-9　完成编辑　　　　　　图 04-10　渐变填充设置

（10）应用渐变填充后，去除轮廓线⊠。使用【文本工具】字输入文字，填充白色，如图 04-11 所示。

（11）按 Ctrl+I 键导入花纹边框素材，设置辐射渐变，颜色调和从（C：100；Y：100；K：60）到（Y：100），如图 04-12 所示。

图 04-11　输入文字　　　　　　图 04-12　设置辐射渐变

（12）应用辐射渐变的效果如图 04-13 所示。

（13）使用【文本工具】字输入文字，在属性栏中选择【将文本更改为垂直方向】⫿，如图 04-14 所示。

图 04-13　应用渐变　　　　　　图 04-14　使文本垂直排列

（14）使用【文本工具】字输入其他文字信息。使用【矩形工具】□在外部绘制矩形框，并去除轮廓边。按 F11 键，打开【渐变填充】对话框，设置线性渐变填充，颜色从（K：40）到白色过渡，如图 04-15 所示。

（15）按住 Ctrl 键，使用【椭圆形工具】○绘制正圆形，放在顶侧居中位置，按 Shift 键加选背景，按 Ctrl+L 键和背景合并，如图 04-16 所示。

图 04-15　灰度渐变　　　　　　图 04-16　制作挂口

（16）复制图 04-16，保留背面需要的图形元素，如图 04-17 所示。

（17）在荷花图形上右击，选择【编辑 PowerClip】，选择【透明度工具】，在属性栏中设置透明度类型为【标准】、开始透明度为 75，为图像添加透明度效果，如图 04-18 所示。

（18）复制之前的花纹边框，在属性栏中设置旋转为 90°，文字更改为【使文本更改为水平方向】，如图 04-19 所示。

（19）使用【文本工具】拖动绘制文本框，输入文字内容。按 Ctrl+T 键，打开【文本属性】泊坞窗，设置字号为 7pt、对齐方式为两端对齐、行间距为 140%。最后输入底部的文字信息，完成制作，如图 04-20 所示。

图 04-17　复制图形

图 04-18　添加透明度

图 04-19　花纹与文字处理

图 04-20　完成制作

实例 05　秋之物语

1. 实例特点
该实例以红色和淡黄色为主，结构简单，适用于月饼、食品外包装等商业应用中。

2. 注意事项
使用【形状工具】对线条的调节，可以配合属性栏来进行，可以有效提高工作效率。

3. 操作思路
这是两个封套的制作，包含一个内封套、一个外封套。使用【步长和重复】来制作内封套的线条排列。通过使用【贝塞尔工具】和【形状工具】的调节来绘制外封套的线条路径。

最终效果图

路径：光盘 :\Charter 12\ 月饼盒包 .cdr

具体步骤如下：

（1）执行【文件】|【新建】命令，新建一个 A4 大小的文件，在属性栏中设置尺寸为 380mm×260mm。

（2）使用【矩形工具】□绘制矩形，按 Shift+F11 键，填充颜色（Y：10），如图 05-1 所示。

（3）按住 Ctrl 键，使用【手绘工具】□在工作区中单击，然后垂直拖动，绘制一条直线。执行【编辑】|【步长和重复】命令，打开【步长和重复】泊坞窗，设置水平偏移距离为 3mm、份数为 120，设置如图 05-2 所示。

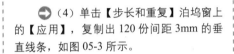

图 05-1　颜色填充　　图 05-2　【步长和重复】泊坞窗

（4）单击【步长和重复】泊坞窗上的【应用】，复制出 120 份间距 3mm 的垂直线条，如图 05-3 所示。

（5）使用【选择工具】□框选所有线条，执行【排列】|【将轮廓转换为对象】命令，将所有的线条转换为可填充颜色的路径。按 Shift+F11 键，设置填充颜色（M：10；Y：30），最后右击调色板上的⊠，去除轮廓线，如图 05-4 所示。

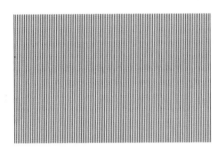

图 05-3　创建副本

图 05-4　颜色设置

（6）执行【效果】|【图框精确剪裁】|【置于图文框内部】命令，将图 05-4 置入矩形中（图 05-1），置入后去除轮廓线，如图 05-5 所示。

（7）按住 Ctrl 键，使用【椭圆形工具】□绘制正圆形，然后复制一个，如图 05-6 所示。

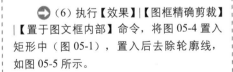

图 05-5　图框精确剪裁

图 05-6　绘制圆形并复制

（8）使用【调和工具】在左侧圆形上单击，然后拖动到右侧圆形，创建调和效果，如图 05-7 所示。

（9）在属性栏中设置调和对象为 30，使圆形更加密集，如图 05-8 所示。

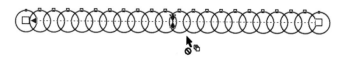

图 05-7　创建调和

图 05-8　改变调和数量

（10）使用【椭圆形工具】绘制椭圆形，如图 05-9 所示。

（11）回到图 05-8 的状态，在属性栏的路径属性中选择【新路径】，如图 05-10 所示。

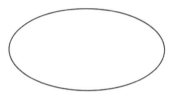

图 05-9　绘制椭圆形

图 05-10　路径属性

（12）当箭头状态成为时，在椭圆形的边缘上单击，将圆形调和对象置于椭圆形上面，如图 05-11 所示。

（13）在属性栏中的调和选项中选择【沿全路径调和】，如图 05-12 所示。

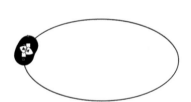

图 05-11　新路径调和

图 05-12　沿全路径调和

（14）沿全路径调和后的效果如图 05-13 所示。

（15）按 Ctrl+K 键分离图形，将椭圆形移动到旁边待用，如图 05-14 所示。

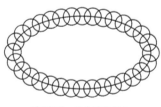

图 05-13　沿全路径调和

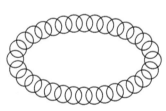

图 05-14　分离对象

（16）使用【选择工具】框选对象，在属性栏中选择【合并】，合并后的效果如图 05-15 所示。

（17）按 Ctrl+K 键打散图形，删除中间的图形，然后填充颜色（M：60；Y：100），并去除轮廓颜色，如图 05-16 所示。

图 05-15　合并图形

图 05-16　填充颜色

（18）使用【选择工具】选择刚才绘制的椭圆形，按 F12 键，设置轮廓宽度为 1.5mm、白色轮廓。按 C 键和 E 键，居中图形，如图 05-17 所示。

（19）按 Ctrl+I 键，导入英文字体的矢量素材。最后使用【文本工具】输入文字，完成图形的制作。放在版面上的效果如图 05-18 所示。

图 05-17 居中图形　　图 05-18 图形效果

（20）按 Ctrl+I 键导入图像素材。效果如图 05-19 所示。

（21）使用【贝塞尔工具】结合【形状工具】绘制沿图像的路径，如图 05-21 所示。

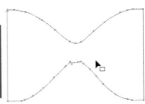

图 05-19 导入图像　　图 05-20 绘制路径

（22）执行【效果】|【图框精确剪裁】|【置于图文框内部】命令，将图像置入绘制好的路径中。右击选择【编辑 PowerClip】可对置入的图像进行编辑。最终效果如图 05-21 所示。

（23）使用【钢笔工具】沿着路径的走向，绘制线条。使用【形状工具】调整线条，在【艺术笔工具】属性栏中选择一种笔触样式，并调整笔触的粗细。绘制出如图 05-22 所示的图形。

图 05-21 置入图文框内部　　图 05-22 绘制笔触图形

（24）将图形应用在版面上的效果如图 05-23 所示。

（25）按 Ctrl+I 键，导入图形标志，使用【文本工具】输入文字，完成主体图形的设计制作，如图 05-24 所示。

图 05-23 版面效果　　图 05-24 添加文字

（26）最后，借助第三方软件制作出包装盒的效果图，如图 05-25 所示。

图 05-25 最终效果

实例 06 螺旋藻片包装

1. 实例特点

该实例颜色以绿色系为主，素材图像应用透明度效果，营造出海底的感觉，适用于螺旋藻包装设计等商业应用。

2. 注意事项

刀版的制作应按照参考标准的制作规格来实施，本例仅提供参考。

3. 操作思路

本例风格以渐变为主，主要使用【渐变填充】来完成制作。使用【矩形工具】口绘制矩形框；使用【透明度工具】口为图像添加透明度效果；使用【轮廓笔】和【轮廓工具】口为文字制作双层描边效果。

最终效果图

路径：光盘 :\Charter 12\ 螺旋藻 .cdr

具体步骤如下：

（1）执行【文件】|【新建】命令，新建一个空白文件。

（2）使用【矩形工具】口，绘制两个矩形框，尺寸分别为 130mm×45mm 与 130mm×155mm，如图 06-1 所示。

（3）使用【选择工具】口，选择第一个矩形，按 F11 键设置线性渐变填充，颜色调和从（C：100；Y：100；K：40）到（C：40；Y：100）。具体设置如图06-2所示。

图 06-1 设置尺寸

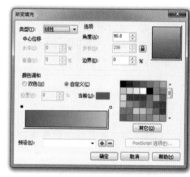

图 06-2 绘制矩形

（4）应用渐变后的效果如图 06-3 所示。

（5）给下面的矩形应用渐变填充，然后去除黑色轮廓线，如图 06-4 所示。

图 06-3 渐变填充

图 06-4 渐变填充并去除轮廓

(6) 使用【矩形工具】在交接位置绘制矩形框，按F11键设置线性渐变填充，两侧的渐变颜色为（M：20；Y：80；K：30），中间的颜色是（M：10；Y：45）。其他设置如图06-5所示。

(7) 应用渐变填充后，去除轮廓线，如图 06-6 所示。

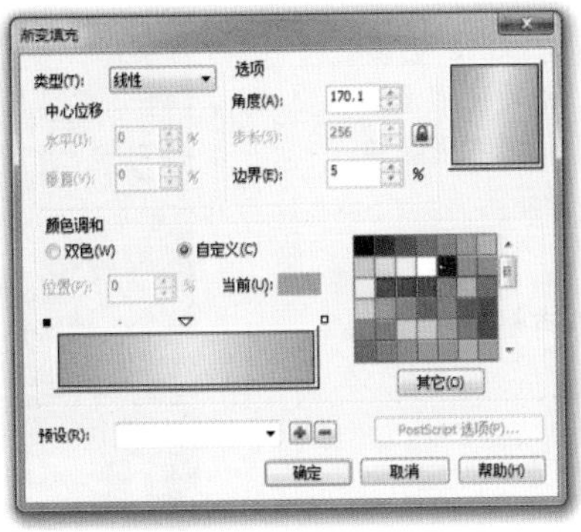

图 06-5　渐变填充设置

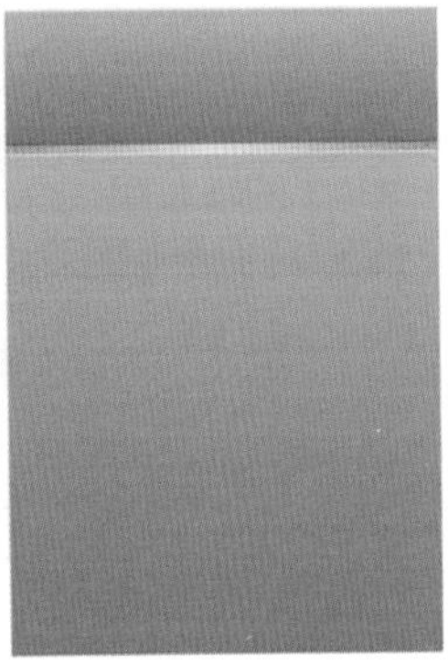

图 06-6　应用渐变填充

(8) 按 Ctrl+I 键导入素材图像，使用【透明度工具】在图像上面拖动，创建透明度效果，如图 06-7 所示。

(9) 执行【效果】|【图框精确剪裁】|【置于图文框内部】命令，将添加透明度的图形置入矩形中。在置入的图形上面右击，选择【编辑 PowerClip】，可以对置入的图像进行编辑。最终效果如图 06-8 所示。

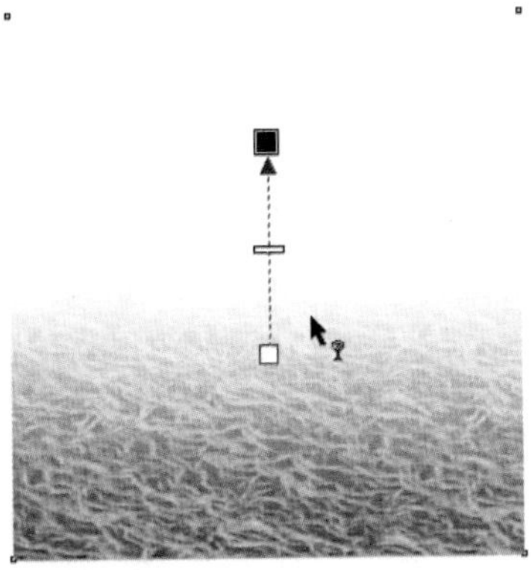

图 06-7　添加透明度

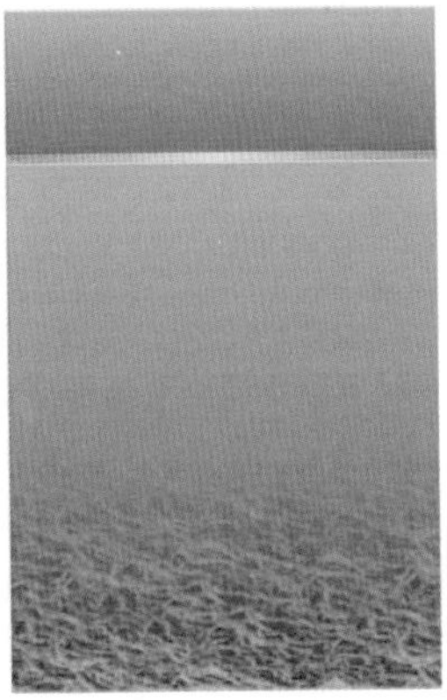

图 06-8　置入到矩形中

(10) 按 Ctrl+I 键导入一幅彩色半调风格的图像素材，然后使用【椭圆形工具】绘制椭圆形，填充颜色（C：100；Y：100），去除轮廓边，如图 06-9 所示。

(11) 按 Ctrl+I 键导入素材图片，使用【透明度工具】添加透明度效果，然后使用【图框精确剪裁】功能把图像置入椭圆形中，如图 06-10 所示。

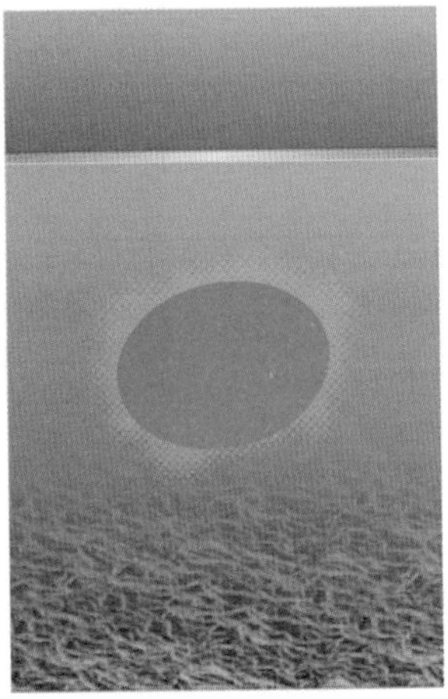

图 06-9　绘制椭圆形

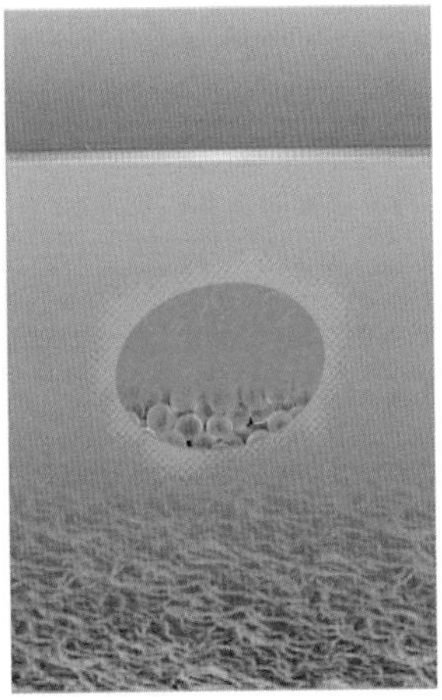

图 06-10　置入图像到椭圆形

(12) 使用【椭圆形工具】绘制两个椭圆形，并且交错在一起，如图 06-11 所示。

(13) 使用【选择工具】框选椭圆形，在属性栏中选择【修剪】，修剪后删除椭圆形，得到一个新的图形，如图 06-12 所示。

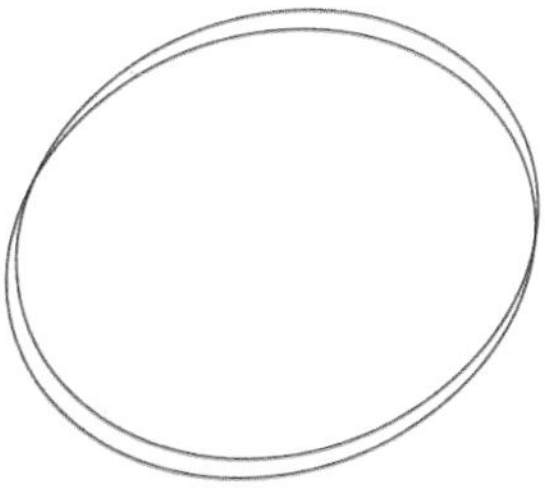

图 06-11　绘制椭圆形

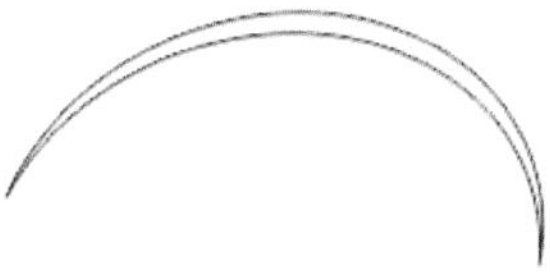

图 06-12　修剪

（14）将图形填充白色，去除轮廓线，调整后复制一个，然后使用【垂直镜像】🔁和【水平镜像】🔁将图形翻转。调整后的效果如图 06-13 所示。

（15）按住 Ctrl 键，使用【椭圆形工具】⚪绘制一大一小两个正圆形，如图 06-14 所示。

图 06-13 翻转图形

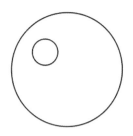

图 06-14 绘制椭圆形

（16）按 F11 键给大圆形应用辐射渐变，颜色调和从（C：100；M：100）到白色。小圆形填充白色。使用【修剪】🔳得到一个月牙图形，填充颜色（C：100）。最后去除轮廓色，如图 06-15所示。

（17）使用【调和工具】🖌在小圆形上面拖动至大圆形，形成调和效果，如图 06-16 所示。

图 06-15 渐变填充

图 06-16 调和效果

（18）制作出其他的效果，如图 06-17 所示。

（19）使用【文本工具】🔤输入文字，按 F12 键，设置轮廓颜色（C：100；Y：100；K：30）、轮廓宽度为 2mm。具体设置如图 06-18 所示。

图 06-17 制作其他效果

图 06-18 轮廓设置

（20）给文字应用描边后的效果如图 06-19 所示。

（21）按 F11 键，设置线性渐变填充，调和颜色从（C：20；Y：60；K：20）到白色，角度为 90°。选择【轮廓工具】🖊为文字添加白色的轮廓边。属性栏设置如图 06-20 所示。

图 06-19 文字描边

图 06-20 轮廓工具属性栏设置

(22) 应用后的效果如图 06-21 所示。

(23) 使用【矩形工具】绘制矩形框，在属性栏中设置线条粗细和圆角半径。然后执行【排列】|【将轮廓转换为对象】。最后使用【文本工具】输入文字，导入图形标志。完成正面的绘制，如图 06-22 所示。

图 06-21 添加轮廓边

图 06-22 完成正面效果

(24) 复制图形，制作好两侧的效果，如图 06-23 所示。

(25) 借助第三方软件，制作出包装效果图，如图 06-24 所示。

图 06-23 制作两侧效果

图 06-24 完成效果图

实例 07 光盘与封套设计

♥ 1. 实例特点

该实例颜色采用红黄搭配，对比强烈，结构简单，适用于光盘、影像制品外包装设计等商业应用中。

📍 2. 注意事项

做之前应准确了解光盘封套与光盘的实际尺寸。本例仅提供参考。

💬 3. 操作思路

使用【矩形工具】创建矩形框；使用【图框精确剪裁】来处理红绸素材；使用【轮廓笔】和【轮廓工具】来处理双层文字描边效果；使用【椭圆形工具】绘制光盘的外圆与内圆。

最终效果图

路径：光盘 :\Charter 12\ 光盘封套 .cdr

具体步骤如下：

（1）执行【文件】|【新建】命令，新建一个空白文件。

（2）使用【矩形工具】□绘制出光盘的侧面和正面矩形。尺寸分别为 10mm×125mm 与 140mm×125mm，如图 07-1 所示。

（3）按 Shift+F11 键，填充颜色（Y：100），右击调色板上的⊠，去除轮廓线，如图 07-2 所示。

图 07-1　绘制矩形框　　　　图 07-2　填充颜色

（4）按 Ctrl+I 键导入汽车图像素材，放在画面的中央位置，如图 07-3 所示。

（5）按 Ctrl+I 键导入红绸素材。按住 Shift 键，使用【选择工具】▷加选矩形背景，按 L 键居左对齐，如图 07-4 所示

图 07-3　导入素材　　　　图 07-4　居左对齐

（6）使用【文本工具】字输入文字，填充红色（M：100；Y：100），按 F12键，设置轮廓宽度为1.7mm、轮廓颜色为白色。其他设置如图07-5所示。

（7）应用后的效果如图07-6所示。

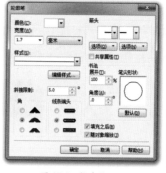

家居设计作品展

图 07-5　轮廓笔设置　　　　图 07-6　应用轮廓笔

（8）选择【轮廓工具】▣为文字添加红色的轮廓边。属性栏设置如图 07-7 所示。

（9）应用后的效果如图07-8所示。

图 07-7　轮廓工具属性栏

图 07-8　应用效果

➡ （10）使用【文本工具】字输入其他的文字，如图 07-9 所示。

➡ （11）按住 Ctrl 键，使用【手绘工具】在工作区中单击，然后向右侧拖动，绘制一条直线。在属性栏中选择一种虚线样式，线条粗细设置为 0.2mm，如图 07-10 所示。

图 07-9　输入文字　　　　　　图 07-10　虚线样式

➡ （12）使用同样的方法绘制一条直线，在属性栏中设置线条粗细为 0.3mm，如图 07-11 所示。

图 07-11　绘制线条

➡ （13）使用【选择工具】选择左侧的矩形条，填充灰色（K：10），然后使用【文本工具】字输入文字，在属性栏中设置【将文本更改为垂直方向】。最终效果如图 07-12 所示。

图 07-12　正面完成效果

➡ （14）按 Ctrl+I 键导入图像素材。使用【透明度工具】自上到下拖动，创建透明度效果，如图 07-13 所示。

➡ （15）复制黄色背景，执行【效果】|【图框精确剪裁】|【置入图文框内部】命令，将图像置入黄色背景中。在图形上右击，选择【编辑 PowerClip】，可对置入的图像进行编辑。最终效果如图 07-14 所示。

图 07-13　添加透明度　　　　图 07-14　置入图文框内部

➡ （16）使用【文本工具】字在下方输入文字，如图 07-15 所示。

➡ （17）按住 Ctrl 键，使用【椭圆形工具】绘制光盘的外圆，在属性栏中设置尺寸为 120mm×120mm，并填充颜色（K：10），如图 07-16 所示。

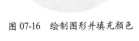

图 07-15　输入文字　　　　　图 07-16　绘制图形并填充颜色

（18）复制圆形，缩小后居中，填充黄色。复制之前，使用【效果】|【图框精确剪裁】|【置入图文框内部】命令，将红绸素材置于圆形中，如图 07-17 所示。

（19）使用【椭圆形工具】◎绘制内圆，尺寸为 36mm×36mm。按住 Shift 键，使用【选择工具】◎加选黄色圆形，在属性栏中选择【合并】◎，如图 07-18 所示。

（20）复制之前的文字效果到光盘上面，如图 07-19 所示。

（21）使用【椭圆形工具】◎绘制内侧圆形，尺寸为 22mm×22mm。按 F12 键，设置轮廓颜色为（K：30）、轮廓宽度为 0.5mm，如图 07-20 所示。

（22）借助第三方软件，制作出最终的参考效果图，如图 07-21 所示。

图 07-17　渐变设置　　　图 07-18　应用渐变填充

图 07-19　文字处理　　　图 07-20　添加内圆

图 07-21　最终效果

实例 08　泰迪熊公仔包装

♥ 1. 实例特点

该实例颜色以蓝色系为主，结构简洁，适用于玩具、公仔包装设计等商业应用中。

📍 2. 注意事项

刀版的制作请以印刷厂提供的制作图为准。本例仅提供参考。

💬 3. 操作思路

使用【矩形工具】▢创建框架结构；通过设置矩形的圆角半径来制作圆角折口效果；使用【文本工具】字与【文本属性】泊坞窗来处理段落文本【字号】、【对齐方式】、【行距】、【段落间距】等文本格式。

最终效果图

路径：光盘 :\Charter 12\ 泰迪熊公仔 .cdr

具体步骤如下：

（1）执行【文件】|【新建】命令，新建一个空白文件，在属性栏中设置页面方向为【横向】□。

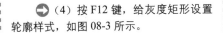（2）使用【矩形工具】□根据标准尺寸，绘制出框架图，如图 08-1 所示。

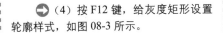（3）按 Shift+F11 键，给需要做刀版或折口的部分填充灰度（K：20），如图 08-2 所示。

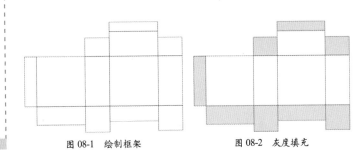

图 08-1　绘制框架　　　　　图 08-2　灰度填充

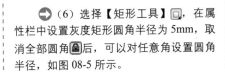（4）按 F12 键，给灰度矩形设置轮廓样式，如图 08-3 所示。

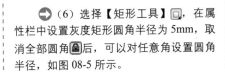（5）应用轮廓样式后的效果如图 08-4 所示。

图 08-3　设置轮廓样式　　　　图 08-4　应用轮廓样式

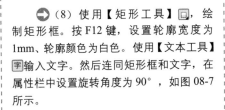（6）选择【矩形工具】□，在属性栏中设置灰度矩形圆角半径为 5mm，取消全部圆角🔒后，可以对任意角设置圆角半径，如图 08-5 所示。

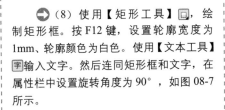（7）将中间空白的部分填充颜色（C：100），并去除轮廓色☒，如图 08-6 所示。

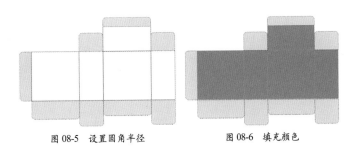

图 08-5　设置圆角半径　　　　图 08-6　填充颜色

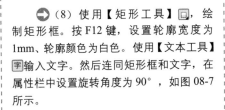（8）使用【矩形工具】□，绘制矩形框。按 F12 键，设置轮廓宽度为 1mm、轮廓颜色为白色。使用【文本工具】字输入文字。然后连同矩形框和文字，在属性栏中设置旋转角度为 90°，如图 08-7 所示。

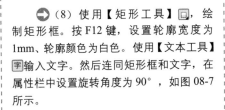（9）复制图形，运用属性栏中的【水平镜像】🖳和【垂直镜像】🖳制作好其他三个面，如图 08-8 所示。

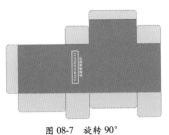
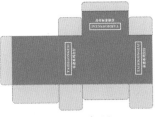

图 08-7　旋转 90°　　　　　图 08-8　创建副本

（10）按 Ctrl+I 键导入小熊矢量素材，按"+"键创建一个副本，如图 08-9 所示。

（11）在小熊上右击，选择【取消全部群组】。然后在属性栏中单击【合并】，将所有图形元素合并为一个整体，如图 08-10 所示。

图 08-9　创建副本

图 08-10　合并图形

（12）按 Shift+F11 键，重新设置填充颜色（C：100；M：20）。按 F12 键，设置轮廓宽度为 2mm、轮廓颜色为（C：100；M：20），如图 08-11 所示。

（13）与之前复制的小熊重叠在一起，按小键盘上面的方向键进行微移，如图 08-12 所示。

图 08-11　填充颜色

图 08-12　重叠并微移

（14）版面上的效果如图 08-13 所示。

（15）使用【矩形工具】绘制矩形，在属性栏中设置度矩形圆角半径为 5mm。填充颜色（Y：40），并去除轮廓线，如图 08-14 所示。

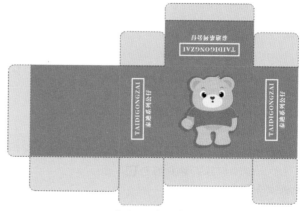
图 08-13　版面效果

图 08-14　制作圆角矩形

（16）使用【文本工具】字输入标题文字，拖动绘制文本框，然后输入文字信息。按 Ctrl+T 键，打开【文本属性】泊坞窗，设置字号为 5.5pt、对齐方式为两端对齐、行距为 140%、段前间距为 140%。效果如图 08-15 所示。

（17）执行【编辑】|【插入条码】，制作条码。按 Ctrl+I 键，导入其他的素材图形，完成制作，如图 08-16 所示。

图 08-15　处理文本

图 08-16　最终效果

（18）借助第三方软件，制作出参考效果图，如图 08-17 所示。

图 08-17　参考效果图